高等职业教育土木建筑类专业新形态教材

建筑设备识图

主　编　王晓梅　李清杰
副主编　张　蓓　扈恩华　张　营
参　编　冯起辉　孙　梅　冯茏蔚
主　审　肖明和

北京理工大学出版社
BEIJING INSTITUTE OF TECHNOLOGY PRESS

内 容 提 要

本书根据高职高专院校人才培养目标和课程改革要求，依据国家最新标准规范编写而成。本书共分为两大部分7个任务，主要内容包括：建筑管道工程基本知识、给水排水管道工程、建筑消防给水工程、建筑供暖工程、通风与空调工程、建筑电气工程、弱电系统等。

本书可供高职高专院校建筑工程技术等相关专业的学生使用，也可作为建筑电气领域相关专业技术人员的参考用书。

版权专有　侵权必究

图书在版编目（CIP）数据

建筑设备识图 / 王晓梅，李清杰主编.—北京：北京理工大学出版社，2022.8重印
ISBN 978-7-5682-6633-8

Ⅰ.①建…　Ⅱ.①王…　②李…　Ⅲ.①房屋建筑设备－工程制图－识图－高等学校－教材　Ⅳ.①TU8

中国版本图书馆CIP数据核字（2019）第008849号

出版发行 / 北京理工大学出版社有限责任公司
社　　址 / 北京市海淀区中关村南大街5号
邮　　编 / 100081
电　　话 / （010）68914775（总编室）
　　　　　（010）82562903（教材售后服务热线）
　　　　　（010）68944723（其他图书服务热线）
网　　址 / http://www.bitpress.com.cn
经　　销 / 全国各地新华书店
印　　刷 / 北京紫瑞利印刷有限公司
开　　本 / 787毫米×1092毫米　1/16
印　　张 / 16　　　　　　　　　　　　　　　　责任编辑 / 钟　博
字　　数 / 369千字　　　　　　　　　　　　　　文案编辑 / 钟　博
版　　次 / 2022年8月第1版第3次印刷　　　　　　责任校对 / 周瑞红
定　　价 / 48.00元　　　　　　　　　　　　　　责任印制 / 边心超

图书出现印装质量问题，请拨打售后服务热线，本社负责调换

FOREWORD 前言

随着我国国民经济实力的不断增强，建筑业的发展迅速，建筑物的总体建设水平不断提高，人民生活居住条件也逐步得到改善，建筑设备的完善程度和设计水平是体现建筑物建设质量和现代化水平的重要标志，其技术水平和先进性直接影响建筑物的使用功能；同时由于近代科学技术的发展和国家对建筑节能技术的要求越来越高，各类学科之间互相渗透，互相影响，使得培养复合型人才的呼声也越来越高，因此，为了满足建筑工程相关专业对建筑设备图纸及新材料、新技术知识的需求，编写了本书。

本书共包含两大部分7个任务，第一部分为通用基础知识，着重介绍建筑管道及设备的基础知识，熟悉建筑设备常用管材及设备识图通用基础知识；第二部分为专业知识，根据专业知识介绍不同的系统，包括建筑给水排水系统、建筑消防系统、采暖系统、通风与空调制冷系统、建筑电气工程弱电系统。为了适应高等职业院校对建筑工程技术专业"擅读图、精施工、懂管理"的复合型应用型高级技术人才培养的需要，本书在编写过程中以设备识图为重点，选取典型的安装工程案例图纸，符合高等职业教育的教学特点，力求在内容和选材上体现学以致用，在概念上做到准确易懂，贴近实际的教学需求，同时着重加强专业之间的联系性。

本书由济南工程职业技术学院王晓梅和济南市市政工程设计研究院李清杰担任主编，由济南工程职业技术学院张蓓、扈恩华、张营担任副主编，济南工程职业技术学院冯起辉、孙梅、冯芫蔚参与了本书部分章节的编写工作。具体编写分工为：任务1、任务3、任务4由王晓梅、李清杰编写，任务2、任务7由张蓓、扈恩华、张营编写，任务5由冯起辉编写，任务6由孙梅、冯芫蔚编写。全书由济南工程职业技术学院王晓梅统稿，并由济南工程职业技术学院肖明和主审。

本书在编写过程中，得到了济南工程职业技术学院土木工程学院肖明和院长和管理工程学院冯刚院长的大力支持，他们提出了很多建议，提供了大量资源，在此谨表谢意。

编者虽然勇于创新，但由于水平和精力有限，书中难免存在缺点和不足之处，恳请广大读者提出宝贵意见，在此表示感谢。

编　者

CONTENTS 目录

第1部分 通用基础知识

任务1 建筑管道工程基本知识 ⋯⋯⋯⋯ 2
1.1 建筑管道基本分类及规格表示方法 ⋯ 2
   1.1.1 建筑管道基本分类 ⋯⋯⋯⋯⋯ 2
   1.1.2 建筑管道的规格表示方法 ⋯⋯⋯ 3
1.2 建筑设备常用管材 ⋯⋯⋯⋯⋯⋯⋯⋯ 5
   1.2.1 金属管材 ⋯⋯⋯⋯⋯⋯⋯⋯⋯ 5
   1.2.2 非金属管材及其管件 ⋯⋯⋯⋯⋯ 8
1.3 建筑设备常用阀门 ⋯⋯⋯⋯⋯⋯⋯⋯ 13
   1.3.1 阀门 ⋯⋯⋯⋯⋯⋯⋯⋯⋯⋯⋯ 13
   1.3.2 阀门的试压和研磨 ⋯⋯⋯⋯⋯ 19
1.4 管道连接方式介绍 ⋯⋯⋯⋯⋯⋯⋯⋯ 20
1.5 管道的防腐、保温、压力试验与
    吹扫清洗 ⋯⋯⋯⋯⋯⋯⋯⋯⋯⋯⋯⋯ 21
   1.5.1 管道的防腐 ⋯⋯⋯⋯⋯⋯⋯⋯ 21
   1.5.2 管道的保温 ⋯⋯⋯⋯⋯⋯⋯⋯ 24
   1.5.3 管道的压力试验与吹扫清洗 ⋯⋯ 25
1.6 建筑管道的基本知识及分类 ⋯⋯⋯⋯ 27
   1.6.1 管道的三视图 ⋯⋯⋯⋯⋯⋯⋯ 27
   1.6.2 管件的三视图 ⋯⋯⋯⋯⋯⋯⋯ 29
   1.6.3 管道的位置关系——交叉与重叠 ⋯ 31
   1.6.4 管道三视图的识读 ⋯⋯⋯⋯⋯ 34
   1.6.5 管道斜等轴测图 ⋯⋯⋯⋯⋯⋯ 35
复习思考题 ⋯⋯⋯⋯⋯⋯⋯⋯⋯⋯⋯⋯⋯ 39

第2部分 专业知识

任务2 给水排水管道工程 ⋯⋯⋯⋯⋯⋯ 41
2.1 室内给水工程 ⋯⋯⋯⋯⋯⋯⋯⋯⋯⋯ 41
   2.1.1 室内给水系统的分类 ⋯⋯⋯⋯ 41
   2.1.2 室内给水系统的组成 ⋯⋯⋯⋯ 42
   2.1.3 室内给水系统所需水压的确定 ⋯ 42
2.2 低层建筑给水方式 ⋯⋯⋯⋯⋯⋯⋯⋯ 44
   2.2.1 直接给水方式 ⋯⋯⋯⋯⋯⋯⋯ 44
   2.2.2 设有水箱的给水方式 ⋯⋯⋯⋯ 44
   2.2.3 设有水泵的给水方式 ⋯⋯⋯⋯ 45
   2.2.4 设有水泵、贮水池和水箱的给水
         方式 ⋯⋯⋯⋯⋯⋯⋯⋯⋯⋯⋯ 45
   2.2.5 气压给水方式 ⋯⋯⋯⋯⋯⋯⋯ 46
2.3 给水管道的布置与敷设 ⋯⋯⋯⋯⋯⋯ 47
   2.3.1 引入管的布置 ⋯⋯⋯⋯⋯⋯⋯ 47
   2.3.2 室内管网的布置与敷设 ⋯⋯⋯ 48
2.4 给水附件、水箱、水泵、贮水池、
    水表及气压给水设备 ⋯⋯⋯⋯⋯⋯⋯ 49
   2.4.1 给水附件 ⋯⋯⋯⋯⋯⋯⋯⋯⋯ 49
   2.4.2 水箱 ⋯⋯⋯⋯⋯⋯⋯⋯⋯⋯⋯ 50
   2.4.3 水泵 ⋯⋯⋯⋯⋯⋯⋯⋯⋯⋯⋯ 51
   2.4.4 贮水池 ⋯⋯⋯⋯⋯⋯⋯⋯⋯⋯ 52
   2.4.5 水表 ⋯⋯⋯⋯⋯⋯⋯⋯⋯⋯⋯ 52
   2.4.6 气压给水设备 ⋯⋯⋯⋯⋯⋯⋯ 53

CONTENTS

2.5 高层建筑给水 ……………………………… 54
    2.5.1 高层建筑给水的特点 ……………… 54
    2.5.2 高层建筑的给水方式 ……………… 55
2.6 给水排水工程常用管材 …………………… 58
    2.6.1 给水管道常用管材 ………………… 58
    2.6.2 排水管道常用管材 ………………… 58
    2.6.3 室内生活污水排水系统的安装 …… 59
2.7 建筑给水排水工程图纸识读 ……………… 68
    2.7.1 室内给水排水工程施工图的组成和识图要点 ……………………… 68
    2.7.2 室内给水排水工程施工图的识图举例 ……………………………… 69
2.8 室外给水排水工程图纸识读 ……………… 74
    2.8.1 室外给水排水工程图的组成及识图要点 …………………………… 74
    2.8.2 室外给水排水工程图识图举例 …… 75
复习思考题 ………………………………………… 79

任务3 建筑消防给水工程 ……………………… 83

3.1 室内消火栓给水系统的组成及要求 … 83
    3.1.1 室内消火栓给水系统的组成 ……… 84
    3.1.2 低层建筑消火栓给水系统的给水方式 ………………………………… 85
    3.1.3 高层建筑消火栓给水系统的给水方式 ………………………………… 86
3.2 自动喷水灭火系统 ………………………… 88

3.3 建筑消防图纸识读 ………………………… 92
复习思考题 ………………………………………… 98

任务4 建筑供暖工程 …………………………… 99

4.1 供暖系统的基本组成与分类 ……………… 99
    4.1.1 供暖系统的基本组成 ……………… 99
    4.1.2 室内供暖系统的分类 ……………… 99
    4.1.3 机械循环低温热水地板辐射供暖系统 ……………………………… 106
    4.1.4 蒸汽供暖系统 ……………………… 109
    4.1.5 热水供暖系统管道布置的常见方式 ………………………………… 111
4.2 供暖系统主要管道设备及附件 ………… 112
4.3 供暖工程施工图的组成及内容 ………… 124
    4.3.1 供暖工程施工图的组成 …………… 124
    4.3.2 供暖工程施工图的识读 …………… 125
4.4 供暖工程质量验收 ……………………… 134
    4.4.1 系统试压 …………………………… 134
    4.4.2 系统的清洗 ………………………… 134
    4.4.3 系统试运行和调试 ………………… 135
    4.4.4 供暖系统的验收 …………………… 135
复习思考题 ……………………………………… 136

任务5 通风与空调工程 ……………………… 137

5.1 通风工程的基本知识 …………………… 137
    5.1.1 通风工程的概念与分类 …………… 137

CONTENTS

- 5.1.2 通风系统常用设备、附件 ……… 139
- 5.2 空气调节的概念与分类 …………… 142
  - 5.2.1 空调系统的分类 ………………… 143
  - 5.2.2 空调系统简介 …………………… 143
  - 5.2.3 空调系统常用设备 ……………… 146
- 5.3 空气调节的制冷装置 ………………… 151
  - 5.3.1 蒸汽压缩式制冷装置 …………… 151
  - 5.3.2 吸收式制冷装置 ………………… 152
  - 5.3.3 制冷管路及辅助设备 …………… 154
- 5.4 空调房间的气流组织 ………………… 156
  - 5.4.1 送、回风口的形式 ……………… 156
  - 5.4.2 气流组织形式 …………………… 156
- 5.5 空调系统的消声与减振 ……………… 158
  - 5.5.1 噪声的消除 ……………………… 158
  - 5.5.2 消声器 …………………………… 159
  - 5.5.3 空调减振装置 …………………… 161
- 5.6 通风与空调工程施工图 ……………… 162
  - 5.6.1 通风与空调工程施工图的组成和识图要点 …………………… 162
  - 5.6.2 通风与空调工程施工图的识读 ……… 163
- 5.7 空调用制冷技术 ……………………… 170
  - 5.7.1 制冷技术简介 …………………… 170
  - 5.7.2 制冷剂、载冷剂及润滑油 ……… 171
  - 5.7.3 制冷传热原理 …………………… 172
  - 5.7.4 常用制冷设备及附件 …………… 172
- 复习思考题 ………………………………… 181

任务6 建筑电气工程 ……………………… 188

- 6.1 建筑电气设备、系统的分类 ………… 188
  - 6.1.1 建筑电气设备的分类 …………… 188
  - 6.1.2 建筑电气系统的分类 …………… 189
- 6.2 建筑电气工程常用材料 ……………… 189
  - 6.2.1 导线 ……………………………… 189
  - 6.2.2 电缆 ……………………………… 192
  - 6.2.3 安装材料 ………………………… 194
- 6.3 建筑电气照明系统 …………………… 196
  - 6.3.1 照明种类 ………………………… 196
  - 6.3.2 照明设备 ………………………… 198
  - 6.3.3 灯具及照明器的种类 …………… 202
- 6.4 电气照明施工图 ……………………… 206
  - 6.4.1 电气照明施工图的符号标识 …… 206
  - 6.4.2 电气照明施工图的识读 ………… 208
- 6.5 安全用电 ……………………………… 211
  - 6.5.1 触电的种类及危害 ……………… 212
  - 6.5.2 安全用电措施 …………………… 212
- 6.6 接地 …………………………………… 213
  - 6.6.1 接地的类型和作用 ……………… 213
  - 6.6.2 低压配电保护接地系统 ………… 213
  - 6.6.3 接地装置 ………………………… 215
- 6.7 建筑物防雷 …………………………… 216
  - 6.7.1 建筑物防雷等级的划分 ………… 216
  - 6.7.2 防雷装置的组成 ………………… 216
  - 6.7.3 防雷措施 ………………………… 216

CONTENTS

  6.7.4 建筑物防雷接地工程图 …………… 217
 6.8 建筑电气工程图的识读 …………………… 219
  6.8.1 常用建筑电气图例、文字代号和标注格式 ……………………………… 220
  6.8.2 建筑电气工程图的基本内容及识图方法 ………………………………… 222
  6.8.3 建筑电气工程图识读举例 …………… 224
 复习思考题 …………………………………… 229

任务7 弱电系统 …………………………………… 230

 7.1 火灾报警及消防联动系统 ………………… 230
  7.1.1 火灾报警及消防联动系统简介 ……… 230
  7.1.2 消防联动系统 ………………………… 231
  7.1.3 火灾报警及消防联动系统的常用设备 …………………………………… 231
  7.1.4 火灾报警设备常用图形符号 ………… 234
  7.1.5 火灾报警及消防联动系统工程图 …… 235
 7.2 电话通信系统 ……………………………… 237
  7.2.1 电话通信系统的组成 ………………… 237
  7.2.2 电话通信系统常用的设备和材料 …… 237

 7.3 共用天线电视系统 ………………………… 238
  7.3.1 共用天线电视系统的组成 …………… 238
  7.3.2 共用天线电视系统的常用设备 ……… 239
 7.4 广播音响系统 ……………………………… 240
  7.4.1 广播音响系统的类型 ………………… 240
  7.4.2 广播音响系统的组成 ………………… 240
 7.5 安全防范系统 ……………………………… 241
  7.5.1 防盗安保系统 ………………………… 241
  7.5.2 电视监控系统 ………………………… 243
  7.5.3 访客对讲系统 ………………………… 243
 7.6 智能建筑 …………………………………… 244
  7.6.1 智能建筑的概念 ……………………… 244
  7.6.2 智能建筑的组成 ……………………… 244
  7.6.3 智能建筑的发展 ……………………… 245
 7.7 综合布线系统 ……………………………… 245
  7.7.1 综合布线系统概述 …………………… 245
  7.7.2 综合布线系统的结构 ………………… 246
 复习思考题 …………………………………… 247

参考文献 …………………………………………… 248

第 1 部分

通用基础知识

任务1　建筑管道工程基本知识

1.1　建筑管道基本分类及规格表示方法

1.1.1　建筑管道基本分类

管道是用来输送流体物质的一种设备，广泛应用于化工、石油、石化、化纤、冶金、建筑、食品等工业。生活和生产中的各种管路统称为管道。一般管路是由管子、管件、阀门、支吊架、仪表装置及其他附件组成的，管子的形状有圆形（圆筒形）和矩形两种，其中圆形管子使用普遍。管件的种类较多，主要有弯头、三通、四通等。其中，弯头用于管道拐弯处；三通、四通用于管道分支处。附件是指附属于管道的部分，如阀门、漏斗等，在后续内容中会对其进行详细介绍。

管道的作用是按生产工艺要求将有关的管子、管件与设备及仪表装置等连接起来，以输送各种介质。

管道的种类繁多，但目前没有统一的分类方法，通常按照以下方法进行分类：

(1)按《压力管道设计单位资格认证与管理办法》分类。

1)长输管道是长距离输油管道和长距离输气管道及其他长距离物料输送管道的简称。其管径一般较大，有各种辅助配套工程，是继公路运输、铁路运输、航空运输、水上运输之后出现的第五种长距离运输方式。

2)公用管道一般包括城市与建筑小区给水排水管道、燃气管道、热力管道以及室内给水排水管道、煤气管道、采暖和通风管道、污水处理厂与锅炉房管道。

3)工业管道是为工业生产输送介质的管道。这种管道种类较多，要求较高，如氧气、氢气、氮气、压缩空气、天然气等介质的管道，又可分为工艺管道和动力管道。工艺管道一般是指直接为产品生产输送主要物料（介质）的管道，也称为物料管道；动力管道是指为生产设备输送介质及动力媒介物的管道，如为风动设备输送压缩空气的管道、为蒸汽机输送蒸汽的管道、为汽轮机输送蒸汽的管道等。

(2)按管道的设计压力 P(MPa)分类。管道工程输送介质的压力范围很广，从真空负压到数百兆帕。工业管道以设计压力为主要参数进行分类，可分为真空管道、低压管道、中压管道、高压管道和超高压管道。

1)真空管道一般指 $P<0$ MPa 的管道。

2)低压管道一般指 $0\ \text{MPa} \leqslant P \leqslant 1.6\ \text{MPa}$ 的管道。

3)中压管道一般指 1.6 MPa<P≤10 MPa 的管道。

4)高压管道一般指 10 MPa<P≤100 MPa 的管道。

5)超高压管道一般指 P>100 MPa 的管道。

(3)按管道的工作温度 t 分类。

1)低温管道是指 t≤−40 ℃；

2)中温管道是指 t=120 ℃；

3)常温管道是指 t=−40 ℃；

4)高温管道是指 t>450 ℃。

(4)按材料性质分类。管道按材料性质可分为金属管道和非金属管道。

1.1.2 建筑管道的规格表示方法

1. 公称直径

(1)管道的规格表示方法有英制标准和国际标准两种。国际标准中管道的直径可分为外径、内径、公称直径。公称直径也称公称口径、公称通径，是为了使管子、管件、阀门等相互连接而规定的标准直径。公称直径以符号"DN"表示，公称直径的数值写于其后，单位为 mm(单位可以省略)。如 DN50，表示公称直径为 50 mm。公称直径的数值近似于管子内径的整数或与内径相等，见表1.1。公称直径不同于外径，也不同于内径。

表 1.1　普通钢管规格

公称直径/mm	钢管外径/mm	壁厚/mm	质量/(kg·m⁻¹)	公称直径/mm	钢管外径/mm	壁厚/mm	质量/(kg·m⁻¹)
15	21.25	2.75	1.25	65	75.5	3.75	6.64
20	26.75	2.75	1.63	80	88.5	4.00	8.34
25	33.5	3.25	2.42	100	114	4.00	10.85
32	42.25	3.25	3.13	125	140	4.5	15.04
40	48	3.50	3.84	150	165	4.50	17.81
50	60	3.50	4.88				

(2)英制单位。英寸(in)是长度单位，1 in＝2.539 999 918 cm(公分)，将 1 in 分成 8 等份，1/8 in、1/4 in、3/8 in、1/2 in、5/8 in、3/4 in、7/8 in 相当于通常说的 1 分管～7 分管，更小的尺寸用 1/16、1/32、1/64 来表示，单位还是 in。如果分母和分子能够约分(如分子是 2、4、8、16、32)就应该约分。in 的表示是在右上角打上两撇，如 1/2″。如 DN25(25 mm)的水管就是英制 1″的水管，也是以前的 8 分水管；DN15 的水管就是英制 1/2″的水管，也是以前的 4 分水管；DN20 的水管就是英制 3/4″的水管，也是以前的 6 分水管。

英寸的由来以及与公称直径的对照

(3)无缝管一般用外径加壁厚表示，ϕ 表示管材的外径，但此时应在其后乘以壁厚。如 $\phi25\times3$，表示外径为 25 mm，壁厚为 3 mm 的管材。对无缝钢管或有色金属管道，应标注

"外径×壁厚",如 φ108×4,"φ"可省略。

(4)De 主要是指管道外径,一般采用 De 标注,需要标注成"外径×壁厚"的形式,主要用于描述:无缝钢管、PVC 等塑料管道和其他需要明确壁厚的管材。

(5)管径的表达方式应符合下列规定:

1)水煤气输送钢管(镀锌或非镀锌)、铸铁管等管材,管径宜以公称直径 DN 表示;

2)无缝钢管、焊接钢管(直缝或螺旋缝)、铜管、不锈钢管等管材,管径宜以"外径×壁厚"表示;

3)钢筋混凝土(或混凝土)管、陶土管、耐酸陶瓷管、缸瓦管等管材,管径宜以内径 d 表示;

4)塑料管材,管径宜按产品标准的方法表示;

5)当设计均用公称直径 DN 表示管径时,应有公称直径 DN 与相应产品规格对照表。

2. 公称压力、试验压力和工作压力

(1)公称压力。不同的材料在不同的温度下所能承受的压力不同。在工程上将某种材料在介质温度为标准温度(某一温度范围)时所能承受的最大工作压力称为公称压力。公称压力以符号"PN"表示,公称压力的数值写于其后,单位为 MPa(单位不写)。例如,$PN1$ 表示公称压力为 1 MPa。

(2)试验压力。管子与管件在出厂前必须进行压力试验,以检验其强度。对制品进行强度试验的压力称为试验压力。试验压力以符号"Ps"表示,试验压力的数值写于其后,单位为 MPa(单位不写)。例如,$Ps1.6$ 表示试验压力为 1.6 MPa。

(3)工作压力。工作压力是为了保证管路工作时的安全,而根据介质的各级最高工作温度所规定的一种最大工作压力。工作压力以符号"Pt"表示,t 为缩小 10 倍之后的介质最高温度。工作压力的数值写于其后,单位为 MPa(单位不写)。例如,$P_{25}2.3$ 表示在介质最高温度为 250 ℃下的工作压力为 2.3 MPa。

普通钢管公称压力、试验压力与最大工作压力见表 1.2。

表 1.2 普通钢管公称压力、试验压力与最大工作压力

PN/MPa	Ps/MPa	介质工作温度 t/℃						
		200	250	300	350	400	425	450
		Ptmax/MPa						
		P_{20}	P_{25}	P_{30}	P_{35}	P_{40}	P_{42}	P_{45}
0.10	0.2	0.10	0.10	0.10	0.07	0.06	0.06	0.05
0.25	0.4	0.25	0.23	0.20	0.18	0.16	0.14	0.11
0.40	0.6	0.40	0.37	0.33	0.29	0.26	0.23	0.18
0.60	0.9	0.60	0.55	0.50	0.44	0.38	0.35	0.27
1.00	1.5	1.00	0.92	0.82	0.73	0.64	0.58	0.45
1.60	2.4	1.60	1.50	1.30	1.20	1.00	0.90	0.70
2.50	3.8	2.50	2.30	2.00	1.80	1.60	1.40	1.10

续表

PN/MPa	Ps/MPa	介质工作温度 t/℃						
		200	250	300	350	400	425	450
		Ptmax/MPa						
		P_{20}	P_{25}	P_{30}	P_{35}	P_{40}	P_{42}	P_{45}
4.00	6.0	4.00	3.70	3.30	3.00	2.80	2.30	1.80
6.40	9.6	6.40	5.90	5.20	4.30	4.10	3.70	2.90
10.0	15.0	10.00	9.20	8.20	7.30	6.40	5.80	4.50

1.2 建筑设备常用管材

1.2.1 金属管材

常用金属管材有钢管和铸铁管。

(1)钢管及其管件。钢管可分为有缝钢管和无缝钢管两大类。

1)有缝钢管又称焊接钢管，通常由钢板以对缝或螺旋缝焊接而成。其可以根据表面是否镀锌分为镀锌钢管(白铁管)和非镀锌钢管(黑铁管)；又可以根据壁厚不同分为普通焊接钢管、加厚焊接钢管和薄壁焊接钢管。白铁管适用于生活饮用水管道或某些对水质要求较高的工业用水管道；黑铁管用于非生活饮用水管道或一般工业给水管道。

无缝钢管制作
工艺动画

2)无缝钢管是用钢坯经穿孔轧制或拉制成的管子，用普通碳素钢、优质碳素钢或低合金钢制造而成，具有承受高压及高温的能力，一般用于输送高压蒸汽、高温热水、易燃易爆及高压流体等介质。为了满足不同的压力需要，同一公称直径的无缝钢管的壁厚并不相同，故无缝钢管不用公称直径而用"外径×壁厚"表示。

钢管的连接方法有螺纹连接、法兰连接、焊接连接三种方法。为了保证水质，镀锌钢管一般不允许采用焊接连接。

钢管的管件很多，图1.1所示为螺纹连接常用管件。

钢管具有强度高、韧性大、承受流体的压力大、抗震性能好、长度大、接头少、易加工等优点，但抗腐蚀性较差。因此，现在很多建筑给水工程采用PP-R管等替代钢管。

(2)铸铁管及其管件。铸铁管可分为给水铸铁管(也称上水铸铁管、铸铁给水管)和排水铸铁管(也称下水铸铁管、铸铁下水管)两种。

1)给水铸铁管有低压($P=4.5$ kg/cm^2)、普压($P=7.5$ kg/cm^2)和高压($P=10$ kg/cm^2)三种。给水铸铁管常用规格见表1.3，其管端形状可分为承插式和法兰式。其中以承插式最为常用，如图1.2所示。

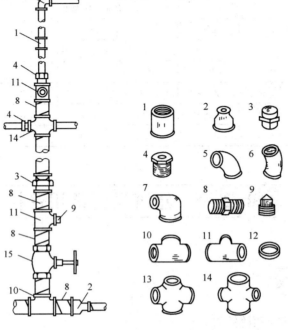

图 1.1 螺纹连接常用管件

1—管箍；2—异管箍；3—活接头；4—补心；5—90°弯头；6—45°弯头；
7—异径弯头；8—外接头（双头外螺丝）；9—管塞；10—等径三通；
11—异径三通；12—根母；13—等径四通；14—异径四通；15—阀门

表 1.3 给水铸铁管常用规格

内径/mm	壁厚/mm	有效长度/mm	质量/(kg·m⁻¹)			备注
			承插	双盘	单盘	
75	9.0	3	19.50	19.83	20.57	每米质量中已包括承口部位（法兰盘部位）的质量
100	9.0	3	25.17	25.47	36.67	
150	9.0	3	38.40	38.67	49.75	
200	10.0	4	51.75	51.75	67.00	
250	10.8	4	69.25	70.00		
300	11.4	5	87.00	88.25		
350	12.0	5	106.50	108.50		

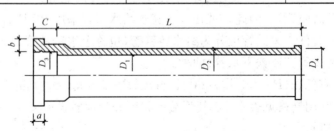

图 1.2 承插式给水铸铁管

2)排水铸铁管只有承插式一种,常用规格见表1.4。

排水铸铁管比给水铸铁管薄,承口也浅,使用时可根据外形加以判别。

图1.3所示为给水铸铁管的管件;图1.4所示为排水铸铁管的管件。

表1.4 排水铸铁管常用规格

公称口径 /mm	壁厚 /mm	有效长度 /mm	理论质量/kg(根)	
			承插直管	双承直管
50	5	1 500	10.3	11.2
75	5	1 500	14.9	16.5
100	5	1 500	19.6	21.2
125	6	1 500	29.6	31.7
150	6	1 500	34.9	37.6
200	7	1 500	53.7	57.9

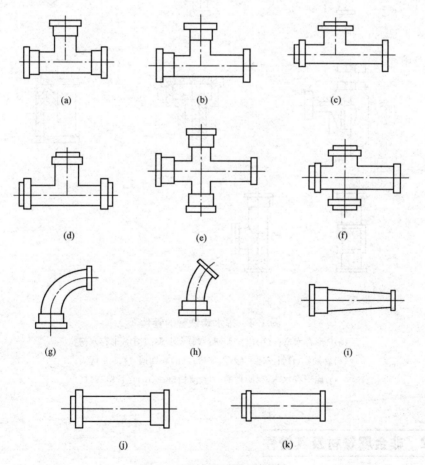

图1.3 给水铸铁管的管件

(a)三承三通;(b)双承三通;(c)双盘三通;(d)三盘三通;(e)三承四通;
(f)三盘四通;(g)90°弯头;(h)45°弯头;(i)大小头;(j)承盘短管;(k)插盘短管

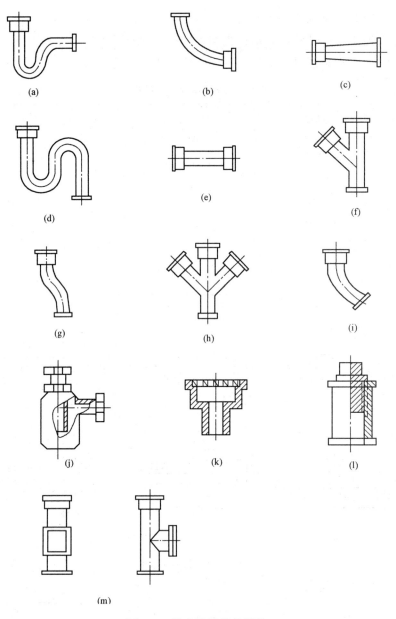

图 1.4 排水铸铁管的管件

(a)P形存水弯；(b)出户大弯；(c)大小头；(d)S形存水弯；
(e)套袖；(f)斜三通；(g)乙字弯；(h)斜四通；(i)45°弯头；
(j)盅形存水弯；(k)地漏；(l)清扫口；(m)立管检查口

1.2.2 非金属管材及其管件

(1)铝塑复合管(PA管)。铝塑复合管简称为铝塑管，如图1.5所示。其结构为5层，内外为聚乙烯塑料层及粘合剂层，分别由四台挤出机共挤一次成型，导热系数为0.4 W/(m·K)，约为钢管的1/100，热膨胀系数为2.5×10^{-5}m/(m·K)，与铝材相似。

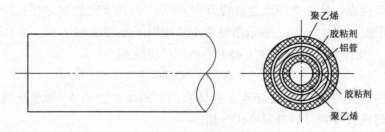

图 1.5　铝塑复合管及内部结构示意

铝塑复合管的特点是任意弯曲不反弹，可以减少大量管接头，节省工时，使工程综合造价降低；内壁光滑，阻力小，介质流动性能好，可减小管道直径，降低成本。普通饮水铝塑复合管耐受温度为 60 ℃，耐压为 1.0 MPa，耐高温铝塑复合管长期耐受温度小于 95 ℃，瞬间耐受温度为 110 ℃，耐压为 1.0 MPa。铝塑复合管可完全隔断氧气，避免氧气通过管壁进入管路对热力管道的其他设备产生侵蚀作用。

铝塑复合管的规格见表 1.5。

表 1.5　铝塑复合管的规格

公称直径/mm	普通饮水铝塑复合管壁厚/mm	耐高温铝塑复合管壁厚/mm	公称直径/mm	普通饮水铝塑复合管壁厚/mm	耐高温铝塑复合管壁厚/mm
16	1.8	1.8	25	2.3	2.3
18	1.8	1.8	32	2.9	2.9
20	2.0	2.0			

目前，铝塑复合管的管件、附件采用铜管件和铜附件。铝塑复合管常用的部分铜管件如图 1.6 所示。

图 1.6　铝塑复合管常用的部分铜管件

铝塑复合管的主要用途是热水的输送、液体食品（纯净水、自来水、饮料）的输送、气体的输送、化学液体的输送、地板采暖系统和医疗卫生领域的应用。

(2)聚丙烯管(PP-R 管)。聚丙烯管也称 PP-R 管，采用聚丙烯原材料制成。其具有无毒、无害、防霉、防腐、防锈、耐热、保温好[导热系数为 0.23～0.24 W/(m·K)]，使用寿命长及废料可以回收等特点。聚丙烯管安装施工简便，具有独特的热熔式连接，仅数秒就可以完成一个接点，施工费用比金属管节省60%，而且永无泄漏之忧；其长期使用温度为70 ℃，瞬间温度可达95 ℃，管道系统在正常使用下寿命达50年以上。国家原建设部于2001年发文推广此种管材，目前在工程上已得到广泛应用。

PP-R管的管件如图1.7所示。PP-R管的规格见表1.6。

PP-R管主要用于自来水、纯净水、液体食品、酒类、生活冷/热水及供暖系统热水的输送，是取代传统镀锌钢管的升级换代产品。

图1.7 PP-R管的管件

(a)截止阀；(b)内螺纹三通；(c)90°弯头；(d)挂墙弯头；(e)短脚管卡；
(f)外螺纹三通；(g)活接头；(h)管帽；(i)四通；(j)内螺纹弯头；
(k)外螺纹活接；(l)45°弯头；(m)异径套管；(n)外螺纹接头；(o)正三通；
(p)同径直通；(q)异径直通；(r)内螺纹直接；(s)外螺纹弯头

表1.6 PP-R管的规格

公称直径/mm	1.25 MPa 壁厚/mm	1.6 MPa 壁厚/mm	2.0 MPa 壁厚/mm	公称直径/mm	1.25 MPa 壁厚/mm	1.6 MPa 壁厚/mm	2.0 MPa 壁厚/mm
16	1.8	2.0	2.2	50	4.6	5.6	6.9
20	1.9	2.3	2.8	63	5.8	7.1	8.6
25	2.3	2.8	3.5	75	6.8	8.4	10.1
32	2.9	3.6	4.4	90	8.2	10.0	12.3
40	3.7	4.5	5.5	110	10.0	12.3	15.1

(3)交联聚乙烯管(PE-X管)。交联聚乙烯管也称 PE-X 管,是以高密度聚乙烯作为基本原料,通过高能射线或化学引发剂的作用,将线型大分子结构转变为空间网状结构,形成三维交联网络的交联聚乙烯,其耐热、耐压性大大提高,使用寿命可达 50 年以上。PE-X 管的部分管件如图 1.8 所示。

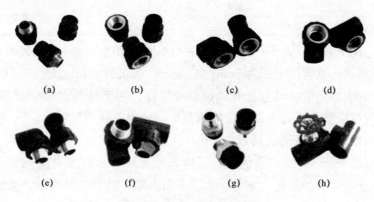

图 1.8　PE-X 管部分管件

(a)外丝直接;(b)内丝直接;(c)内丝弯头;(d)内丝三通;
(e)外丝弯头;(f)外丝三通;(g)内外丝活结;(h)PE 截止阀

因 PE-X 管具有抗腐蚀性强、质量小、不积水垢、柔性好、难燃性好、无毒、不滋生细菌的优点,故其广泛应用于低温热水地板采暖系统。

(4)自应力和预应力钢筋混凝土输水管。自应力和预应力钢筋混凝土输水管通常为承插式,该管材可代替钢管和给水铸铁管用于农田水利工程。其常用直径见表 1.7。

表 1.7　自应力和预应力钢筋混凝土输水管常用直径

自应力管				预应力管	
d/mm	管长/m	d/mm	管长/m	d/mm	管长/m
200	3	400	4	400	5
250	3	500	4	500	5
300	3	600	4	600	5
350	4			700	5

注:$d \geqslant 800$ mm 时为现浇混凝土管。

(5)钢筋混凝土排水管。钢筋混凝土排水管的接口形式可分为承插式和平口式两种,如图 1.9 所示。该管材主要用于室外生活污水、雨水等排水管道工程,其常用直径见表 1.8。

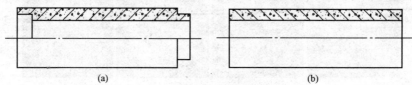

图 1.9　钢筋混凝土排水管

(a)承插式;(b)平口式

表 1.8 钢筋混凝土排水管常用直径

d/mm	管长/m	d/mm	管长/m	d/mm	管长/m
200	1	400	1	700	1
250	1	500	1		
300	1	600	1		

注：$d \geqslant 800$ mm 时为现浇钢筋混凝土。

(6)陶土管。陶土管可分为无釉、带单面釉(内表面)和双面釉(内外表面)三种。其中接口形式一般为承插式。其常用直径为 100~600 mm，每根管的长度为 0.5~0.8 m。

带釉陶土管的表面光滑，具有良好的抗腐蚀性能，用于排除含酸、碱等腐蚀介质的工业污、废水(该管材质脆，不宜用在埋设荷载及振动较大的地方)。

(7)塑料排水管(PVC 聚氯乙烯管)。塑料排水管也称 PVC 管，其常用规格见表 1.9。这种管材的主要优点是耐腐蚀、质量小、管内表面光滑、水力损失比钢管和铸铁管都小；其主要缺点是强度低、容易老化、耐久性差、不耐高温、负温时易脆裂、系统噪声大。

表 1.9 塑料排水管常用规格

DN/mm	管长/m	DN/mm	管长/m	DN/mm	管长/m
50	0.5~1.5	100	0.5~1.5	150	0.5~1.5
75	0.5~1.5	125	0.5~1.5	200	0.5~1.5

塑料排水管主要用于室内生活污水和屋面雨水排水等工程。

常用的塑料排水管的管件有斜三通、斜四通、存水弯、立管检查口、清扫口、套袖等，如图 1.10 所示。

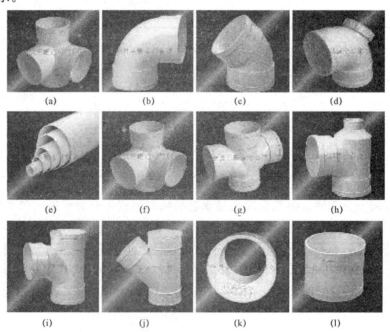

图 1.10 塑料排水管的管件

(a)立体四通；(b)90°弯头；(c)45°弯头；(d)90°弯头(带检查口)；(e)排水管；
(f)立体四通；(g)平面四通；(h)瓶三通；(i)正三通；(j)斜三通；(k)异径管；(l)直管

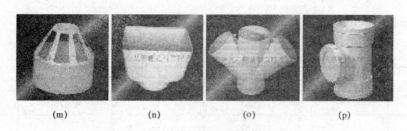

图 1.10 塑料排水管的管件(续)

(m)通气帽；(n)雨水斗；(o)45°斜三通；(q)立管(带检查口)

1.3 建筑设备常用阀门

1.3.1 阀门

1. 阀门型号的组成与举例

(1)阀门型号的组成。阀门的型号由7部分组成，即阀门类别、驱动方式、连接形式、结构形式、密封圈(面)材料、公称压力和阀体材料，如图1.11所示。

1)阀门类别，用汉语拼音字母表示，见表1.10。

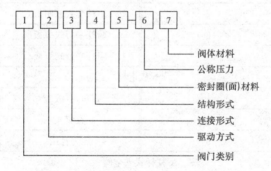

图 1.11 阀门型号

表 1.10 阀门类别及其代号

阀门类别	代号	阀门类别	代号	阀门类别	代号
闸阀	Z	止回阀	H	旋塞阀	X
截止阀	J	减压阀	Y	节流阀	L
安全阀	A	调节阀	T	电磁阀	ZCLF
疏水器	S	隔膜阀	G		
蝶阀	D	球阀	Q		

2)阀门的驱动方式，用1位阿拉伯数字表示(当阀门为手轮、手柄、扳手等时可以直接

用手驱动,或自动阀门,此部分省略不写),见表1.11。

表1.11 阀门的驱动方式及其代号

驱动方式	代号	驱动方式	代号	驱动方式	代号
蜗轮	3	气动	6	电动机	9
正齿轮	4	液动	7		
伞齿轮	5	电磁	8		

3)阀门的连接形式,用1位阿拉伯数字表示,见表1.12。

表1.12 阀门的连接形式及其代号

连接形式	代号	连接形式	代号	连接形式	代号
内螺纹	1	法兰	4	对夹	7
外螺纹	2	焊接	6	卡箍	8

4)阀门的结构形式,用1位阿拉伯数字表示,见表1.13。

表1.13 阀门的结构形式及其代号

结构形式	代号	结构形式	代号
a 闸阀			
明杆契式单闸板	1	暗杆契式单闸板	5
明杆契式双闸板	2	暗杆契式双闸板	6
明杆平行式单板	3	暗杆平行式单板	7
明杆平行式双板	4	暗杆平行式双板	8
b 截止阀			
直通式(铸造)	1	直角式(锻造)	4
直角式(铸造)	2	直流式	5
直通式(锻造)	3	压力计用	9
c 杠杆式安全阀			
单杠杆微启式	1	双杠杆微启式	3
单杠杆全启式	2	双杠杆全启式	4
d 弹簧式安全阀			
封闭微启式	1	不封闭带扳手微启	7
封闭全启式	2	不封闭带扳手全启	8
封闭带扳手微启式	3	带散热片全启式	0
封闭带扳手全启式	4	脉冲式	9
e 减压阀			
外弹簧薄膜式	1	波纹管式	4
内弹簧薄膜式	2	杠杆弹簧式	5
薄片活塞式	3	气垫薄膜式	6

续表

结构形式	代号	结构形式	代号
f 止回阀			
直通升降式(铸)	1	单瓣旋启式	4
立式升降式	2	多瓣旋启式	5
直通升降式(锻)	3	—	—
g 球阀			
直通式(铸造)	1	直通式(锻造)	3
h 疏水阀			
浮球式	1	脉冲式	8
钟形浮子式	5	热动力式	9
i 蝶阀			
垂直板式	1	杠杆式	0
斜板式	3		
j 调节阀			
薄膜弹簧式		活塞弹簧式	
带散热片气开式	1	阀前	7
带散热片气关式	2	阀后	8
不带散热片气开式	3		
不带散热片气关式	4		

5)阀门的密封圈(面)材料,用汉语拼音字母表示,见表1.14。

6)阀门的公称压力,直接以公称压力数值表示(旧型号公称压力单位为 kgf/cm²)并用横线与前部分隔开。

7)阀体材料,用汉语拼音字母表示,见表1.15。

对于灰铸铁阀体(当 $PN \leqslant 1.6$ MPa)和碳素钢阀体(当 $PN \geqslant 2.5$ MPa 时),此部分省略不写。

表1.14 阀门的密封圈(面)材料及代号

密封圈(面)或衬里材料	代号	密封圈(面)或衬里材料	代号
铜(黄铜或青铜)	T	聚氯乙烯	SC
耐酸钢或不锈钢	H	酚醛塑料	SD
渗氮钢	D	石墨石棉(层压)	S
巴比特合金	B	衬胶	CJ
硬质合金	Y	衬铝	CQ
橡胶	X	衬塑料	CS
硬橡胶	J	搪瓷	TC
皮革	P	尼龙	NS
四氟乙烯	SA	阀体上加工密封圈	W

表 1.15　阀体材料及代号

阀体材料	代号	阀体材料	代号
灰铸铁	Z	碳钢	C
可锻铸铁	K	中硌钼合金钢	I
球墨铸铁	Q	铬钼矾合金钢	V
铜合金(铸铜)	T	铬镍钼钛合金钢	R
铝合金	L	铬镍钛钢	P

(2)阀门型号举例。

1)Z944 T-1，$DN500$。公称直径为 500 mm，电动机驱动，法兰连接，明杆平行式双闸板闸阀，密封圈(面)材料为铜，公称压力为 1 MPa，阀体材料为灰铸铁(灰铸铁阀门 $PN \leqslant 1.6$ MPa 不写材料代号)。

2)J11 T-1.6，$DN32$。公称直径为 32 mm，手轮驱动(第二部分省略)，内螺纹连接，直通式(铸造)，铜密封圈(面)公称压力为 1.6 MPa，阀体材料为灰铸铁的截止阀。

3)H11 T-1.6 K，$DN50$。公称直径为 50 mm，自动启闭(第二部分省略)，内螺纹连接，直通升降式(铸造)，铜密封圈(面)公称压力为 1.6 MPa，阀体材料为可锻铸铁的止回阀。

(3)阀门的外观标示。为了便于从外观上识别阀门的直径、压力和介质的流向，阀门在出厂前将公称直径 DN、公称压力 PN 的数值和介质流动方向(以箭头)标示在阀体的正面。

为了标示阀体、密封圈(面)材料或衬里材料(有衬里时)，通常阀门出厂前，在阀门的手轮、阀盖、杠杆和阀体等不同部分涂上各种颜色的漆，以供安装阀门时识别。例如，阀体上涂黑色，表示阀体材料为灰铸铁或可锻铸铁；手轮上涂红色，表明密封圈(面)材料为铜。

2. 常用阀门介绍

在管道工程中，常用的阀门有闸阀、截止阀、安全阀、球阀、止回阀和水龙头、旋塞等。

(1)闸阀。闸阀阀体内有一个平板与介质流动方向垂直，故也称为闸板阀。闸阀靠平板的升降来启闭介质流。闸阀按闸板(平板)的结构不同可分为契式、平行式和弹性闸板三种。其中契式与平行式闸阀应用普遍。闸阀按阀杆的结构不同可分为明杆式(闸板升降时可看到阀杆同时升降)与暗杆式(闸板升降时看不到阀杆升降)两种。闸阀按连接形式不同可分为内螺纹式与法兰式两种。

闸阀的体形较短，流体阻力小，广泛用于室内、外的给水工程。法兰式闸阀如图 1.12 所示。

(2)截止阀。截止阀是利用阀杆下端的阀盘(或阀针)与阀孔的配合来启、闭介质流。截止阀按结构形式不同可分为直通式、直角式和直流式三种。其中，直通式截止阀应用普遍，直角式截止阀次之，直流式截止阀很少应用。截止阀按连接形式不同可分为螺旋式与法兰式两种。

截止阀的流体阻力较闸阀大些，体形较同直径的闸阀长些。其广泛用于水暖管道和工业管道工程中。法兰式直通截止阀和直角式直通截止阀如图 1.13 所示。

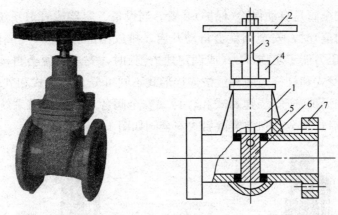

图 1.12　法兰式闸阀

1—阀体；2—手轮；3—阀杆；4—压盖；5—密封圈(面)；6—闸板；7—法兰

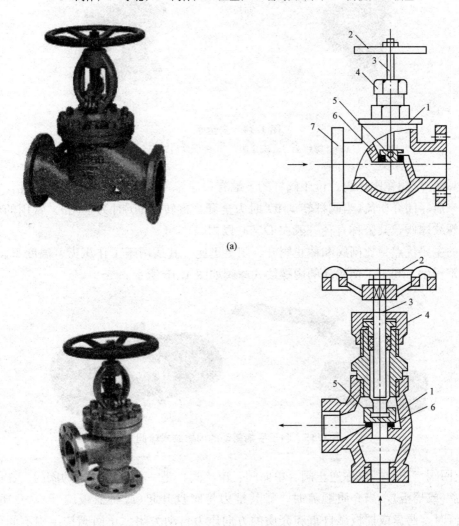

(a)

(b)

图 1.13　截止阀

(a)法兰式直通截止阀；(b)直角式直通截止阀

1—阀体；2—手轮；3—阀杆；4—压盖；5—密封圈(面)；6—闸板；7—法兰

(3)安全阀。安全阀是自动保险(保护)装置。当设备、容器或管道系统内的压力超过工作压力(或调定压力值)时,安全阀就会自动开启,排放出部分介质(气或液);当设备、容器或管道系统内的压力低于工作压力(或调定压力值)时,安全阀便会自动关闭。安全阀按结构不同可分为弹簧式和杠杆式两种;按连接形式不同可分为法兰式和外螺纹两种。通常,固定容器、设备(如锅炉)应安装弹簧式和杠杆式安全阀各一个。管道系统一般安装弹簧式安全阀。外螺纹全启式安全阀和弹簧微启式安全阀如图1.14所示。

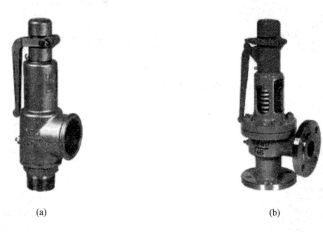

(a)　　　　　　　　　　　(b)

图1.14　安全阀

(a)外螺纹全启式安全阀;(b)弹簧微启式安全阀

(4)球阀。球阀在阀体内,位于阀杆的下端有一球体,在球体上有一水平圆孔,利用阀杆的转动来启、闭介质流(当阀杆转动90°时为全开,再转动90°时为全闭)。常用的球阀为小直径内螺纹球阀,其公称直径一般在$DN50$以内。

球阀的主要优点是比闸阀和截止阀开、闭更迅速。其适用于工作压力、温度不高的水、气等管道工程中。利于手柄驱动的内螺纹式球阀如图1.15所示。

图1.15　利于手柄驱动的内螺纹式球阀

(5)止回阀。止回阀也称逆止阀、单向阀、单流阀,是一种自动启闭的阀门。在阀体内有一种阀盘(或摇板),当介质顺流时,靠其推力将阀盘升起(或将摇板旋开),介质流过;当介质倒流时,阀盘或摇板靠自重和介质的方向压力自动关闭。止回阀按结构不同可分为旋启式和升降式两种。其中,旋启式又可分为单瓣和多瓣两种;升降式又可分为立式升降式与升降式两种。立式升降式安装在垂直管道上;升降式和旋启式安装在水平管道上。止回阀按连接形式不同可分为内螺纹式和法兰式两种。

止回阀广泛用于水暖管道和工业管道工程中。升降式止回阀和旋启式止回阀如图1.16所示。

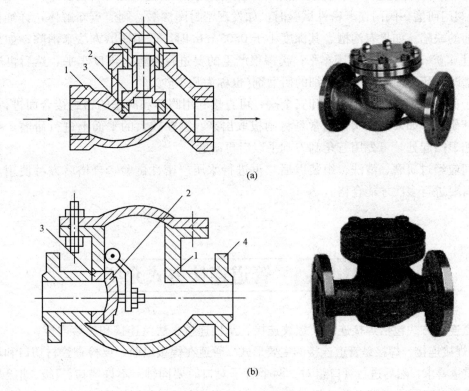

图1.16　止回阀
(a)升降式止回阀；(b)旋启式止回阀
1—阀体；2—阀盘；3—密封圈(面)；4—法兰

1.3.2　阀门的试压和研磨

阀门是管道上非常重要的部件，对管道内输送的介质起开和关的作用。这就要求阀门能开得起、关得紧，必须保证阀门的安装质量。阀门从出厂到现场安装，一般经过多次装卸运输和长时间的存放，因此，在安装以前必须对阀门进行检查清洗、试压、更换盘根，必要时还需进行研磨。

(1)阀门的检查。阀门在安装前先要进行外观检查，检查阀体、密封圈(面)、阀杆等是否有制造缺陷或撞伤。根据阀门出厂合格证，如果出厂日期较短，外观检查也没有发现问题，对此类同厂同批生产的阀门可进行比例抽查；如果经抽查检验和水压试验以后，确认阀门质量比较可靠，其余的同批产品可不必逐个细致检查。但对出厂时间和存放时间都比较长的阀门以及密封度要求较严的阀门，一定要作解体检查。

(2)阀门水压试验。经内部解体检查的阀门，应进行强度试验和严密性试验，一般都是进行水压试验。强度试验压力一般为阀门公称压力的1.5倍。进行强度试验时，阀门应处于开启状态，等阀门内水灌满以后再封闭。缓慢升压到试验压力，停压5 min以后，进行检查，如果表压不下降，阀体和填料无渗漏现象，强度试验即合格。然后将阀门关闭，关闭时手轮上不许加任何器械，只靠人工手力将阀门关好，缓慢降压至工作压力，停压不少于 5 min，如果表压不降，密封圈和填料处无渗漏，则严密性试验即合格。

(3)阀门研磨。阀门在严密性试验时，如发现密封圈渗漏，则应重新解体，详细检查密封接合面的缺陷。如果有沟槽，其深度小于 0.05 mm 时，可用研磨方法来消除；如果沟槽深度超过 0.05 mm，应用车床车平；沟深很严重的要进行补焊，再度车平，然后再进行研磨。研磨时，研磨面要涂一层很细的研磨剂(也称为凡尔砂)。

对于截止阀、升降式止回阀和安全阀，可直接利用阀芯和阀座的密封接合面进行研磨，也可分开研磨。如果是闸阀，通常是将闸板取出来，放在较大的平面上进行研磨，闸板上如果有明显凸起处，可先用三角刮刀刮平以后再研磨。

阀门应经过研磨、清洗、组装以后，再进行水压严密性试验，合格后方可使用。这项工序有时要进行多次才能合格。

1.4 管道连接方式介绍

管道连接方式包括焊接连接、螺纹连接、承插连接、法兰连接和热熔连接。

(1)焊接连接。焊接是管道连接的主要形式。管道在焊接以前，要检查管材切口和坡口是否符合质量要求，然后进行管口组对。两个管子对口时要同轴，不许错口。Ⅰ级、Ⅱ级焊缝内错边不能超过壁厚的10%，并且不大于 1 mm；Ⅲ级、Ⅳ级焊缝不能超过壁厚的20%，并且不能大于 2 mm。对口时还要按设计有关规定，管口中间要留有一定的间隙。组对好的管口，先进行点焊固定，根据管径大小，点焊 3～4 处，点焊固定后的管口才能进行焊接。

焊接的方法有很多种，常用的有气焊、电弧焊、氩弧焊和氩电联焊四种。

1)气焊。气焊是利用氧气和乙炔气混合燃烧所产生的高温火焰来熔接管口的。所以，气焊也称为氧气乙炔焊或火焊。气焊适用于管壁厚在 3.5 mm 以下的碳素钢管、合金钢管和各种壁厚的有色金属管的焊接。公称直径 50 mm 以下的焊接钢管，用气焊焊接的较多。

2)电弧焊。电弧焊是利用电弧将电能转变成热能，使焊条金属和母材熔化形成焊缝的一种焊接方法。

3)氩弧焊。氩弧焊是用氩气作保护气体的一种焊接方法。氩弧焊多用于易焊接、易氧化的有色金属管(如钛管、铝管等)，不锈耐酸钢管和各种材质的高压、高温管道的焊接。

4)氩电联焊。氩电联焊是将一个焊缝的底部和上部分别采用两种不同的焊接方法的焊接，即在焊缝的底部采用氩弧焊打底，焊缝的上部采用电弧焊盖面。其适用于各种钢管的Ⅰ级、Ⅱ级焊缝和管内要求洁净的管道。

(2)螺纹连接。螺纹连接也称丝扣连接，主要用于焊接钢管、铜管和高压管道。焊接钢管的螺纹大部分可用人工套丝，目前多种型号的套丝机不断涌现，并且被广泛应用，已基本上代替了过去的人工操作。对于螺纹加工精度和粗糙度要求很高的高压管道，都必须用车床加工。

(3)承插连接。承插连接适用于承插铸铁管、水泥管和陶瓷管。承插铸铁管所用的接口材料有石棉水泥、水泥、膨胀水泥和青铅等，使用最多的是石棉水泥。此种接口操作简便，质量可靠。青铅接口的操作比较复杂，费用较高，且铅对人体有害，因此，除用于抢修等重要部位或有特殊要求，其他工程一般不采用。

(4)法兰连接。法兰连接主要用于法兰铸铁管、衬胶管、有色金属管和法兰阀门等的连接，工艺设备与管道的连接也都采用法兰连接。

法兰连接的主要特点是拆卸方便。安装法兰时要求两个法兰保持平行，法兰的密封面不能碰伤，并且要清理干净。法兰所用的垫片要根据设计规定选用。

(5)热熔连接。热熔连接主要用于PP-R管，连接组装如图1.17所示。

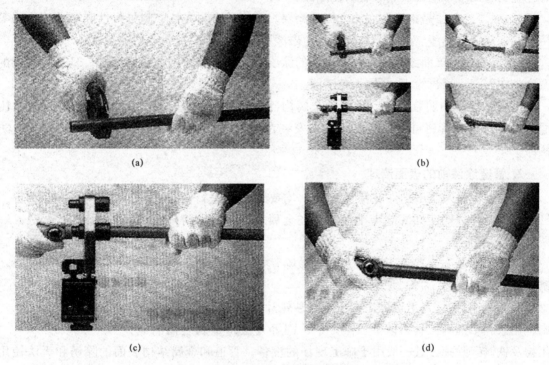

图 1.17 PP-R管的连接组装示意

(a)使用管剪将管材按需要长度剪开，剪口与轴线成直角；(b)在管材的端头，作焊接深度标记；
(c)将管材管件同时插到焊接机上加热，时间依据管材直径而定；
(d)达到规定的加热时间后，将管材、管件从焊接机上取下，立即插接，在插接过程避免扭动歪斜

1.5 管道的防腐、保温、压力试验与吹扫清洗

1.5.1 管道的防腐

管道防腐的目的是使管道不受大气、地下水、管道本身所输送介质的腐蚀以及电化学

腐蚀。在工程中管道防腐的方法很多，如涂漆（也称刷油）、衬里、静电保护等。本章介绍的是施工中最常用的涂漆方法。

1. 管道的一般涂漆防腐的结构

管道的一般涂漆防腐的结构可分为底漆、面漆、罩面漆三种涂层，每层刷一遍或几遍。

(1)底漆。底漆是指直接喷刷在金属表面上的涂料层。其应具有附着力强、防腐、防水性能好等特点。对黑色金属表面应采用红丹防锈漆、铁红防锈漆、铁红醇酸防锈漆等。对有色金属表面应采用锌黄底漆、磷化底漆。

(2)面漆。面漆是指涂在底漆上面的涂层。其应具有耐光性、耐气候性和覆盖能力强等特性，如灰色防锈漆、各色调和漆、各色磁漆等。

(3)罩面漆。罩面漆是指涂在面漆上的涂层。为了增加涂层的耐腐蚀性，延长涂料层的寿命，在面漆上可再涂1～2遍无色清漆。

室内不保温的明装管道、设备、金属构件，须刷1～2遍防锈底漆，再按规定遍数刷面漆；有保温的管道可只刷两遍底漆；安装在墙槽、管道井内的管道及附件应刷两遍防锈漆。

2. 管道涂漆前的表面清理

管道、设备及金属构件在涂漆之前，均要对表面进行清理，并打磨出光泽，以便使油漆能牢牢地附着在金属表面，这种清理方法俗称除锈。

常用的除锈方法有人工除锈、半机械除锈、机械除锈和化学除锈四种。

管道除锈刷油
施工视频

(1)人工除锈。人工除锈是指用废旧砂轮片、砂布、铲刀、钢丝刷、锯条和手锤等工具，以磨、敲、铲、刷等方法将金属表面的氧化物及铁锈等除掉。其一般用于施工现场的设备、管道和金属结构表面的除锈和无法使用机械除锈的场合进行弥补除锈。其优点是施工方法简单、不耗电；其缺点是工人劳动强度大、卫生条件差、进度慢等。

(2)半机械除锈。半机械除锈是指人工使用带风(电)砂轮、风(电)钢丝刷的机械进行除锈。其适用于小面积或不易使用机械除锈的场合。半机械除锈的质量和效率都比人工除锈高。

(3)机械除锈。机械除锈是指利用各种除锈机械去冲击、摩擦、敲打金属表面，达到去除金属表面的氧化物、铁锈及其他污物的目的。其适用于对金属表面处理要求较高的大面积除锈。

机械除锈可分为干法喷砂除锈、湿法喷砂除锈、高压水除锈和射流控制真空喷丸除锈等。其中，干法喷砂除锈是最常用的机械除锈方法，即选用一定粒径的石英砂或河砂，烘干后使用。

(4)化学除锈。化学除锈又称酸洗除锈(简称酸法)，是利用一定浓度的无机酸水溶液(硫酸、烧碱、亚硝酸钠等)，对金属表面起溶蚀作用，以达到除去表面氧化物及油污的目的。化学除锈一般用于形状复杂的设备或零部件的除锈。

3. 管道防腐的常用涂料及选择

涂料的品种很多，性能和特点各不相同，应根据不同的使用条件，如周围介质的酸碱性、管道的材质、施工条件、管道内介质的温度、两种涂料配合使用的效果等进行正确选择。常用涂料及其性能详见表 1.16。

表 1.16　常用涂料及其性能

涂料名称	主要性能	耐温/℃	主要用途
红丹防锈漆	与铁表面附着力强、耐潮防水、防锈力强	150	钢铁表面打底，不应暴露于大气中，必须用适当面漆覆盖
铁红防锈漆	覆盖性强、薄膜坚韧、涂漆方便、防锈能力较红丹防锈漆差些	150	钢铁表面打底或盖面
铁红醇酸底漆	附着力强、防锈性能和耐气候性较好	200	在高温条件下黑色金属打底
灰色防锈漆	耐气候性较调和漆强	—	做室内外钢铁表面上的防锈漆的罩面漆
锌黄防锈漆	对海洋性气候及海水侵蚀有防锈性	—	适用于铝金属或其他金属上的防锈
环氧红丹漆	快干，耐水性强	—	经常与水接触的钢铁表面
磷化底漆	能延长有机涂层寿命	60	有色及黑色金属的底层防锈漆
厚漆(铅油)	漆膜较软、干燥慢，在炎热而潮湿的天气有发黏现象	60	用清油稀释后，用于室内钢、木表面打底或盖面
油性调和漆	附着力及耐气候性均较好，在室外使用优于瓷性调和漆	60	作室内外金属、木材、砖墙面漆
铝粉漆	—	150	专供采暖管道、散热器作面漆
耐温铝粉漆	防锈不防腐	>300	黑色金属表面漆
有机硅耐高温漆	—	400～500	黑色金属表面漆
生漆(大漆)	漆层机械强度高、耐酸力强、有毒、施工困难	200	用于钢、木表面防腐
过氯乙烯漆	抗酸性强、耐浓度不大的碱性、不易燃烧、防水绝缘性好	60	用于钢、木表面，以喷涂为佳
耐碱漆	耐碱腐蚀	>60	用于金属表面
耐酸树脂磁漆	漆膜保光性、耐气候性和耐汽油性好	150	适用于金属、木材及玻璃布的涂刷
沥青漆（以沥青为基础）	干燥快、涂膜硬，但附着力及机械强度差，具有良好的耐水、防潮、防腐及抗化学侵蚀性。其耐气候性、保光性差，不宜暴露在阳光下，在户外容易收缩龟裂	—	主要用于水下、地下钢铁构件管道、木材、水泥面的防潮、防水、防腐

1.5.2 管道的保温

保温又称绝热。保温的目的是减少冷、热量的损失,防止工作人员发生事故、防止管道表面结露和管道内部介质的冻结。

(1)常用的保温材料。目前保温材料很多,按照保温材料的导热系数的大小可以分为 4 级,1 级保温材料的导热系数不大于 0.08 W/(m·K),2 级保温材料的导热系数为 0.08～0.116 W/(m·K),3 级保温材料的导热系数为 0.116～0.174 W/(m·K),4 级保温材料的导热系数为 0.174～0.209 W/(m·K)。保温材料按物质成分可分为有机保温材料和无机保温材料。常用的保温材料有岩棉、玻璃棉、硅藻土、石棉、水泥蛭石、珍珠岩、泡沫塑料、闭孔海绵、软木等。

(2)保温结构。保温结构一般有防锈层、保温层、防潮层(对保冷空调冷媒水管)、保护层、防腐及识别标志层等。防锈层即防锈涂料层,保温层是在防锈层外用保温材料制成的构件,对保冷层在保温层外面还要作防潮层以免冷媒结露,常用的材料有铝箔、塑料薄膜、沥青油毡等。保护层在保温层、防潮层外,主要保护保温层和防潮层不受机械损伤。最外面的是防腐及识别标志层,其作用是使保护层不受腐蚀,一般采用耐当地气候条件的涂料直接涂在保护层上。用不同的颜色主要是为了区分管道的种类。

(3)保温层的施工。保温层是保温的关键层,其施工方法的取舍、施工材料的选用直接影响着绝热效果。常用的保温方法如下:

1)涂抹法:用石棉粉、硅藻土、珍珠岩等不定形的散装材料,将其加一定的掺合剂和水调和成胶泥状涂抹在被保温的管道或设备上。

2)绑扎法:将保温材料首先按管道设备外形的样子预制成瓦料或板料状,然后将瓦料或板料放到管道和设备的表面后用镀锌钢丝绑扎牢固。绑扎法是热力管道保温层常用的做法,如图 1.18 所示。

3)粘贴法:将加工成形后的保温材料用胶粘剂直接粘贴在管子和设备上。其多用于空调和制冷系统。

4)缠包法:用矿渣棉毡、玻璃棉毡等保温材料,按管子的形状直接将其缠包在管子表面并用镀锌钢丝绑扎。缠包法适用于简单保温,如图 1.19 所示。

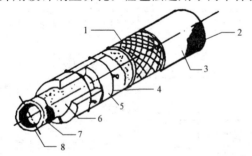 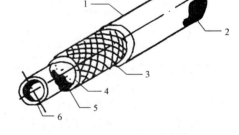

图 1.18 绑扎法管道保温结构 　　　　　图 1.19 缠包法管道保温结构

1—镀锌钢丝网;2—表面识别层;3—保护壳石棉硅藻土;　　1—保护壳;2—识别层;3—镀锌钢丝网;
4—镀锌钢丝绑扎;5—保温瓦块;6—石棉硅藻土抹底;　　4—矿渣棉毡或玻璃棉;5—防锈漆;6—管道
7—防锈漆两遍;8—管道

5)套筒式保温法：将矿纤材料加工成筒状直接套在管道上，施工时只要将保温的套管筒沿轴向切口扒开，套在管子上，再用铝箔胶带粘合接口即可。套筒式保温法一般在空调系统用得较多。

6)聚氨酯现场发泡法：用两种混合液在专用的卡具和管道之间的空间发泡硬化。这种方法在设备绝热、冷库等地方用得较多。

7)钉贴法：是矩形风管保温采用较多的方法，其用保温钉代替胶粘剂，将保温板固定在风管表面。施工时先用胶粘剂将保温钉粘贴在风管表面，粘牢后将保温板放在保温钉上轻轻拍打，使保温钉穿过保温板而露出，然后套上垫片和外盖即可。

1.5.3 管道的压力试验与吹扫清洗

1. 管道的压力试验

在一个工程项目中，某个系统的管道安装完毕以后，就要按设计规定对管道进行系统强度试验和气密性试验，其目的是检察管道承受压力的情况和各个连接部位的严密性。一般输送液体介质的管道都采用水压试验，输送气体介质的管道多采用气体进行试验。

管道系统试验以前应具备以下条件：

(1)管道系统安装完毕以后，经检查符合设计要求和施工验收规范的有关规定。

(2)管道的支架、拖架、吊架全部安装完毕。

(3)管道的所有连接口焊接和热处理完毕，经有关部门检查合格，应接受检查的管口焊缝尚未涂刷漆和保温。

(4)埋地管道的坐标、标高、坡度及基础垫层等经复查合格。

(5)试验用的压力表最少准备两块，并要经过校验，其压力范围应为最大试验压力的1.5~2倍。

(6)对于较大的工程应编制压力试验方案，并经有关部门批准后方可实施。

1)液压试验。在一般情况下采用清洁的水进行液压试验，如果设计有特殊要求，按设计规定进行。液压试验的程序如下：

①首先做好试验前的准备工作：安装好试验用临时注水和排水管线；在试验管道系统的最高点和管道最末端安装排气阀；在管道的最低处安装排水阀；压力表应安装在最高点，试验压力以此表为准。

管道上已安装完毕的阀门及仪表，如不允许与管道同时进行液压试验，应先将阀门和仪表拆下来，阀门所占的长度用临时短管连接起来串通；管道与设备相连接的法兰中间要加上盲板，使整个试验的管道系统成封闭状态。

②准备工作完成以后，即可开始向管道内注水，注水时要打开排气阀，当发现管道末端的排气阀流水时，立即将排气阀关闭，待全系统管道最高点的排气阀也见到流水时，说明全系统管道已经注满水，将最高点的排气阀也关好。这时对全系统管道进行检查，如果没有明显的漏水现象，即可升压。升压应缓慢进行，达到规定的试验压力以后，停压应不少于10 min，经检查无泄漏，目测管道无变形为合格。

各种管道试验时的压力标准,一般设计都有明确规定,如果没有明确规定可按管道施工及验收规范的规定执行。

③管道试验经检查合格以后,要将管内的水放掉,排放水以前应先打开管道最高点处的排气阀,再打开排水阀,将水放入排水管道,最后拆除试压用临时管道和连通管及盲板,将拆下的阀门和仪表复位,连接好所有法兰,填写好管道系统试验记录。

管道系统液压试验,如环境气温在0℃以下,放水以后管道要即时用压缩空气吹除,避免管内积水冻坏管道。

2) 气压试验。气压试验大体上可分为两种情况:一种是用于输送气体介质管道的强度试验;另一种是用于输送液体介质管道的严密性试验。气压试验所用的气体,大多数为压缩空气或惰性气体。

使用气压作管道强度试验时,其压力应逐级缓升,当气压升到规定试验压力的一半时,应暂停升压,对管道进行一次全面的检查,如无泄漏或其他异常现象,可继续按规定试验压力的10%逐级升压,每升一级要稳压3 min,一直到规定的试验压力,再稳压5 min,经检查无泄漏、无变形为合格。

使用气压作管道的严密性试验,应在液压强度试验以后进行,试验的压力要按规定进行。气压强度试验和气压严密性结合进行,可以节省很多时间。其具体做法是:当气压强度试验检查合格以后,将管道系统内的气压降至设计压力,然后用肥皂水涂刷管道的所有焊缝和接口,如果没有发现气泡现象,说明无泄漏,再稳压0.5 h,如压力不下降,则气压严密性试验合格。

对工业管道除进行强度试验和严密性试验外,有些管道还要作特殊试验,如真空管道要作真空试验;输送剧毒及有火灾危险的介质,要进行泄漏量试验。这些试验都要按设计规定进行,如设计无明确规定,可按管道施工及验收规范的相关规定进行。

2. 管道的吹扫与清洗

工业管道的每个管段在安装前,都必须清除管道内的杂物,但难免有些锈蚀物、泥土等遗留在管内,这些遗留物必须清除。清除的方法一般是用压缩空气吹除或用水冲洗,所以统称为吹扫。

(1)水冲洗。管道吹除的方法很多,可根据管道输送介质使用时的要求及管道内的脏污程度来确定。

在工业管道中,凡是输送液体介质的管道,一般设计要求都要进行水冲洗。冲洗所用的水,常选用饮用水、工业用水或蒸汽冷凝水。冲洗水在管内的流速不应小于1.5 m/s,排放管的截面面积不应小于被冲洗截面面积的60%,并要保证排放管道的畅通和安全。水冲洗要连续进行,按冲洗3次,每次20 min计算水的消耗量。

(2)空气吹扫。在工业管道中,凡是输送气体介质的管道,一般都采用空气吹扫,对油管道吹扫时要用不含油的气体。

空气吹扫的检查方法,是在吹扫管道的排气口安设用白布制作或涂有白漆的靶板来检查,如果5 min内靶板上无铁锈、泥土或其他脏物即合格。

(3)蒸汽吹扫。蒸汽吹扫适用于输送动力蒸汽的管道。因为蒸汽吹扫温度较高,管道受热后要膨胀和位移,故在设计时就应考虑这些因素,在管道上安装补偿器,管道支架、吊架也都考虑到了受热后位移的需要。输送其他介质的管道，设计时一般不考虑这些因素，所以不适合采用蒸汽吹扫，如果必须使用蒸汽吹扫，一定要采取必要的补偿措施。

蒸汽吹扫时，开始先输入管内少量的蒸汽，缓慢升温暖管，经恒温 1 h 以后再进行吹扫，然后停气使管道降温至环境温度；再暖管升温、恒温，进行第二次吹扫，如此反复，一般不少于 3 次。如果在室内吹扫，蒸汽的排气管一定要引到室外，并且要架设牢固。排气管的直径应不小于被吹扫管道的管径。

蒸汽吹扫的检查方法是：对于中、高压蒸汽管道和蒸汽透平入口的管道要用平面光洁的铝板靶检查，对于低压蒸汽要用刨平的木板靶来检查，将靶板放置在排气管出口，按规定检查靶板，无脏物即合格。

(4)油清洗。油清洗适用于大型机械的润滑油、密封油等油管道系统的清洗。这类油管道内的清洁程度要求较高，往往要花费很长时间来清洗。油清洗一般在设备及管道吹洗和酸洗合格以后，系统试运行之前进行。

油清洗采用管道系统内油循环的方法使用过滤网来检查，过滤网上的污物不超过规定的标准为合格。常用的过滤网规格有 100 目$/cm^2$ 和 200 目$/cm^2$ 两种。

(5)管道脱脂。管道在预制安装过程中，有时会接触到油脂，有些管道因输送介质的需要，管内不允许有任何油迹，这就需要进行脱脂处理，除掉管内的油迹。管道在脱脂前应根据油迹脏污情况制定脱脂施工方案，如果管材有明显的油污或锈蚀严重，应先用蒸汽吹扫或喷砂等方法除掉一些油污，然后进行脱脂。脱脂的方法有多种，可采用有机溶剂、浓硝酸和碱液进行脱脂，有机溶剂包括二氯乙烷、三氯乙烯、四氯化碳、丙酮和工业酒精等。

脱脂后应将管内的溶剂排放干净，经验收合格后，将管口封闭，避免以后施工中再被污染；要填写好管道脱脂记录，经检验部门签字盖章后，作为交工资料的一部分。

管道的清洗，除上面介绍的方法外，还有酸洗、碱洗和化学清洗钝化。管道的清洗吹扫是施工中很重要的项目。

1.6 建筑管道的基本知识及分类

1.6.1 管道的三视图

(1)投影面。管道工程采用的投影面有四个，即水平投影面、正立投影面、左侧立投影面和右侧立投影面。在四个投影面中，水平投影面、正立投影面与左侧立投影面、右侧立投影面相互垂直，如图 1.20 所示。投影时采用正投影法，向着相应的投影面进行投影。

(2)平面图、立面图、侧面图的位置。

1)正立面图(也称为主视图)。将管道(或管子、管件)从前向着后面的正立投影面投影,即得到该管道(或管子、管件)在正立投影面上的图形,其位置不动。

2)平面图(也称为俯视图)。将管道(或管子、管件)从上向着下面的水平投影面投影,即得到该管道(或管子、管件)在水平投影面上的图形;然后将该图形绕 OX 轴向下旋转 $90°$,画在其立面图的正下方。

3)左侧立面图(也称为左视图)。将管道(或管子、管件)从左侧向着右侧的右侧立投影面投影,即得到该管道(或管子、管件)在右侧立投影面上的图形;然后将该图形绕 OZ 轴向右后方旋转 $90°$,画在其正立面图的右侧。

4)右侧立面图(也称为右视图)。将管道(或管子、管件)从右侧向着左侧的左侧立投影面投影,即得到该管道(或管子、管件)在左侧立投影面上的图形;然后将该图形绕 OZ 轴向左后方旋转 $90°$,画在其正立面图的左侧。

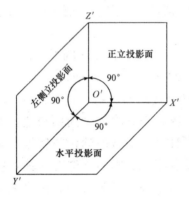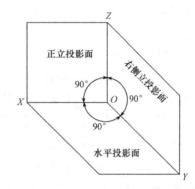

图 1.20 投影面

(3)平面图、立面图、侧面图的"三等关系"。

1)主视图和俯视图——长对正,即左右对正;

2)主视图和左(右)视图——高平齐,即上下看齐;

3)俯视图和左(右)视图——宽相等,即前后相等。

1. 管道单、双线图的概念

圆形管道实际上是空心的圆柱体,完全按照正投影图的方法绘制时,其主视图和俯视图如图 1.21 所示。在主视图中虚线表示管子的内壁,俯视图的两个同心圆中,小的表示管子的内壁,大的表示管子的外壁。由于管道图中管线较多,管子和管件的内壁很难表示清楚,所以在图中将其省略,仅用两根线条表示管子和管件的形状,这样画出的图形称为双线图。

在小比例管道工程图中,往往将管子的壁厚和空心的管腔全部看成一条直线(即管道的轴线),这样用一根轴线表示管子(件)的图样,称为单线图。

画图时,在同一张图纸上,一般将主要的管道画成双线图,将次要的管道画成单线图。

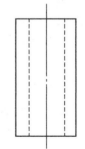
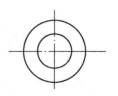

图 1.21 图形管道的主视图和俯视图

2. 管子的单、双线三视图

在双线图中,在管子平行的投影面上,表示为有中心线的两条中实线;在管子垂直的投影面上,表示为有"十"字中心线的中实线小圆。在单线图中,在管子平行的投影面上,表示为一条粗实线;在管子垂直的投影面上,表示为一个粗实线小圆圈(圆圈内可画"●",也可不画)。管子单、双线图的几种情况见表1.17。

表 1.17 管子单、双线图的几种情况

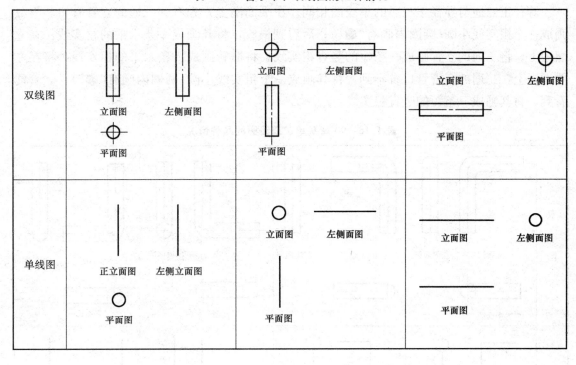

1.6.2 管件的三视图

1. 90°弯头的单、双线三视图

表1.18所示为90°弯头的几种情况。现以第一种情况为例进行分析。

(1)双线三视图。在平面图上,弯头的立管管口看不到,将其画成有"十"字中心线的半个中实线小圆,或画成中虚、实线各半组成的小圆;弯头的横管先看到,将其画成有中心线的两条水平中实线,且两条水平中实线分别画到小圆的边上。在立面图上,弯头的横管画成有中心线的两条水平中实线;弯头的立管画成有中心线的两条竖直中实线;其拐弯部分则画成有中心线的两中实线弧。在左侧面图上,先看到弯头的横管管口,将其画成有"十"字中心线的中实线小圆;后看到弯头的立管,将其画成有中心线的两条竖直中实线,且两条竖直中实线分别画到小圆的边上。

(2)单线三视图。在平面图上,弯头的立管管口看不到,将其画成一个粗实线小圆;弯头的横管先看到,将其画成一条水平的粗实线,且画到粗实线小圆的圆心。在立面图上,将弯头的横管画成一条水平的粗实线,将弯头的立管画成一条竖直的粗实线;其拐弯部分则画成粗实线弧。在左侧面图上,先看到弯头的横管管口,将其画成一个粗实线小圆(圆圈内画有"●");后看到弯头的立管,将其画成一条竖直的粗实线且画到粗实线小圆的边上。

2. 正三通的单线三视图

正三通可分为等径正三通和异径正三通两种。表 1.19 所示为正三通的几种情况。现以第一种情况为例进行分析,在工程图纸中,双线图的情况非常少,因此只画出单线图的情况。

等径正三通与异径正三通的单线图相同。在平面图上,先看到三通的立管管口,将其画成一个粗实线小圆(圆圈内画有"●");后看到横管,将其画成一条水平的粗实线。在立面图上,将三通的立管画成一条短的竖直粗实线,将横管画成一条水平的粗实线,将在左侧面图上,三通的横管管口看不到,将其画成一个粗实线小圆(圆圈内画有"●");立管能看到,将其画成一条短的竖直粗实线。

表 1.18　90°弯头单、双线图的几种情况

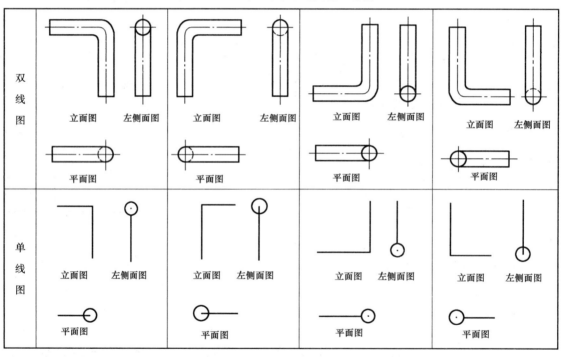

表 1.19　正三通单线图的几种情况

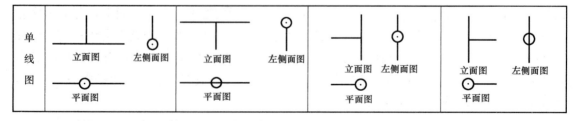

3. 正四通的单线三视图

正四通可分为等径正四通和异径正四通两种。表 1.20 所示为正四通的单线三视图的画法。

表 1.20　正四通的单线三视图

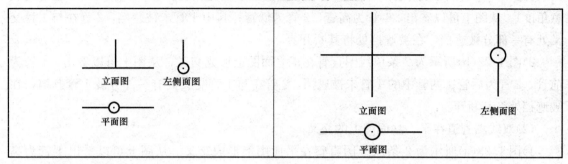

4. 截止阀的单线三视图

在管道工程中，截止阀是使用较多的一种阀门。表 1.21 所示为阀的单线三视图。

表 1.21　截止阀的单线三视图

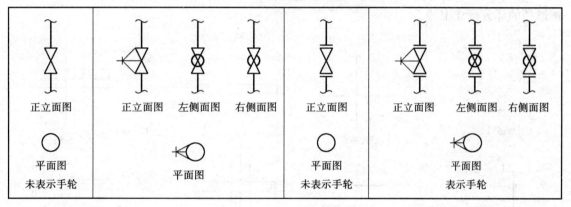

5. 大小头的单、双线图

大小头也称异径外接头，可分为同心和偏心两种。其单、双线图见表 1.22。

表 1.22　大小头的单、双线图

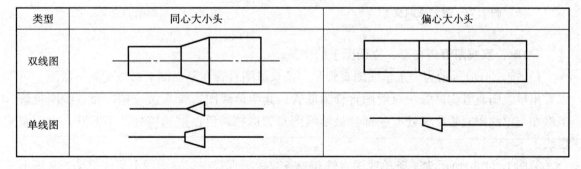

1.6.3　管道的位置关系——交叉与重叠

1. 管道在平、立面图上的交叉

(1)单线图管道在平、立面图上的交叉。

1)图1.22(a)所示为2条单线图直管在平面图上形成交叉(交叉角一般为90°,也可为任意角度)。从图上可以看出,1管为高管,2管为低管;其中1管未被遮挡,2管在与1管交叉处有一部分被遮挡,在被遮挡处将其断开。

2)图1.22(b)所示为2条单线图直管在正立面图上形成交叉,从图上可以看出,1管为前管,2管为后管;两管中的1管未被遮挡,2管在与1管交叉处有一部分被1管遮挡,在被遮挡处将其断开。

(2)双线图管道在平、立面图上的交叉。

1)图1.23(a)所示为2条双线图直管在平面图上形成交叉。从图上可以看出1管为高管,2管为低管;两管在平面图上形成交叉,其中1管未被遮挡;2管在与1管交叉处有一部分被1管遮挡,将被遮挡的部分画成虚线。

2)图1.23(b)所示为两条双线图直管在正立面图上形成交叉,从图上可以看出,1管为前管,2管为后管;两管中的1管未被遮挡,2管在与1管交叉处有一部分被1管遮挡,将被遮挡的部分画成虚线。

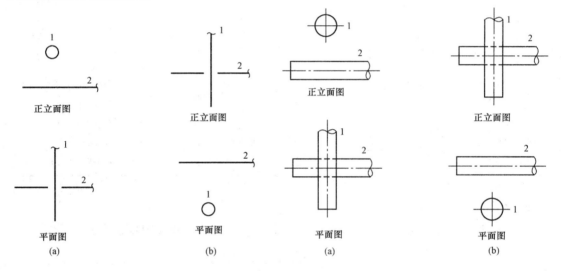

图1.22 单线图的交叉　　　　　　　图1.23 双线图的交叉

(3)单、双线图管道在平、立面图上的交叉。

1)图1.24(a)所示为一条单线图直管和一条双线图直管在平面图上形成交叉,从图上可以看出单线图直管为高管,双线图直管为低管;其中单线图直管未被遮挡,而双线图直管虽然在与单线图直管交叉处有一部分被单线图直管遮挡,但在被遮挡处既不断开,也不画虚线。

2)图1.24(b)所示为一条单线图直管和一条双线图直管在正立面图上形成交叉,从图上可以看出,双线图直管为前管,单线图直管为后管;其中双线图直管未被遮挡,单线图直管在与双线图直管交叉处有一部分被双线图直管遮挡,将被遮挡的部分画成虚线。

【例1.1】 试分析图1.25所示a、b、c、d各管的位置。

图1.25所示是由a、b、c、d四根管线投影相交所组成的平面图,在这里,小口径管线(单线表示)与大口径管线(双线表示)的投影相交时,如果先看到小口径管线,表示这

根小口径管线高于大口径管线，应该画成实线，也就是 a 管高于 d 管；如果先看到大口径管线，表示大口径管线的投影相交部分应画成虚线。根据这个道理，就可以知道 c 管低于 a 管而高于 b 管，d 管低于 a 管而高于 b 管。因此，a 管最高，b 管最低。

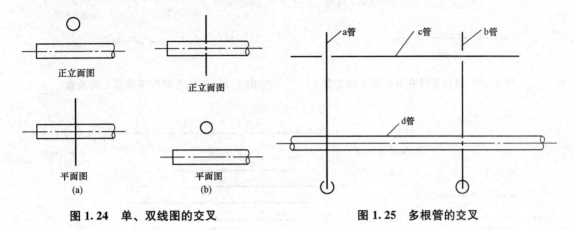

图 1.24　单、双线图的交叉　　　　　　图 1.25　多根管的交叉

2. 管道在平、立面图上的重叠

长短相等、直径相同的两根或两根以上叠合在一起的管子，其投影完全重合，叫作管子的重叠。

管子在平、立面图上的重叠，一般采用的方法是"折断显露法"，即假想将高（前）管的中间截去一段，在此露出低（后）管。

管子一般画成单线图，在高（前）管的两断口处画细线"⌇"作为折断符号，而在低（后）管的两端不画折断符号。

(1) 管道在平面图上的重叠。

1) 两条直管在平面图上的重叠。两条直管的平面图、正立面图和左侧立面图如图 1.26 所示。从图上可以看出，1 管为高管，2 管为低管；两管在平面图上形成重叠。画图时，在 1 管的两断口各画 1 个"⌇"，与 2 管段的间距为 2~3 mm，2 管的两端不画"⌇"。

2) 多条直管在平面图上的重叠。4 根直管的平面图、正立面图和左侧立面图如图 1.27 所示。从图上可以看出，1 管为最高管，2 管为次高管，3 管为次低管，4 管为最低管；4 根直管在平面图上形成重叠。画图时，在 1 管的两断口分别画 1 个"⌇"，在 2 管的两断口分别画 2 个"⌇"，在 3 管的两断口分别画 3 个"⌇"，4 管的两断口不画"⌇"。

(2) 管道在正立面图上的重叠。

1) 两条直管在正立面图上的重叠。两条直管的平面图、正立面图和左侧立面图如图 1.28 所示。从图上可以看出 1 管为前管，2 管为后管；两管在正立面图上形成重叠。画图时将前管的两断口各画成一个"⌇"，与后管的间距为 2~3 mm，后管管端不画"⌇"。

2) 多条直管在正立面图上的重叠。4 根直管的平面图、正立面图和左侧立面图如图 1.29 所示。从图上可以看出，1 管为最前管，2 管为次前管，3 管为次后管，4 管为最后管；4 根直管在正立面图上形成重叠。画图时，在最前管的两断口分别画 2 个"⌇"，在次前管的两断口分别画 2 个"⌇"，在次后管的两断口分别画 3 个"⌇"，最后的管的两端不画"⌇"。

图 1.26　两根直管在平面图上的重叠　　图 1.27　4根直管在平面图上的重叠

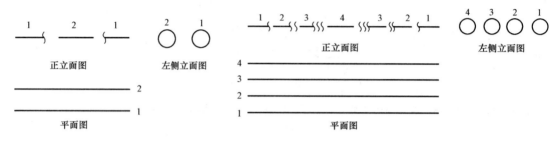

图 1.28　两根直管在正立面图上的重叠　　图 1.29　4根直管在正立面图上的重叠

1.6.4　管道三视图的识读

1. 管道三视图的识读方法

(1)看视图,想形状。拿到一张图,先想清楚它用了哪几个视图表示这些管线的形状,再看平面图(俯视图)与立面图(主视图)、立面图与侧面图(左视图或右视图)、侧面图与平面图之间的关系又是怎样的,然后再想象出这些管线的大概形状。

(2)对线条,找关系。想象出管线的大概轮廓后,对于各个视图之间的相互关系,可以用对线条,即对投影关系的方法,找出视图之间相对应的投影关系,尤其是积聚、重叠、交叉管线之间的投影关系。

(3)合起来,想整体。看懂了各个视图的各部分的形状后,再根据它们相应的投影关系综合起来想象,对每条管线形成一个完整的认识,这样就可以将整个管路的立体形状完整地想象出来。

2. 管道三视图的识图举例

【例 1.2】　试识读图 1.30 所示的管线。

通过"看视图,想形状",可知这些管线是由两段立管 A、C 和两段横管 B、D 所组成的。这条管线的连接形式是承插连接,通过"对线条,找关系"可以知道,在立面图的最左方看到立管 C,它的上端是弯头同横管 B 连接,它的下端同横管 D 连接,在这里横管 D 积聚成一个小圆。在左视图上,横管 D 完全显示清楚,而横管 B 积聚成一个小圆。在立面图和侧面图上看到的立管 C,在平面图上却积聚成一个小圆,并同 C 管弯头的投影重合。最后"合起来,想整体",它是由来回弯和摇头弯共同组成的管线。

【例 1.3】　根据管线的平、立面图,补绘左侧面图。

如图 1.31 所示,通过"看视图,想形状"可以知道这些管线共由 6 根管线组成,其中,

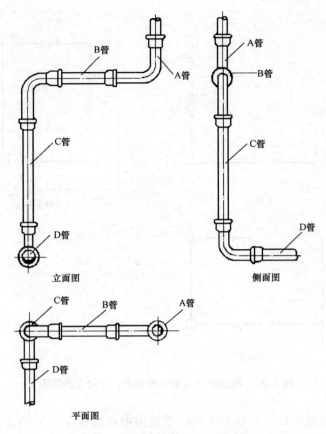

图 1.30 承插连接管线的双线图

1、4 管线为前后走向,2、6 管线为左右走向,3、5 管线为上下走向。通过"对线条、找关系"可以知道,1 管是前后的管线,在左下方,在 1 管上通过一个正三通向右接 2 管,至右端向上为立管 3(平面图中为一圆圈),然后接前后走向的管 4(立面图中为一圆圈),在立管 4 的后方向下接立管 5(平面图中为一圆圈,在立面图中由于立管 3 在前,立管 5 在后,立管 3 与立管 5 重叠,所以,为了表示出立管 5,将立管 3 断开),在立管 5 上向左接水平横管 6,向下接一法兰阀门,手轮向后。最后"合起来,想整体",结合三视图的"三等关系",将左侧面图绘出。

1.6.5 管道斜等轴测图

1. 管道在斜等轴测图中的方位选定

(1)斜等轴测图的轴测轴和轴间角。斜等轴测图的轴测轴有 3 条,即 OZ、OX 和 OY。其中,OZ 轴为铅垂线,OX 轴为水平线,OY 轴与水平线的夹角为 45°,OY 轴的方向可向左画,也可向右画。轴间角有 3 个,分别是 $\angle XOY=45°$(或 135°),$\angle YOZ=135°$,$\angle ZOX=90°$。3 根轴的轴向伸缩系数(也称变形系数)都相等,且均取 1,如图 1.32(a)、(b)所示。

(2)管口在斜等轴测图中的形状。在斜等轴测图中,当管道中心线位于 OY 轴及其延长

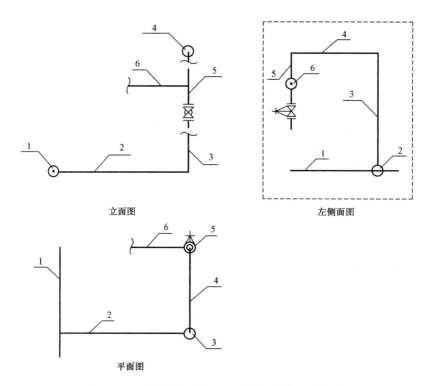

图 1.31 根据管线的平、立面图，补绘左侧面图

线或平行线上时，管道断口的形状是正圆；当管道中心线位于 OX 轴及其延长线或平行线上时，管道断口的形状为椭圆；当管道中心线位于 OZ 轴及其延长线或平行线上时，管道断口的形状也是椭圆，如图 1.32(c)所示。

(3)管道在斜等轴测图中的方位选定。水平管道左右走向时，可选在 OX 轴或其延长线上(两条及以上管道时，为该轴的平行线上)。水平管道前后走向时，可选在 OY 轴或其延长线上(两条及以上管道时，为该轴的平行线上)，一般左斜 45°。立管(上下走向)时，选在 OZ 轴或其延长线上(两条及以上管道时，为该轴的平行线上)。

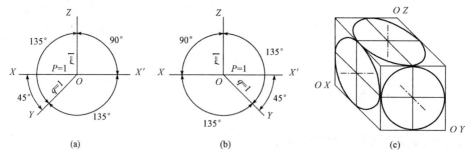

图 1.32 斜等轴测图的轴测轴、轴测角与双线图管口在该图中的形状

2. 管道和管件的斜等轴测图

(1)单根管线的斜等轴测图。图 1.33(a)中，通过对平、立面图的分析可知，这是条前后走向的水平位置的管道，确定前后走向是 OY 轴，由于 X、Y、Z 三轴的简化缩短率都是 1∶1，沿轴量取尺寸时，可从 O 点起在 OY 轴上用圆规直尺直接量取管道在平面图上线段

的实长，如图1.33(b)所示。

在图1.34(a)中，通过对平、立面图的分析可知，这是条上下走向的垂直管道，确定上下走向是OZ轴，沿轴量取尺寸时，可从O点起，在OZ轴上直接量取管道在立面图上线段的实长，如图1.34(b)所示。

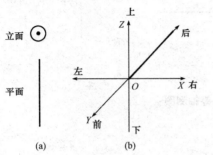

图1.33 单根管线的斜等轴测图(一)

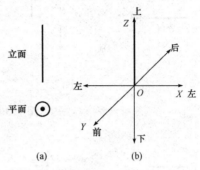

图1.34 单根管线的斜等轴测图(二)

(2)多根管线的斜等轴测图。在图1.35(a)中，通过对平、立面图的分析可知，1、2、3号管线是左右走向的水平管线，4、5号管线是前后走向的水平管线，而且这5路管线的标高相同，由此确定OX轴是左右走向。OY轴为前后走向，在沿轴量取尺寸时，不仅可以把尺寸量在3根轴线反方向的延长线上，也可以把尺寸量在3根轴线的平行线上，管线与管线的间距和编号应与平面图上的间距和编号一致，如图1.35(b)所示。

(3)弯头的斜等轴测图。图1.36(a)中的弯头可以分解成两部分，一部分是水平管段，左右走向；另一部分是垂直向下的管段。在斜等轴测图上，左右走向的水平管段与OX轴方向一致，垂直向下的管段与OZ轴方向一致，沿轴量取尺寸，就可以画出这只弯头的斜等轴测图。图1.36(b)也是如此。

(4)三通的斜等轴测图。分析图1.37(a)中的三通可知，主管段是水平管段，前后走向；支管段也是水平管段，左右走向。在斜等轴测图上，前后走向的水平主管段与OY轴的方向一致，左右走向的支管段与OX轴的方向一致，沿轴量取尺寸，就可以画出这只弯头的斜等轴测图。

分析图1.37(b)中的三通可知，主管段是水平管段，前后走向；支管段是垂直管段。在斜等轴测图上，前后走向的水平主管段与OY轴的方向一致，上下走向的支管段与OZ轴的方向一致，沿轴量取尺寸，就可以画出这只弯头的斜等轴测图。

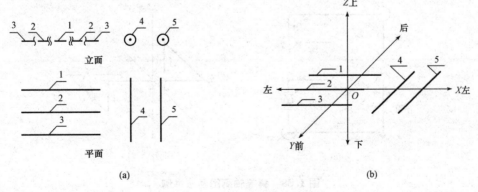

图1.35 多根管线的斜等轴测图

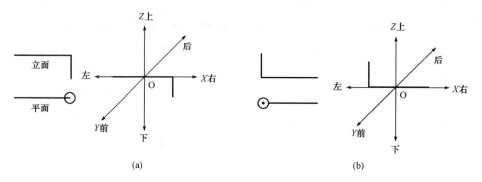

图 1.36 弯头的斜等轴测图

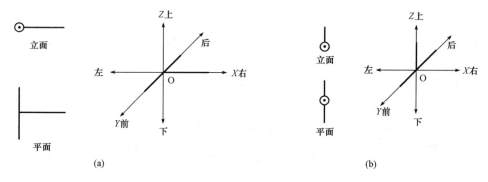

图 1.37 三通的斜等轴测图

3. 管道斜等轴测图画法举例

【**例 1.4**】 试将图 1.38(a)所示的平、立面图上的管线画成斜等轴测图。

通过对平、立面图的分析可知，这路管线是由 6 根管段组成的，其中，1 段和 4 段是上下走向，2 段和 5 段是前后走向，3 段和 6 段是左右走向，在分析的基础上定轴、定方位，然后再沿轴量取尺寸。在轴测图中画阀门位置时，应同平面图上的阀门投影相对应。绘制的斜等轴测图如图 1.38(b)所示。

管道识图拓展练习题

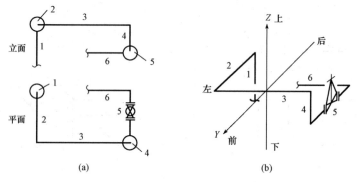

图 1.38 斜等轴测图画法举例

复习思考题

1. 解释并简单命名下列阀门：
   (1) Z15T-1，DN32。
   (2) Z44W-1，DN200。
   (3) J11T-1，DN15。
   (4) J41T-1.6，DN100。
2. 表示下列管材的直径（写于相应管材的后面）：
   (1) 黑铁管的实测内径为 100.80 mm。
   (2) 排水铸铁管的实测内径为 76 mm。
   (3) 无缝钢管外径是 108 mm，壁厚是 4.5 mm。
   (4) 螺纹钢管的外径是 273 mm，壁厚是 8 mm。
3. 管道连接有哪几种方式？各用于哪种情况？
4. 管道防腐的目的是什么？
5. 管道涂漆前为什么要进行除锈？管道除锈有几种方法？
6. 简述管道保温层的结构。

第 2 部分

专业知识

任务 2　给水排水管道工程

给水排水工程由给水工程和排水工程两大部分组成。按照其所处的位置不同，可分为城市给水排水工程和建筑给水排水工程两种。其中，建筑给水排水工程又可分为建筑厂区(室外)给水排水工程和建筑内部(室内)给水排水工程两部分。它们之间的界线与范围如图2.1所示。

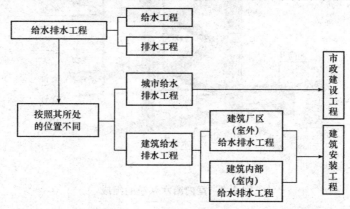

图 2.1　给水排水工程分类

城市给水排水工程属于市政建设工程；建筑给水排水工程属于建筑安装工程。

2.1　室内给水工程

室内给水工程的范围是从阀门井或水表井(位于室外)起，至室内各用水点(设备)止；其包括引入管、室内管道、设备和附件等。

2.1.1　室内给水系统的分类

按供水用途和要求不同，室内给水系统可以分为以下三类。

1. 生活给水系统

生活给水系统是指居住建筑和公共建筑内的生活用水系统。该系统的水质必须符合国家规定的《生活饮用水卫生标准》(GB 5749—2006)的要求。

2. 生产给水系统

生产给水系统是指专供生产用水的系统，如机械、设备的冷却用水。

3. 消防给水系统

消防给水系统是指专供建筑物内消防设备用水的系统。

2.1.2 室内给水系统的组成

室内给水系统的组成如图2.2所示。

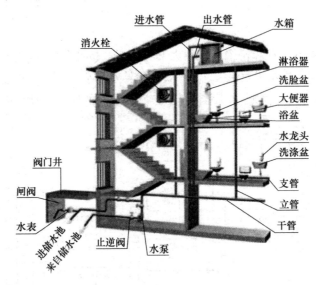

图 2.2 室内给水系统的组成

1. 引入管

引入管也称进户管,是将室内管道与室外给水管网连接起来的管段。该管段通常为一条(也可为多条),与室外给水管网相接处一般要设阀门井。

2. 水表节点

为了计量室内给水系统总的用水量,需在引入管上装设水表。水表节点包括水表及其前后的阀门、旁通管、泄水装置等。

3. 室内管道

室内管道包括水平干管、立管、支管(水平支管、立支管等)。

4. 附件

室内给水系统的附件包括阀门(如截止阀、止回阀、水龙头)、过滤器等。

5. 升压和储水设备

升压和储水设备包括水泵、水箱和水塔等设备。

2.1.3 室内给水系统所需水压的确定

室内给水系统应保证一定的水压,以满足用户对用水的要求,并保证室内距离进水点最高和最远配水点(称为最不利配水点)具有一定的流出压力,如图 2.3 所示。

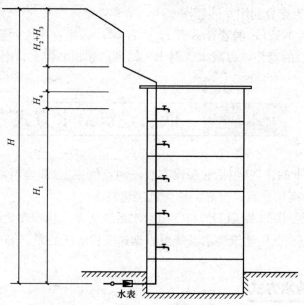

图 2.3 室内给水系统所需水压示意

室内给水系统所需水压的计算公式如下:

$$H = H_1 + H_2 + H_3 + H_4 \tag{2-1}$$

式中 H——室内给水管网所需要的水压(kPa);

H_1——引入管起点至最不利配水点位置高度所要求的静水压力(kPa),可以通过测量最不利配水点至引入管之间的垂直高度确定;

H_2——管网内沿程和局部水头损失之和(kPa),可以通过水力计算确定;

H_3——水表的水头损失(kPa),具体计算见式(2-2)、式(2-3)和式(2-4);

H_4——最不利配水点所需流出水压(kPa),可查水力计算手册确定。

H_3 可按下列公式计算:

$$H_3 = q_g^2 / k_b \tag{2-2}$$

对于旋翼式水表

$$k_b = q_{max}^2 / 100 \tag{2-3}$$

对于螺翼式水表

$$k_b = q_{max}^2 / 10 \tag{2-4}$$

式中 q_g——通过水表的设计流量(m³/h);

k_b——水表特性系数;

q_{max}——水表的最大流量(m³/h)。

对于居住建筑的生活给水系统,可按建筑物的层数估算其所需水压(自室外地面起):一层建筑物为 100 kPa;二层建筑物为 120 kPa;三层及三层以上的建筑物,每增加一层增加 40 kPa,即 120+40×(n-2),n 为层数,n=3,4,5,……。

通过计算的所需压力值 H,与室外能够供给的水压 H_g 有较大区别时,应对管网的某些管段的直径作适当调整：

当 $H_g > H$ 时，为充分利用室外管网水压，节省管材，可在允许流速范围内，缩小某些管段(一般要缩小较大的管段)的管径；当 $H_g < H$ 时，如相差不大，则可放大某些管段(一般要放大较小的管段)的管径，以减少管网水头损失；如相差较大，则要设置增压装置。

2.2 低层建筑给水方式

10层及10层以下的住宅(包括底层设有服务网点的住宅)和建筑高度低于24 m的其他民用、工业建筑称为高层建筑；反之，称为低层建筑。

室外给水管道所提供的水压(H_g)与室内给水系统所需水压(H)之间的关系有：$H_g > H$ 或 $H_g = H$ 或 $H_g < H$。低层建筑给水系统可根据这三种水压关系，采用相应的供水方式。

2.2.1 直接给水方式

室外给水管网的压力、水量在一天内的任何时候都能满足建筑内部管网最不利点所需水压、水量供水需要($H_g \geq H$)时，常采用直接给水方式，如图2.4所示。这种给水方式简单、经济且安全，是建筑给水系统中优先采用的给水方式。

2.2.2 设有水箱的给水方式

在室外给水管网供水压力周期性不足($H_g < H$)时，可采用设水箱的给水方式，如图2.5所示。当建筑内部用水不均匀时，可采用这种给水方式。水箱常采用浮球继电器等装置，还可使水泵启闭自动化。

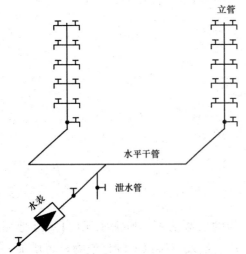

图2.4 直接给水方式

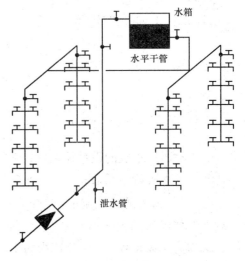

图2.5 设有水箱的给水方式

在用水低峰时,可利用室外管网水压直接供水,同时向水箱蓄水;在用水高峰时,室外管网水压不足,则由水箱和室外管网联合供水。

当室外管网水压偏高或不稳定时,为保证建筑内部给水系统的良好工况或满足稳压供水的要求,可利用室外管网直接向水箱供水,再由水箱向建筑内给水系统供水。这种给水方式的优点是能储备一定量的水,在室外管网压力不足时,不中断建筑内部用水;其缺点是高位水箱重量大,且位于屋顶,必须加大建筑梁、柱的断面尺寸,并影响建筑物的立面视觉效果。

2.2.3 设有水泵的给水方式

在室外给水管网的水压经常不足($H_g<H$)时,可采用设水泵的给水方式,如图 2.6 所示。当建筑内用水量大且均匀时,可用恒速泵供水;当建筑内部用水不均匀时,可采用一台或多台水泵变速(采用变频控制器控制)运行供水,以提高水泵的工作效率,降低能耗。水泵直接从室外管网抽水,不仅会影响给水管网的压力,还可能造成水质污染。

采用单设水泵的给水方式时必须征得供水部门的同意。常规的做法是在系统中增设贮水池,使水泵从贮水池中抽水,水泵与室外管网采用间接连接的方式。

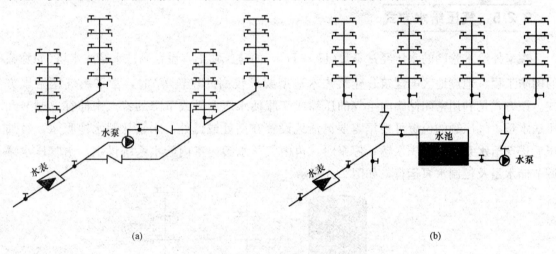

图 2.6 设有水泵的供水方式

2.2.4 设有水泵、贮水池和水箱的给水方式

当城市给水管网中的压力不能满足室内供水所需的压力,而且不允许水泵直接从室外管网吸水和室内用水不均匀时,常采用这种设水泵、贮水池和水箱的给水方式。水泵从贮水池吸水,经水泵加压后送给系统用户使用。当水泵供水量大于系统用水时,多余的水充入水箱贮存;当水泵供水量小于系统用水量时,则由水箱出水,向系统补充供水,来满足室内用水需求。另外,贮水池和水箱又都起到储存一定水量的作用,使供水的安全和可靠性得到提高。

此种给水方式自成一体，既可保证供水压力，又可利用贮水池、水箱的容积进行水量调节，如图 2.7 所示。

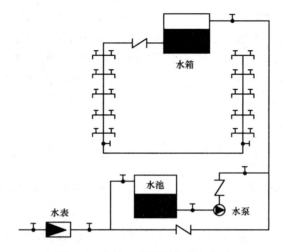

图 2.7 水箱、水泵联合供水方式

2.2.5 气压给水方式

在室外给水管网的水压经常不足（$H_g < H$），而建筑物不宜设置高位水箱或水塔（如隐蔽的国防工程、地震地区的建筑、建筑艺术造型要求较高的建筑等）时，常采用气压给水方式。该方式是利用密闭储罐内空气的压缩或膨胀使水压上升或下降的特点来储存、调节和压送水量，气压罐的位置可根据需要灵活地设置在高处或低处。水泵从贮水池吸水，经加压后送至给水系统和气压水罐；停泵时，再由气压水罐向室内给水系统供水，由气压水罐调节储水量及控制水泵运行，如图 2.8 所示。

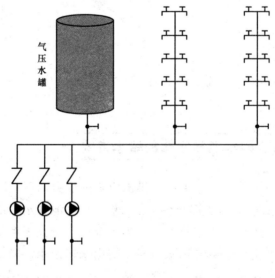

图 2.8 气压给水方式

此种供水方式的优点是设备可以设在建筑物的任何高度上、安装方便、具有较大的灵活性、水质不易受污染、节省投资、建设周期短等；其缺点是给水压力波动较大、管理和运行费用较高、调节能力小。

2.3 给水管道的布置与敷设

2.3.1 引入管的布置

引入管自室外管网将水引入室内，引入管力求简短，敷设时常与外墙垂直，引入管的位置要结合室外给水管网的具体情况，由建筑物用水量最大处接入；在居住建筑中，如卫生器具分布比较均匀，则从房屋中央接入。在选择引入管的位置时，应考虑便于水表安装与维修，同时，要注意与其他地下管线保持一定的距离。

一般的建筑物设一根引入管，单向供水。对于不允许间断供水的、用水量大的、设有消防给水系统的大型或多层建筑，应设两条或两条以上引入管，在室内连成环状或贯通枝状供水，如图2.9所示。

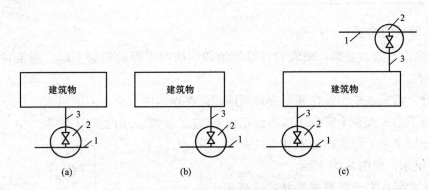

图 2.9 引入管的布置
(a)由建筑物的中部引入；(b)由建筑物的右侧引入；
(c)设两条引入管，从不同水源和建筑物的不同侧引入
1—室外供水管网；2—室外阀门井；3—引入管

引入管的埋设深度主要根据城市给水管网及当地的气候、水文地质条件和地面的荷载而定。在寒冷地区，引入管应埋在冰冻线 200 mm 以下。

生活给水引入管与污水排出管外壁的水平距离不宜小于 1.0 m，引入管应有不小于 0.003 的坡度坡向室外给水管网。

引入管穿越承重墙或基础时，应注意管道的保护。如果基础埋设深度较小，则管道可以从基础底部穿过；如果基础埋设深度较大，则引入管应穿越承重墙，此时应在基础墙上预留洞口，管顶上部净空高度一般不小于 150 mm，如图 2.10 所示。

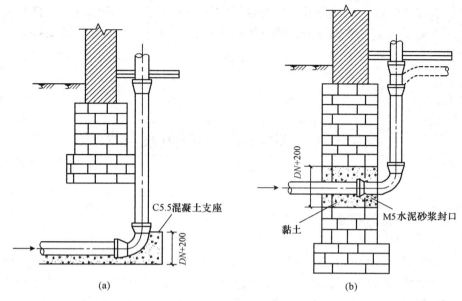

图 2.10 引入管进入建筑物

(a)从浅基础下过；(b)穿基础

2.3.2 室内管网的布置与敷设

1. 室内管网的布置

室内管网由干管、立管、横管和支管等组成。按照干管的位置不同，通常可分为以下几种布置形式：

(1)下行上给式水平干管在底层直接埋地或设在地沟内，由下向上供水。

(2)上行下给式水平干管位于顶层天花板下(或吊顶内)，由上向下供水。

(3)中分式水平干管设在建筑物的中间层，分别向上、下供水，如图 2.11 所示。

(4)环状式将水平干管布成环状，主要用于高层建筑和室内消防管道的布置。

2. 室内管道的敷设

室内管道的敷设形式一般有明装和暗装两种。

(1)明装。管道明装是指室内管道沿墙、梁、柱、顶棚下、地板旁暴露敷设。明装管道的优点是便于安装、维修，造价也较低；其缺点是影响美观、卫生，管道表面容易积灰尘或结露。管道明装多用于一般民用建筑和生产厂房的给水管道。

(2)暗装。管道暗装是指管道设在地下室天花板下、顶棚内、墙槽、管道井、设备层内。暗装管道具有整洁、美观的优点，但施工复杂、工程

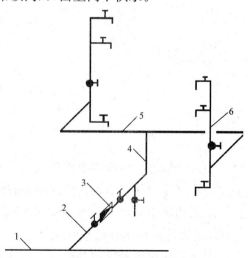

图 2.11 中分式

1—室外管网；2—引入管；3,6—水表；
4—主立管；5—水平干管

造价高、维护管理不便。管道暗装通常用于宾馆、高级招待所和遇水能引起燃烧、爆炸的库房等。

2.4 给水附件、水箱、水泵、贮水池、水表及气压给水设备

2.4.1 给水附件

给水附件可分为配水附件和控制附件两类。

1. 配水附件

配水附件是指安装在给水支管末端，供卫生器具或用水点放水用的各式配水龙头（或称为水嘴），用来调节和分配水流。常用的配水龙头（图 2.12）有以下几种。

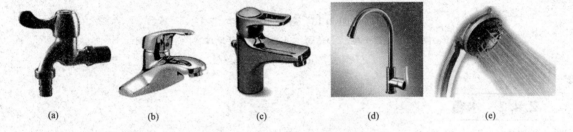

图 2.12　常用的配水龙头
(a)球形阀式配水龙头；(b)旋塞式配水龙头；(c)普通洗脸盆配水龙头；
(d)单手柄洗脸盆水龙头；(e)单手柄浴盆水龙头

(1)球形阀式配水龙头。装设在洗脸盆、污水盆、盥洗槽上的配水龙头均属球形阀式配水龙头。水流经过配水龙头时因水流改变流向，故压力损失较大。

(2)旋塞式配水龙头。旋塞式配水龙头的旋塞转 90°时，即完全开启，在短时间内可获得较大的水流量。由于水流呈直线通过，因此其阻力较小。其缺点是启闭迅速时易产生水锤。

(3)盥洗龙头。盥洗龙头装设在洗脸盆上，用于专门供给冷热水。其有莲蓬头式、角式、喇叭式、长脖式等多种形式。

(4)混合配水龙头。混合配水龙头用来调节冷热水的温度，如盥洗、洗涤、浴用热水等。这种配水龙头的式样较多，可结合实际选用。

除上述配水龙头外，还有小便器角形水龙头、皮带水龙头、电子自控水龙头等。

2. 控制附件

控制附件用来调节水量和水压、关断水流等。在基础知识里已经详细介绍了闸阀、截止阀、球阀、止回阀、安全阀的用途及场合，在此不再赘述。

浮球阀是一种利用液位变化而自动启闭的阀门，一般设在水箱或水池的进水管上，用以开启或切断水流，选用时应注意规格与管道一致。

各种控制附件如图 2.13 所示。

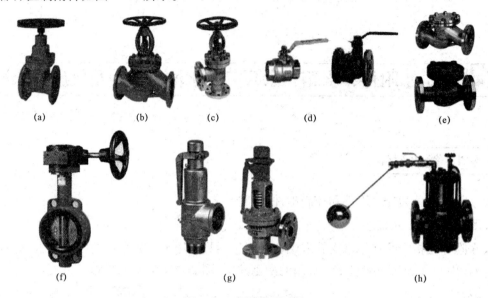

图 2.13　各种控制附件
(a)闸阀；(b)截止阀；(c)角阀(三角阀)；(d)手动球阀；(e)止回阀；
(f)蝶阀；(g)安全阀；(h)浮球阀

2.4.2　水箱

水箱设在建筑物给水系统的最高处，其目的是储存用水、调节用水量，并起到稳定供水水压的作用。

水箱分为圆形和矩形两种，可以用钢板或钢筋混凝土制成。钢板水箱自重小，容易加工，工程上采用较多，但其内外表面均应作防腐处理，并且水箱表面涂料不应影响水质。钢筋混凝土水箱经久耐用，维护方便，不存在防腐问题，但自重较大，如果建筑物结构允许应尽量考虑采用。

水箱上应设置进水管、出水管、溢流管、泄水管、水位信号管和通气管等管道，以保证水箱正常工作。矩形水箱配管及其配件如图 2.14 所示。

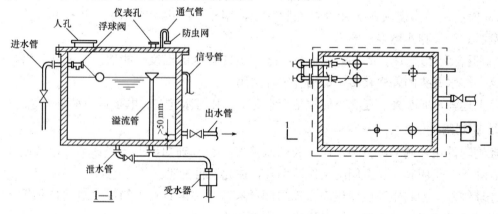

图 2.14　矩形水箱配管及其配件

水箱一般设置在顶层房间、闷顶或平屋顶上的水箱间内。水箱间的净高不得小于 2.2 m，采光、通风应良好，并保证不冻结，如有冻结危险时，要采取保温措施。水箱的承重结构应为非燃烧材料。水箱应加盖，不得污染。

2.4.3 水泵

水泵是将原动机的机械能传递给流体的一种动力机械，是提升和输送水的重要工具。水泵的种类很多，有离心泵、轴流泵、混流泵、活塞泵、真空泵等，这里介绍在水暖工程中常用的离心泵。

离心泵的构造及工作原理

(1)离心泵的基本构造和工作原理。图 2.15 为单级离心泵的构造简图。其主要由叶轮、泵壳、泵轴、轴承和填料函等组成。

泵的主要工作部分有叶轮 3 及其上的叶片，叶轮装在泵轴 2 上，并置于蜗形泵壳 1 中。泵壳吸水口与吸水管 4 相连接，出水口与压水管 5 相连接。泵在启动前必须先将泵壳与吸水管充满水，启动后，在电动机的带动下使叶轮高速旋转，在离心力的作用下，叶片间的水被甩出叶轮，再沿蜗形泵壳中的流道流入压水管。由于水经叶轮后获得了动能，又经泵壳后转化为很高的压力能，因此，水流入压力管时具有很大的压力，从而可压向管网。同时在叶轮中心处，水被甩出而形成真空，水池的水便在大气压力的作用下，经吸水管不断地流入叶轮空间，由于叶轮的连续旋转，水泵就可连续不断地吸水和压水。

为了保证水泵正常工作，还必须装设一些管路附件，如压力表、闸阀等。当水泵从水池吸水时，还应装设底阀真空表等，如图 2.16 所示。

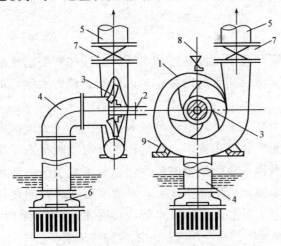

图 2.15 单级离心泵的构造简图

1—泵壳；2—泵轴；3—叶轮；4—吸水管；
5—压水管；6—底阀；7—闸阀；
8—灌水斗；9—泵座

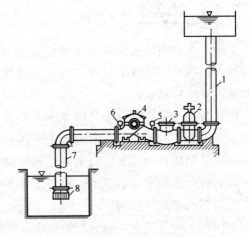

图 2.16 离心泵管路附件

1—压水管；2—闸阀；3—逆止阀；
4—水泵；5—压力表；6—真空表；
7—吸水管；8—底阀

(2)离心泵的基本参数。每台水泵都有一个表示其工作性能的牌子，称为铭牌。例如，IS50-32-125A 离心泵的铭牌形式如下：

铭牌上的流量、扬程、功率、效率、转速及吸程等均代表泵的性能,因此,它们被称为水泵的基本性能参数。

1)流量:水泵在单位时间内输送的液体体积,以符号 Q 表示,单位为 m^3/h 或 L/s。

2)扬程:单位质量的液体通过水泵后所获得的能量,以符号 H 表示,单位为 m。

流量和扬程表明了水泵的工作能力,是水泵的主要性能参数,也是选择水泵的主要依据。

3)功率和效率:水泵的功率是水泵在单位时间内所做的功,也就是单位时间内通过水泵的液体所获得的能量,水泵的这个功率称为有效功率,以符号 N 表示,单位为 kW。电动机通过泵轴传递给水泵的功率称为轴功率,以符号 $N_{轴}$ 表示。轴功率大于有效功率,这是因为电动机传递给泵轴的功率除用于增加水的能量外,还有一部分功率损耗掉了,这些损失包括水泵转动时产生的机械摩擦损失、水在泵中流动时由于克服水阻力而产生的水头损失等。

水泵的有效功率 N 与轴功率 $N_{轴}$ 的比值称为水泵的效率,用符号 η 表示,即

$$\eta = N/N_{轴}$$

效率 η 是评价水泵性能的一项重要指标。小型水泵效率为 70% 左右,大型水泵可达 90% 以上,但同一台水泵在不同的流量、扬程下工作时,其效率也是不同的。

4)转速:转速是指水泵每分钟转动的次数,以符号 n 表示,单位为 r/min。常用的转速为 2 900 r/min、1 450 r/min、960 r/min。选用电动机时,必须使电动机的转速与水泵转速一致。

5)吸程:吸程也称允许吸上真空高度,是指水泵进口处允许产生的真空度的数值,一般是生产厂家以清水做试验得到的发生汽蚀时的吸水扬程减去 0.3 m,以符号 H_s 表示。吸程是确定水泵的安装高度时使用的重要参数,单位为 m。

2.4.4 贮水池

市政供水管网的水压不能达到室内给水管网及用水设备所需水压时,往往需要用水泵进一步升压供水,一般不允许生活水泵直接从市政给水管网抽水,因此需要设贮水池,由水泵从贮水池中抽水。

贮水池可布置在独立水泵房屋顶上,成为高架水池,也可单独布置在室外成为地面水池或地下水池,或室内地下室的地面水池。无论如何布置,一般均使水泵启动时呈自灌状态。不宜采用建筑物地下室的基础结构本体兼作水池的池壁或池底,以免产生裂缝渗漏污染水质。设计采用室外地下水池时,水池的溢流水位应高于地面,且溢流管要采用间接排水,以防下水道的污水倒灌入水池。水池的进水管和水泵的吸水管应设在水池的两端,以保证池内贮水经常流动,防止产生死水腐化变质。设在一端时应在池内加导流墙。

2.4.5 水表

水表是用来计量用户累计用水量的仪表。目前,我国广泛采用的流速式水表是根据流速与流量成比例这一原理制作的。流速式水表按翼轮转轴构造的不同,可分为旋翼式和螺翼式,如图 2.17 所示。通常在建筑给水系统中,当水表直径小于 50 mm 时,采用旋翼式水

表；当水表直径大于 50 mm 时，可选用旋翼式水表或螺翼式水表。

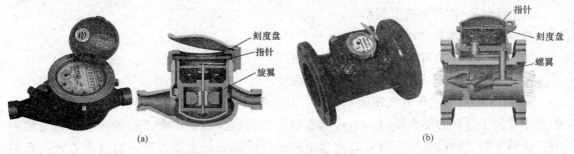

图 2.17　流速式水表类型
(a)旋翼式水表；(b)螺翼式水表

随着科学技术的发展以及用水管理体制的改变与节约用水意识的提高，传统的"先用水后收费"用水体制和人工进户抄表、结算水费的繁杂方式，已不适应现代的管理方式与生活方式，用新型的科学技术手段改变自来水供水管理体制的落后状况已经被提上议事日程。因此，电磁流量计、远程计量仪等自动水表应运而生。TM 卡智能水表就是其中之一，如图 2.18 所示。其内部装有微计算机测控系统，通过传感器检测水量，用 TM 卡传递水量数据，用户须先付钱后用水，不付钱就会停水，一表一卡，性能稳定，适用范围广，且功耗低，使用时间长。其主要用来计量(定量)经自来水管道供给用户的饮用冷水，适于家庭使用。它的应用将彻底改变传统的自来水抄表收费的计量方式。

图 2.18　TM 卡智能水表

2.4.6　气压给水设备

气压给水设备的供水压力是借罐内压缩空气维持的，罐体的安装高度可以不受限制，因此，在不宜设置水塔和高位水箱的场所采用。这种设备的优点是投资少、建设速度快、容易拆迁、灵活性大，并且在密闭系统中流动，不会受到污染；其缺点是调节能力小、日常费用高、变压力的供水压力变化幅度较大，不适用于用水量大和要求水压稳定的用水对象，因此使用受到一定限制。

气压给水工作原理(动画)

气压给水设备由下面几个基本部分组成：

(1)密闭罐：内部充满空气和水；

(2)水泵：将水送到罐内及管网；

(3)空气压缩机：加压水及补充空气漏损；

(4)控制器材：用来启动水泵或空气压缩机。

图 2.19 所示为变压式气压给水设备。其工作过程为：水泵工作向管网供水，当水泵的供水量大于管网的用水量时，多余的水就会进入密闭罐并不断占据罐内容积，使罐内空气受到压缩，罐内水压不断升高。当压力达到设定的最大压力时，通过压力开关控制水泵停止工作。此时，密闭罐中的水在压缩空气的作用下被送至管网。随着水量的减少，水位下降，罐内的空气体积增大，压力逐渐减小。当压力降到设定的最小工作压力时，通过压力开关控制水泵启动，如此往复工作。气压给水设备是给水设备的一种，利用密闭罐中压缩空气的压力变化，调节和压送水量，在给水系统中主要起增压和水量调节的作用。

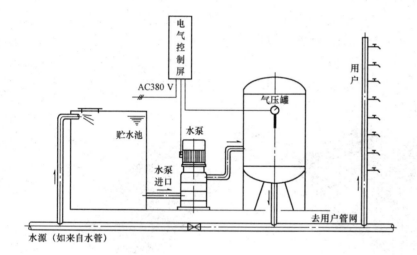

图 2.19 变压式气压给水设备

2.5 高层建筑给水

2.5.1 高层建筑给水的特点

10 层及 10 层以上的居住建筑（包括首层设置商业服务网点的住宅）和建筑高度超过 24 m 的公共建筑为高层民用建筑；高度超过 24 m 的两层及两层以上的厂房、库房为高层工业建筑。高层建筑的特点是建筑高度大、层数多、面积大、设备复杂、功能完善、使用人数较多,这就对建筑给水排水的设计、施工、材料及管理方面提出了更高的要求。

因此,高层建筑给水工程通常具有以下特点:给水设备多、标准高,使用人数多,必须保证供水安全可靠;给水系统采用竖向分区给水方式;高层建筑的防火设计应立足于自防自救,采用可靠的防火措施,以预防为主;要求管材的强度高、质量好、连接部位不漏水,且必须做好管道防振、防沉降、防噪声、防止产生水锤、防管道伸缩变位等技术措施;管道通常暗敷,为了便于布置敷设各种管线,一般需设置设备层和各种管线的管道井。

高层建筑给水系统必须进行竖向分区给水,它是为了避免下层的给水压力过大而造成的许多不利情况:下层龙头开启,水流喷溅,造成浪费,并产生噪声及振动,且影响使用;上层龙头流量过小,甚至产生负压抽吸现象,有可能造成回流污染;下层管网由于承受压力较大,关阀时易产生水锤,轻则产生噪声和振动,重则使管网遭受破坏;下层阀件易磨损,造成渗漏,检修频繁,且管材、附件及设备等要求耐高压、耐磨损,从而增加投资,否则压力超过它们的公称压力会造成损坏;水泵运转电费和维修管理费用增高。

2.5.2 高层建筑的给水方式

高层建筑常用的给水方式如图2.20所示,其特点及适用范围见表2.1。

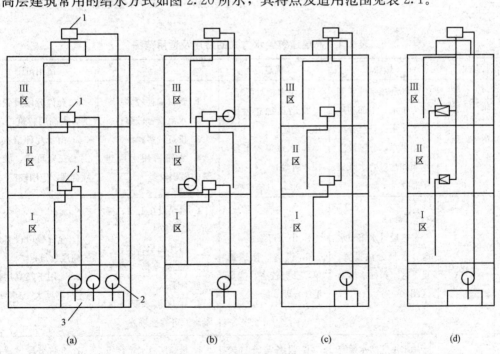

图2.20 高层建筑常用的给水方式

(a)并联给水方式;(b)串联给水方式;(c)减压水箱给水方式;(d)减压给水方式

1—水箱;2—水泵;3—水池

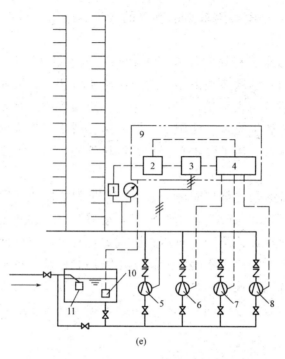

图 2.20 高层建筑常用的给水方式(续)

(e)分区变频水泵给水方式

1—压力传感器;2—微机控制器;3—变频调速器;4—恒速泵控制器;5—变频调速泵;
6、7、8—恒速泵;9—电控柜;10—水位传感器;11—液位自动控制阀

表 2.1 高层建筑给水方式的特点及适用范围

给水方式	做法	优点	缺点	适用范围
设水池、水泵和水箱的并联给水方式,如图 2.20(a)所示	下部利用室外管网压力供水,上部利用各区水泵提升至各区水箱供水,分区设置水箱和水泵,水泵集中布置	1.供水相对可靠;2.各区独立运行,压力稳定;3.水泵集中布置,便于管理;4.能量消耗合理	1.管材消耗较多;2.水泵型号较多;3.投资较多;4.水箱占用上层建筑的面积较多	1.允许分段设置水箱的各类高层建筑;2.由于此种给水方式供水安全可靠,能量消耗合理,应用较广
串联分区给水方式,如图 2.20(b)所示	分区设置水箱和水泵,水泵分散设置,自下区水箱抽水供上区用水	1.供水可靠;2.设备、管道简单,投资较省,能量消耗合理	1.水泵设在上层,振动、噪声较大;2.占地面积较大;3.设备分散,维护管理不便;4.上区供水受下区限制,可靠性较差	1.允许分段设置水箱的高层建筑;2.适用于超高层建筑(建筑高度大于100 m)
水箱减压分区给水方式,如图 2.20(c)所示	用水由底层水泵统一加压,利用各区水箱减压,水箱位于上区供下区用水	1.设备与管材较少,节省投资;2.设备布置较集中,维护管理方便	1.最高层总水箱容积较大;2.管道的管径增大;3.能量消耗较大	1.允许分段设置水箱的各类高层建筑;2.电力供应充足、电价较低地区

续表

给水方式	做法	优点	缺点	适用范围
减压阀分区给水方式。如图2.20(d)所示	水泵统一加压，仅在顶层设置水箱，下区利用减压阀减压供水	1.设备与管材较少，节省投资；2.设备布置集中，不占用上层使用面积	下层供水压力损耗较大，能量消耗较大	电力供应充足、电价较低的地区，不适宜设置水箱的各类高层建筑
分区变频水泵给水方式，如图2.20(e)所示	各区设变频水泵或多台水泵并联，根据出水量或水压调节水泵转速或运行台数	1.供水较可靠；2.水泵布置集中；3.不占用建筑上层使用面积；4.能量消耗少	1.水泵型号和台数较多；2.前期投资较大；3.水泵控制及调节复杂	各种类型的高层民用建筑

高层建筑竖向分区以后，应经济合理地确定技术先进和供水安全可靠的给水方式。每一种给水方式都有各自的特点和适用条件，给水方式的选择应根据建筑物的性质和使用要求，综合考虑给水方式的设备占用建筑面积、设备投资费用、供水可靠性、运行费用和管理难易程度等因素。

(1)室内排水系统的分类。室内排水系统按所接纳污、废水性质的不同，可以分为以下三类：

1)生活污水排水系统，可分为以下三项：

①粪便污水排水系统：排除大、小便器及用途与此相似的卫生设备污水的管道系统。

②生活废水排水系统：排除盥洗、沐浴、洗涤等废水的管道系统。

2)工业废水排水系统：排除生产污水或生产废水的管道系统。

3)屋面雨水排水系统：排除降落在屋面的雨水、雪水的管道系统。

(2)室内排水系统的组成。室内排水系统一般由污水、废水收集器(卫生器具)，排水管道系统(器具排水管、排水支管、排水横管、排水立管、排出管)，通气管道，清通设备(清扫口、检查口、检查井)，抽升设备，污水局部处理设备等部分组成，如图2.21所示。每一部分的作用如下：

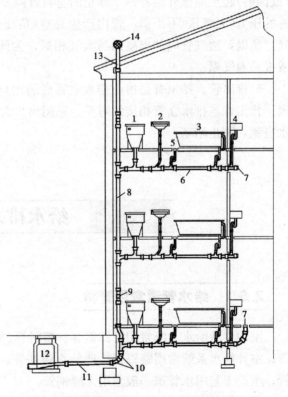

图2.21 室内排水系统的组成

1—大便器；2—洗脸盆；3—浴盆；4—洗涤盆；5—地漏；
6—横支管；7—清扫口；8—立管；9—检查口；10—45°弯头；
11—排出管；12—检查井；13—通气管；14—通气帽

1)卫生器具。卫生器具包括洗脸盆、浴盆、大便器、小便器、污水池等。卫生器具的材质目前有陶瓷、搪瓷、大理石、不锈钢、玻璃钢等。常用的卫生器具按用途可分为以下三类:

①便溺用卫生器具包括大便器、大便槽、小便器、小便槽等。

②盥洗、沐浴用卫生器具包括洗脸盆、盥洗槽、浴盆、淋浴器、妇女卫生盆等。

③洗涤用卫生器具包括洗涤盆、污水盆、化验盆、地漏等。

2)排水支管。排水支管是指由卫生器具排出管至排水横管的管段。在卫生器具的排出口应设置存水弯,存水弯起水封的作用,以阻止有害昆虫和浊气进入室内。存水弯的形式有P形、S形和盅形等。

3)排出横管。排出横管是指由与第一个卫生器具排水支管相接的三通起至排水立管三通(或四通)止的管段。该管段的作用是将各排水支管的污水汇流后排至排水立管,在其始端应装清扫口,用以检查、疏通该管段。

4)排水立管。排水立管是指由建筑物的顶层排水管与其相接的三通(或四通)中心点起至底层出户大弯中心点止的垂直管段。在排水立管上每层楼应设立管检查口一个,用以检查和疏通立管。

5)透气管。透气管也称通气管,是排水立管的延伸,其是指由排水立管最高点的三通(或四通)起至屋顶外镀锌钢丝球止的垂直管段。设置透气管的目的是防止排水管道系统内、外的压力(大气压)不平衡,管内产生真空(负压)而破坏存水弯内的水封,并向室外排放浊气。所以,透气管应伸出屋顶与大气相通,为防止杂物落入管内,该管段装一镀锌钢丝球或成品通气帽。

6)排出管。排出管是指由排水立管底的出户大弯中心点起至室外第一个检查井止的管段。排出管与排水立管相接的弯头,采用出户大弯,不得用90°弯头代替,其目的是便于污水自流,防止堵塞。

2.6 给水排水工程常用管材

2.6.1 给水管道常用管材

室内生活给水系统常用镀锌钢管、塑料管(如PP-R管、PE管等)或铜管、铝塑复合管等;室外给水系统常用镀锌钢管或给水铸铁管;生产和消防给水系统一般采用钢管或铸铁管;生产工艺用水管道一般采用无缝钢管。

2.6.2 排水管道常用管材

室内排水系统常用排水铸铁管、硬质聚氯乙烯塑料排水管(PVC管)、排水混凝土管、陶土管等。

管道常用连接方式如图 2.22 所示。

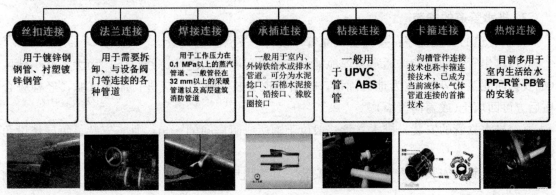

图 2.22 管道常用连接方式

2.6.3 室内生活污水排水系统的安装

室内生活污水排水系统要经久耐用、不渗、不漏、不易堵塞，且便于检查和维修。

1. 管材、管件的选用及连接方法

(1)管材的选用及连接方法。目前适用于室内生活污水系统的管材有两种：一种是排水铸铁管(承插式)，以油麻、水泥(或石棉水泥)为填料，捻口连接，如图 2.23 所示；另一种是塑料排水管，通常采用承插式，胶粘连接，如图 2.24 所示。

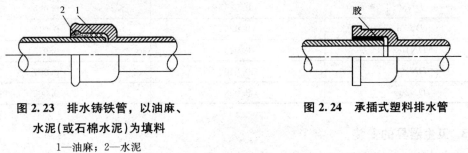

图 2.23 排水铸铁管，以油麻、　　　图 2.24 承插式塑料排水管
水泥(或石棉水泥)为填料
1—油麻；2—水泥

(2)管件的选用。

1)三通和四通的选用。室内排水系统不得使用正三通和正四通，应选用斜三通(立体三通)和斜四通(立体四通)。

2)弯头的选用。室内排水系统的 90°弯头，均用两个 45°弯头代替。

3)存水弯的选用。目前大口径存水弯的形式有 P 形、S 形两种，材质有塑料、铸铁两种；小口径存水弯的形式有 P 形、S 形和盅形三种，材质有铸铁、塑料和玻璃钢三种。

当采用排水铸铁管时，地漏、大便器等大口径出水口设备的存水弯，通常选用铸铁 P 形和 S 形存水弯。洗脸盆、浴盆等小口径出水口设备的存水弯，通常选用玻璃钢 S 形、P 形或盅形存水弯。

当采用塑料排水管时，地漏、大便器等大口径出水口设备的存水弯，通常选用塑料 P 形和 S 形存水弯。洗脸盆、浴盆等小口径出水口设备的存水弯，通常选用玻璃钢或塑料S形、P形或盅形存水弯。

2. 排水管道的安装

排水管道的安装程序：排出管→立管→横管→支管→透气管。

(1)排出管道的安装。通常为埋地铺设，埋设深度在当地冰冻线以下；而大孔性土地区(如我国西北兰州等地)应为地沟铺设。排出管道安装完成后，应进行灌水试验，经检查合格后方可回填土(或盖沟盖板)。

(2)排水立管的安装。排水立管一般位于厕所或厨房间的一角，垂直安装；每层楼设角钢支架1个。

(3)透气管的安装。透气管应垂直安装，其伸出屋面的高度：普通屋面为0.7 m，多用途屋面为1.8 m。

(4)排水横管的安装。通常底层埋地或地沟铺设，二层及以上多采用悬臂式角钢支架沿墙架空铺设，间距不大于2 m。

(5)排水支管的安装。底层为埋地或地沟铺设，二层及以上多采用吊卡架空铺设，吊卡间距不应大于2 m。

(6)管道坡度及承口方向。水平铺设的排水支管、干管和排出管均应留设坡度，见表2.2。其中，支管坡向干管；干管坡向立管；排出管坡向室外检查井(下水井)。铺设室内排水管道时，排水铸铁管的承口均应向着来水方向(其中透气管的承口向上)。

表2.2 生活污水管道坡度

规格	标准坡度	最小坡度
DN50	0.035	0.025
DN75	0.025	0.015
DN100	0.020	0.012
DN150	0.010	0.007
DN200	0.008	0.005

3. 卫生器具的安装

土建单位施工卫生间时，安装人员应密切配合进行预留(孔洞)和预埋(钢板、螺钉)等工作，待装修基本完工时再安装卫生器具。

(1)脸盆的安装。洗脸盆的安装如图2.25所示。

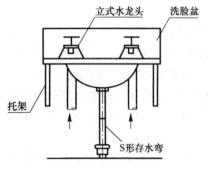
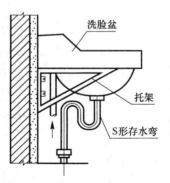

洗脸盆的安装视频

图2.25 洗脸盆的安装

1)安装托架及脸盆。先安装托架,然后将脸盆放于其上找平、找正。脸盆上缘距离地面 800 mm(幼儿园为 500 mm);成排安装时中心间距在 700 mm 以上。

2)安装立式水龙头。将立式冷、热水龙头加 2~3 mm 厚胶皮垫(上、下各 1 片),以锁母紧固在脸盆的边缘上。

3)安装排水栓及存水弯。玻璃钢存水弯与排水栓为组合件(二者为一体),安装时将排水栓与脸盆底部的排水口紧固(自带锁母);将存水弯出水口插入到排水立管的承口内,其承口内的环形间隙以油麻、油灰填平、抹平。

浴盆的安装视频

(2)浴盆的安装。浴盆的安装如图 2.26 所示。

1)安装浴盆。将浴盆就位找平、找正,留设 0.020 的坡度,坡向排水口。

2)安装冷、热水龙头。其位置为左热右冷,安装方法与洗脸盆水龙头相同。

3)安装排水栓和存水弯。其安装方法与洗脸盆排水栓和存水弯基本相同。

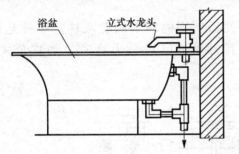 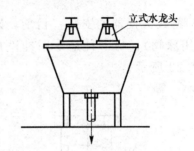

图 2.26 浴盆的安装

(3)洗菜盆的安装。洗菜盆的安装如图 2.27 所示。

1)安装托架及洗菜盆。其安装方法与洗脸盆相同。

2)安装水龙头。其安装要求与普通水龙头相同。

3)安装排水栓和存水弯。其安装方法与洗脸盆排水栓和存水弯基本相同。

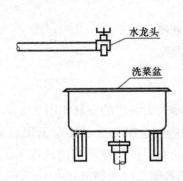 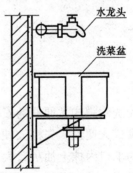

图 2.27 洗菜盆的安装

(4)盥洗台的安装。盥洗台的安装如图 2.28 所示。

1)盥洗台的安装。盥洗台通常采用钢筋混凝土制作,其上缘距离地面 800 mm。

2)水龙头的安装。水龙头出水口距离其上缘 220 mm,与墙面净距为 180 mm。

3)排水栓和存水弯的安装。通常采用玻璃钢存水弯和玻璃钢排水栓,其安装方法与洗脸盆排水栓和存水弯基本相同。

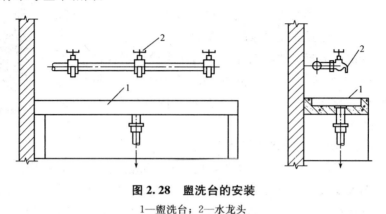

图 2.28 盥洗台的安装
1—盥洗台;2—水龙头

(5)蹲式大便器的安装。目前,蹲式大便器所用的冲水阀有两种:一种是普通阀门(常用球阀);另一种是专用冲洗阀。专用冲洗阀又可分为直通式和直角式两种,如图 2.29 所示。

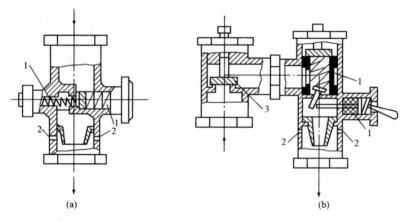

图 2.29 专用冲洗阀
(a)直通式;(b)直角式
1—弹簧;2—气孔;3—活塞

1)普通冲洗阀蹲式大便器的安装。普通冲洗阀蹲式大便器的安装如图 2.30(a)所示。

①安装蹲式大便器。先将大便器临时就位,检查纵、横尺寸,确定无误后移开。将排水立、支管的承口内抹上油灰,大便器下水口外缠油麻后挤压在承口内;找平、找正(一般用水平尺找平)。为防止施工过程中移位,在其两侧各砌 2 块砖固定。

②安装冲洗阀和冲洗管。冲洗阀的阀杆应该垂直于墙面。冲洗管靠墙垂直安装,其下端以胶皮大小头与大便器进水口相接,外扎直径为 1.20 mm 的铜丝 3~4 圈;为防止使用过程中冲洗阀前的给水管道内产生负压,进而抽吸大便器内的污物,污染给水,特在普通冲水阀后(下)的较大直径的冲洗管上端设三个小孔(吸气孔),如图 2.30(b)所示。

2)专用冲洗阀蹲式大便器的安装。

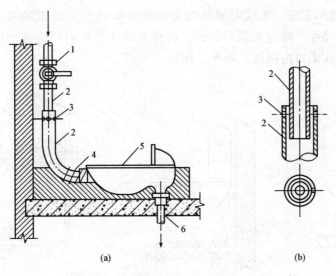

图 2.30 普通冲洗阀蹲式大便器的安装

(a)普通冲洗阀蹲式大便器的安装；(b)节点图

1—球阀(冲洗阀)；2—冲洗管；3—气孔；
4—胶皮大小头；5—蹲式大便器；6—排水立支管

①安装蹲式大便器。其安装方法和要求与普通冲洗阀蹲式大便器相同。

②安装专用冲洗阀及其冲洗管。专用冲洗阀的冲洗管只有一种直径。其下端以胶皮大小头与大便器进水口相接，外扎直径为1.20 mm的铜丝3～4圈；其上端(专用冲洗阀下)不设小孔。

直通式专用冲洗阀蹲式大便器的安装如图2.31所示；直角式专用冲洗阀蹲式大便器的安装如图2.32所示。

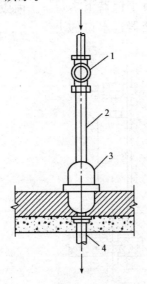

**图 2.31 直通式专用冲洗阀
蹲式大便器的安装**

1—直通式专用冲洗阀；2—冲洗管；
3—蹲式大便器；4—排水立支管

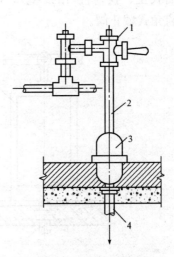

**图 2.32 直角式专用冲洗阀
蹲式大便器的安装**

1—直角式专用冲洗阀；2—冲洗管；
3—蹲式大便器；4—排水立支管

(6)坐式大便器的安装。坐式大便器的安装如图2.33所示。安装时,先将大便器临时就位,检查纵、横尺寸,确定无误后移开。将排水立支管的承口内抹上油灰,大便器下水口外缠油麻,然后在承口内挤压,找平、找正。

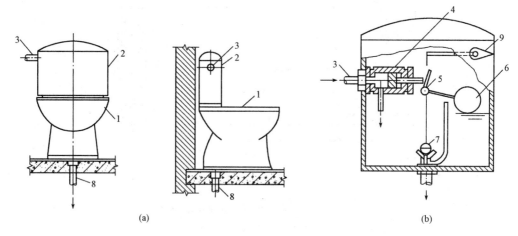

图 2.33 坐式大便器的安装

(a)坐式大便器的安装;(b)水箱大样图

1—坐式大便器;2—水箱;3—进水口;4—浮球阀;
5—杠杆;6—浮球;7—堵塞;8—排水立支管;9—手柄

(7)小便器的安装。小便器可分为立式和挂式两种。目前采用立式小便器较多。立式小便器的安装如图2.34所示。立式小便器通常靠墙安装,安装时,先将小便器临时就位,检查纵、横尺寸,确定无误后移开,然后在排水立支管的承口内抹油灰,将小便器下水口挤压在承口内后找正、找垂直(吊线坠)。在立式小便器进水口的上方,通常安装直角式截止阀。

坐式大便器的安装视频

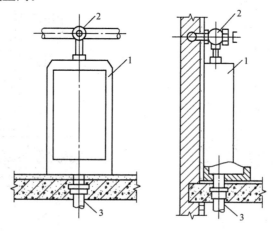

图 2.34 立式小便器的安装

1—立式小便器;2—直角式截止阀;3—排水立支管

(8)小便槽的安装。小便槽的安装如图2.35所示。

1)小便槽的安装。通常小便槽为砖砌,外贴瓷砖,上缘高出地面 200 mm。
2)多孔管的安装。多孔管水平中心线距离小便槽上缘 900 mm,出水孔与墙面成 45°角。
3)地漏的安装。地漏设在小便槽底的排出口处。

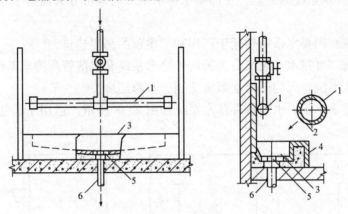

图 2.35 小便槽的安装
1—多孔管;2—出水孔;3—小便槽;4—瓷砖;5—地漏;6—排水立支管

(9)淋浴器的安装。淋浴器的安装如图 2.36 所示。淋浴器通常由冷、热水干管、立管和莲蓬头等组成。淋浴器的安装形式分为明装和暗装两种,多采用明装。一般单个淋浴器较少,多为成排安装。每间淋浴室净宽≥900 mm。安装时,水平冷、热水干管的位置为冷水在下,热水在上;热水阀门的位置左热右冷;混合水立管的位置一般为靠单间右侧。

(10)地漏的安装。地漏的安装如图 2.37 所示。地漏可分为铸铁和铝合金(材质)两种。目前多采用铝合金地漏,它由一节短管、外壳箅子组成。地漏的常用直径有 $DN50$、$DN75$ 和 $DN100$ 三种。地漏通常安装在厨房、厕所、洗脸间等地面上,以排除其地面积水。安装时,地漏应位于房间最低处,且箅子面要低于周围地面 20 mm。

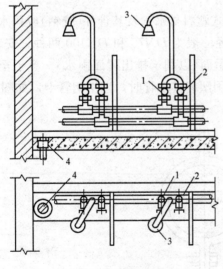

图 2.36 淋浴器的安装
1—热水阀;2—冷水阀;3—莲蓬头;4—地漏

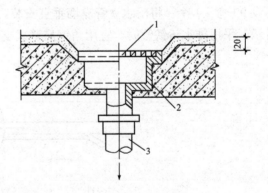

图 2.37 地漏的安装
1—箅子;2—地漏;3—排水立支管

4. 屋面雨水排水系统

设置屋面雨水排水系统的目的是排除屋面的雨(或雪)水。

(1)屋面雨水排水系统的分类。屋面雨水排水系统通常可分为内排水系统和外排水系统两大类。

1)内排水系统。内排水系统适用于厂房和平屋顶的高层建筑。

2)外排水系统。外排水系统又分为天沟外排水系统和水落管外排水系统两种。

①天沟外排水系统。天沟外排水系统适用于多跨厂房。

②水落管外排水系统。水落管外排水系统如图 2.38 所示,适用于居住建筑和屋面面积较小的公共建筑等。

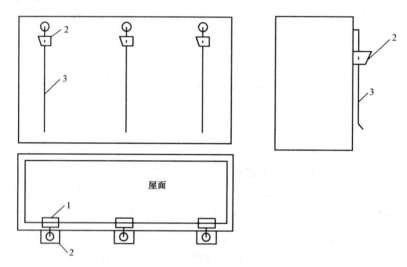

图 2.38　水落管外排水系统
1—箅子；2—雨水斗；3—雨水立管

(2)水落管外排水系统的安装。通常采用承插式塑料排水管及其管件(胶粘)或排水铸铁管与其管件(接口填料为石棉水泥)。水落管的管径一般为 $DN75$ 和 $DN100$ 两种。安装时,将箅子立放于女儿墙的内侧,其底边应低于该处屋面(以利于排出屋面雨水)。箅子至雨水斗设 90°弯头 1 个。将雨水立管靠墙垂直安装,采用塑料排水管时,宜用钢管卡,如图 2.39 所示。采用排水铸铁管时,宜用角钢悬臂式支架。

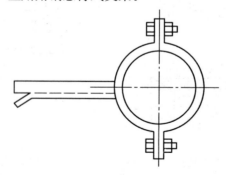

图 2.39　钢管卡

5. 室内排水系统的灌水试验与防腐

室内排水系统安装完毕后,应分系统进行灌水(也称为闭水)试验。试验时,灌水至规定高度后停 20~30 min 进行检查、观察,以液(水)面不下降、不渗漏为合格。试验完毕后应及时将水放净(以防冬季负温时冻裂管道)。

(1)室内排水系统的罐水试验。对生活污水系统应分层进行试验,灌水高度以一层的高度为准。

1)生活污水系统底层灌水试验。先将室外检查井内排出管的管端封堵,然后向管道内灌水至底层大便器下水口满水。

2)生活污水系统楼层灌水试验。楼层灌水试验需逐层进行。试验时,先打开本层的立管检查口,将球胆由此放入排水立管的适当位置(使水柱高度与底层试验时的水柱高度相等),再向球胆充气 0.10~0.20 MPa(此时球胆形成塞子),然后向本层管道内灌水至大便器下水口满水,如图 2.40 所示。

3)屋面雨水系统的灌水试验。进行屋面雨水系统试验时,先将其立管下端封堵,然后向管道内灌水至最高点雨水斗满水。

(2)室内排水系统的防腐。对于室内排水系统,当采用排水铸铁管及其管件时,其管道和支架应涂刷底、面漆各两遍,其中明装管道及其支架的面漆颜色应与房间内墙面的颜色和谐;当采用塑料排水管及其管件时,只将钢管卡涂刷底、面漆各两遍,其面漆的颜色宜与塑料排水管的颜色相同。

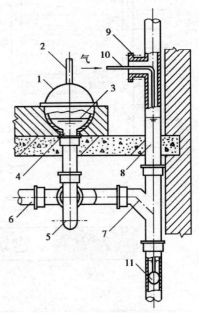

图 2.40　楼层灌水试验
1—蹲式大便器;2—冲洗管;3—液面;
4—大便器下水口;5—P 形存水弯;
6—排水干(横)管;7—斜三通;8—排水立管;
9—立管检查口;10—胶管;11—球胆

6. 高层建筑排水系统

(1)高层建筑排水系统的特点。在一般层数不太高的建筑排水系统中,多设伸顶通气管,以排除污浊气体,并向立管里补气,但在高层建筑中,由于卫生器具多、排水量大、排水管道数量较多且较长,单靠这样的通气管不足以克服立管中出现的气压变化所带来的诸如水封被破坏等弊病。因此,向污水管道补气,保证排水管道内部气压稳定,是高层建筑排水系统的主要特点之一。

(2)高层建筑排水系统的形式。高层建筑排水系统按其形式不同可分为两种,一种是采用在原有排水系统中增加辅助通气管系统的方法。辅助通气管系统通常包括专用通气立管、主通气立管、副通气立管、环形通气管、器具通气管和共轭通气管以及它们之间相互结合等多种形式,如图 2.41 所示。另一种是苏维托立管排水系统,该系统主要由气水混合器、跑气器和跑气管等组成,用于排除高层建筑中高层楼房的污水。

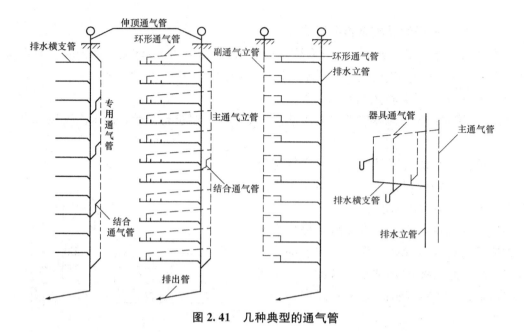

图 2.41 几种典型的通气管

2.7 建筑给水排水工程图纸识读

2.7.1 室内给水排水工程施工图的组成和识图要点

室内给水排水施工图一般由设计说明、给水排水平面图、给水排水系统图和详图组成。

(1)设计说明。对于设计图纸上用图线或符号表达不清楚的问题,均须用文字加以说明,如管材及其连接形式、管道的防腐和保温、卫生器具的类型、所采用的标准图集、施工验收要求等。

(2)给水排水平面图。室内给水排水平面图一般绘制在一起,如果是楼房,至少应绘制底层和标准层平面图。平面图常用的比例为1:100,如果图形比较复杂,也可采用1:50的比例。

室内给水排水平面图主要表示卫生器具和管道布置情况。建筑物的轮廓线和卫生器具用细实线表示;给水管道用粗实线表示;排水管道用粗虚线表示;平面图中的立管用小圆圈表示;阀门、水表、清扫口等均用图例表示。

看室内给水排水平面图时应注意以下几项:

1)引入管、横管、干管、支管的平面位置,走向、定位尺寸、与室外管网的连接形式,管径,立管的编号,管道与用水设备的连接方式、尺寸。

2)在给水管道上设置水表时,要查明水表的型号、规格、安装

给水识图图例

建筑排水识图图例

排水立管伸缩节的安装要求

位置以及水表前后阀门的设置情况。

(3)给水排水系统图。给水排水系统图一般是按正面斜等测的方式绘制的。给水和排水应分别绘制，常用1∶100或1∶50的比例绘制。它主要表明了管道系统的空间走向。识图时应注意以下几项：

1)给水管道的具体走向，干管的敷设形式，管径尺寸及其变化情况，阀门的位置、引入管、干管以及各支管的标高等。

2)各配水龙头、阀门、水表以及卫生器具的数量和安装高度。

3)识图时要特别注意两点：一是要沿着水流方向看图；二是平面图和系统图要相互对照。

(4)详图。当某些设备的构造或管道之间的连接情况在平面图或系统图上表示不清楚又无法用文字说明时，应将这些部位进行放大，做成详图。详图的常用比例为1∶50～1∶10。有的节点可直接采用标准图集的详图。

2.7.2 室内给水排水工程施工图的识图举例

室内给水排水工程施工图如图2.42～图2.49所示。

1. 施工说明

(1)图中尺寸标高以m计，其余均以mm计。本住宅楼日用水量为13.4 t。

(2)给水管采用PP-R管材与管件连接；排水管采用UPVC塑料管，承插粘接。出屋顶的排水管采用铸铁管，并刷防锈漆、银粉各两道。给水管De16及De20管壁厚为2.0 mm，De25管壁厚为2.5 mm。

(3)给水排水支、吊架安装见98S10，地漏采用高水封地漏。

(4)坐便器的安装见98S1—85，洗脸盆的安装见98S1—41，住宅洗涤盆的安装见98S1—9，拖布池的安装见98S1—8，浴盆的安装见98S1—73。

(5)给水采用一户一表出户安装，安装详见××市供水公司图集XSB—01。所有给水阀门均采用铜质阀门。

(6)排水立管在每层标高250 mm处设伸缩节，伸缩节做法见98S1—156～158。

(7)排水横管坡度采用0.026。

(8)凡是外露与非采暖房间的给水排水管道均采用40 mm厚聚氨酯保温。

(9)卫生器具采用优质陶瓷产品，其规格型号由甲方确定。

(10)安装完毕进行水压试验，试验工作严格按现行规范要求进行。

2. 给水排水平面图识读

给水排水平面图一般绘制在一起，包括底层、标准层和顶层平面图，识读一般按照水流方向从底层开始，逐层阅读。

3. 给水排水系统图

给水排水系统图一般分开识读，要结合平面图一起识图，重点识读管道标高。

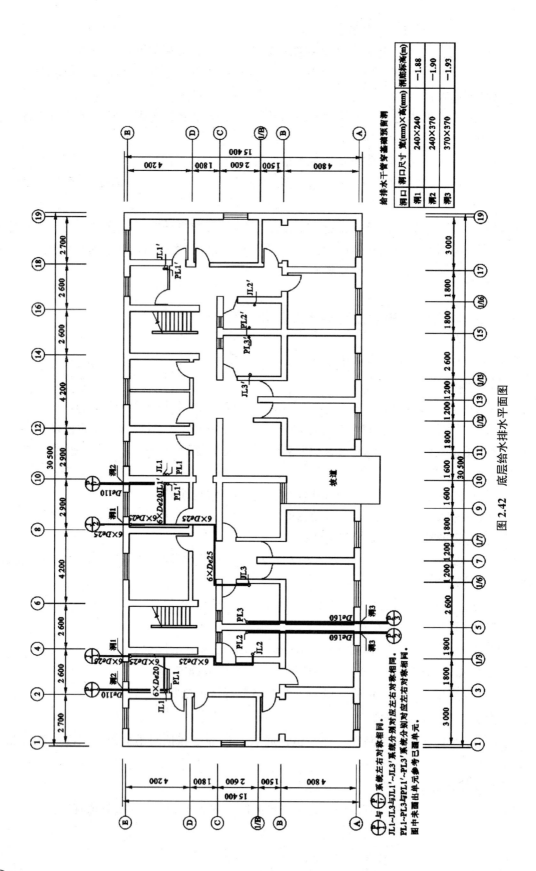

图 2.42 底层给水排水平面图

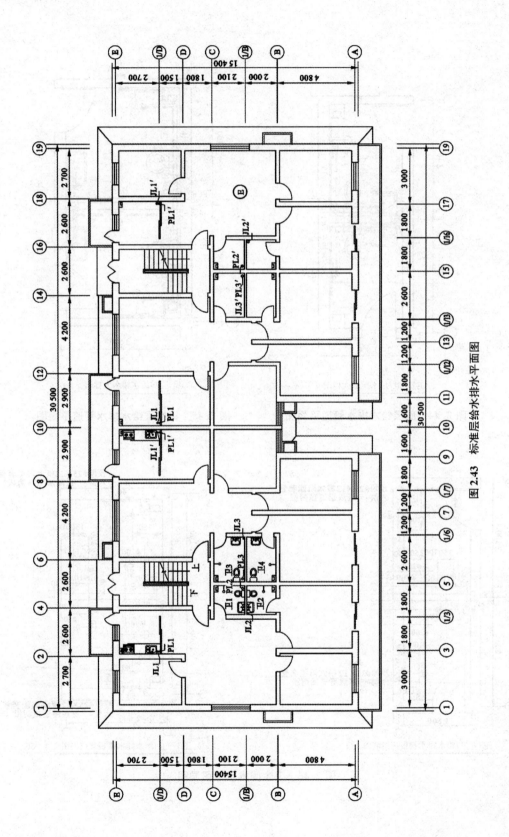

图 2.43 标准层给水排水平面图

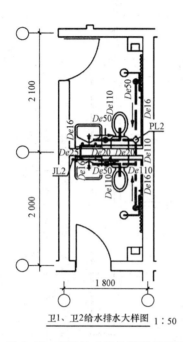
卫1、卫2给水排水大样图 1:50

图 2.44 底层给水排水管道平面图

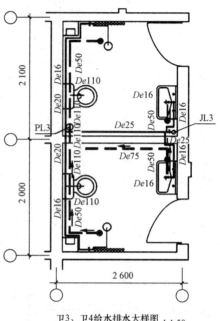
卫3、卫4给水排水大样图 1:50

图 2.45 标准层给水排水管道平面图

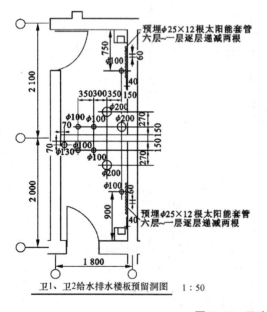
卫1、卫2给水排水楼板预留洞图 1:50

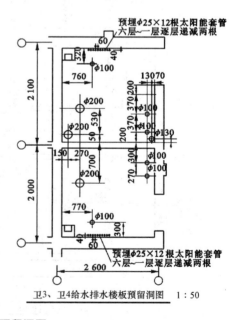
卫3、卫4给水排水楼板预留洞图 1:50

图 2.46 卫生间排水预留洞图

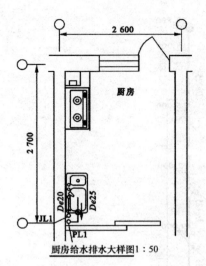
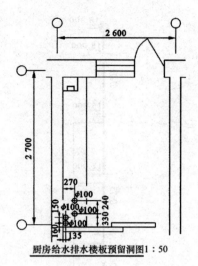

图 2.47 厨房大样图

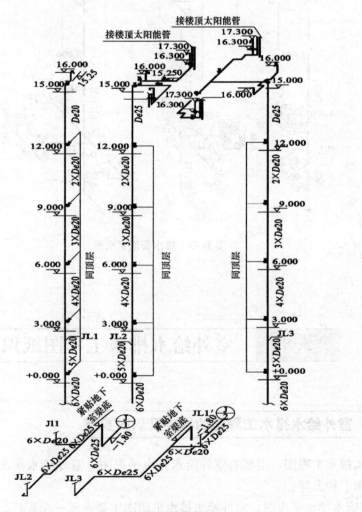

图 2.48 给水管道系统图

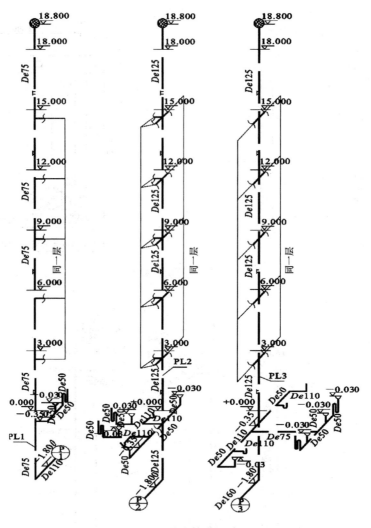

图 2.49 排水管道系统图

2.8 室外给水排水工程图纸识读

2.8.1 室外给水排水工程图的组成及识图要点

室外给水排水工程图,主要有室外给水排水平面图、室外给水排水纵断面图和室外给水排水节点图三种图样。

(1)室外给水排水平面图。室外给水排水平面图主要表示一个厂区、地区(或街道)给水排水布置情况。识图时应注意以下内容:

1)查明管路平面布置的走向。通常给水管道用粗实线表示,排水管道用粗虚线表示,检查井用小圆圈表示。给水管道的走向为从大管到小管,即按水流方向通向建筑物。排水管道仍按水流方向从建筑物出来到检查井,各检查井由高标高到低标高,管径从小到大。

2)注意查看室外给水管道的管径,消火栓、水表井、阀门井的具体位置、标高。

3)注意查看室外排水管道的管径,埋设深度,检查井的具体位置、标高。

4)当排水管道上有局部污水处理构筑物时,注意这些构筑物的位置、进出接管的管径、距离、坡度等。必要时查看有关标准图或详图。

(2)室外给水排水纵断面图。地下管道种类繁多、布置复杂,一般需要绘制纵断面图。识图时应注意以下内容:

1)管道纵断面图可分为上、下两个部分。在上部分的左侧为标高塔尺,靠近塔尺的左侧注上相应的绝对标高;在上部分的右侧为管道断面图形;下部分为数据表格。该表格的内容是:原始地面标高、设计地面标高、设计管内底(或管中心)标高、管道坡度、管径、平面距离、编号、管道基础等。

2)管道纵断面图的垂直和水平方向,通常采用不同的比例绘制,一般垂直与水平之比为1:5。

(3)室外给水排水节点图。其主要表示管道节点、检查井、室外消火栓、阀门井、水塔、水池、水处理设备及各种污水处理设备等。有的需画出详图,有的可直接套用《建筑给水排水制图标准》(GB/T 50106—2010)。

2.8.2 室外给水排水工程图识图举例

(1)室外给水排水平面图的识读。某室外给水排水平面图如图2.50(a)所示,其图例如图2.50(b)所示。图中表示了三种管道:一是给水管道;二是污水排水管道;三是雨水排水管道。下面分别对以上3种管道进行识读。

1)给水管道的识读。从图上可以看出,给水管道设有6个节点、6条管道。6个节点是:J_1为水表井;J_2为消火栓井;$J_3 \sim J_6$为阀门井。6条管道是:

第1条是干管:由J_1向西至J_6止,管径由$DN100$变为$DN75$。

第2条是支管1:由J_2向北至XH止,管径为$DN100$。

第3条是支管2:由J_3向北至J/4止,管径为$DN50$。

第4条是支管3:由J_4向北至J/3止,管径为$DN50$。

第5条是支管4:由J_5向北至J/2止,管径为$DN50$。

第6条是支管5:由J_6向北至J/1止,管径为$DN50$。

2)污水排水管道的识读。从图2.50(a)中可以看出,污水排水管道设有4个污水检查井、1个化粪池、4条排出管、1条排水干管。

4个污水检查井,由东向西分别是P_1、P_2、P_3、P_4;化粪池为HC。4条排出管由东向西分别是:

第1条排出管:由P/1向北至P_1止,管径为$DN100$,$L=4.00$;$i=0.02$。

第2条排出管:由P/2向北至P_2止,管径为$DN100$,$L=4.00$;$i=0.02$。

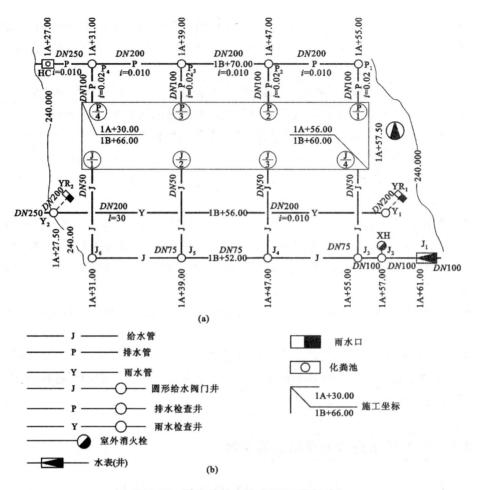

图2.50 某室外给水排水平面图及图例
(a)平面图；(b)图例

第3条排出管：由P/3向北至P_3止，管径为$DN100$，$L=4.00$；$i=0.02$。

第4条排出管：由P/4向北至P_4止，管径为$DN100$，$L=4.00$；$i=0.02$。

排水干管：由P_1向西经P_2、P_3、P_4至HC，$i=0.010$，其中，P_1至P_4管径为$DN200$，$L=24.00$；P_4至HC，管径为$DN250$，$L=4.00$。

3)雨水管道的识读。从图2.50(a)中可以看出，雨水管道设有两个雨水口、两个雨水检查井、两个雨水支管和一条雨水干管。两个雨水口是YR_1和YR_2；两个雨水检查井是Y_1和Y_2。两个雨水支管是雨水支管1：由YR_1向西南45°方向至Y_1止，管径为$DN200$；雨水支管2：由YR_2向西南45°方向至Y_2止，管径为$DN200$。雨水干管：由Y_1向西至Y_2，管径为$DN200$，$L=30.00$，$i=0.010$。

(2)室外给水排水纵断面图的识读。

1)室外给水管道纵断面图的识读。图2.51是图2.50(a)中给水管道的纵断面图。该图从节点J_1至节点J_6共6个节点。其中，节点J_1的设计地面标高为240.000，设计管中心标高为238.890，管径为$DN100$；节点J_6的设计地面标高为240.000，设计管中心标高为238.950，管径为$DN75$，其余各节点及其有关数据如图2.51中的数据表格所示。

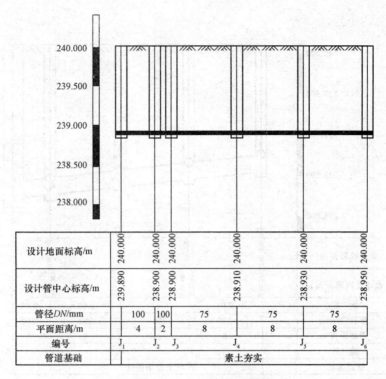

图 2.51 室外给水管道纵断面图

2)室外污水排水管道纵断面图的识读。图 2.52 是图 2.50(a)中污水排水管道的纵断面图。该图从节点 P_1 至节点 HC 共 5 个节点,其中节点 P_1 的设计地面标高为 240.000,设计管内底标高为 238.500,管径为 DN200,节点 HC 的设计地面标高为 240.000,设计管内底标高为 238.170,管径为 DN250。其余各节点及其有关数据如图 2.52 中的数据表格所示。

另外,在节点 P_1、P_2、P_3、P_4 中,各有 1 个管径为 DN100 的排出管的管口,每个排出管管口的管内底标高,从左向右依次为 238.70、238.62、238.54、238.46。

3)室外雨水管道纵断面图的识读。图 2.53 是图 2.50(a)中雨水管道的纵断面图。该图从节点 YR_1 至节点 Y_2 共 3 个节点,其中节点 YR_1 的设计地面标高为 240.000,设计管内底标高为 238.220,管径为 DN200,节点 Y_1 的设计地面标高为 240.000,设计管内底标高为 238.200,管径为 DN200,节点 Y_2 的设计地面标高为 240.000,设计管内底标高(左侧)为 237.900,管径为 DN200(左侧),其余各节点及其有关数据如图 2.53 中的数据表格所示。

另外,在节点 Y_1 至 Y_2 之间雨水管道的上面有 4 个管径均为 DN50 的给水引水管的断口,每个给水引水管断口的管中心标高,从左至右依次为 238.91、238.92、238.94、238.96。

(3)室外给水排水节点图的识读。图 2.54 是图 2.50(a)中给水管道的节点图。该图从节点 J_1 至节点 J_6 共 6 个节点,其中节点 J_1 为城市给水管道的水表井,井内设有 DN100 的法兰式水表 1 块、DN100 的法兰式闸阀 2 个;节点 J_2 是室外消火栓的阀门井,井内设有 DN100 的地上消火栓 1 个;节点 J_3、J_4、J_5 为阀门井,井内设有 DN80×80×50 的钢三通 1 个和 DN50 的内螺纹式闸阀 1 个;节点 J_6 为阀门井,井内设有 DN80×80×50 的钢三通 1 个、钢盲板(堵板)1 片和 DN50 的内螺纹式闸阀 1 个。

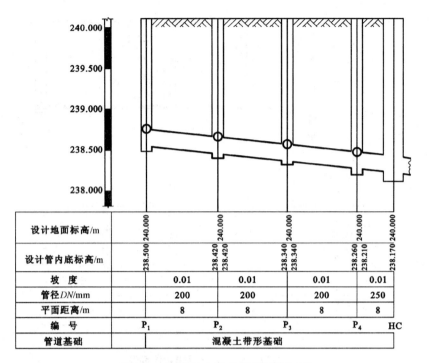

图 2.52 室外污水排水管道纵断面图

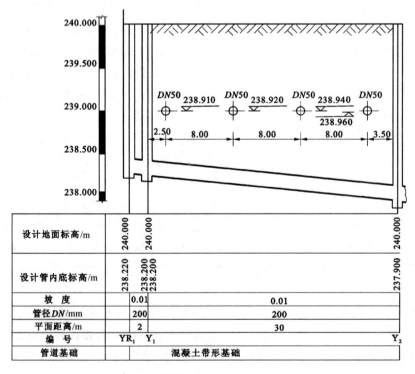

图 2.53 室外雨水管道纵断面图

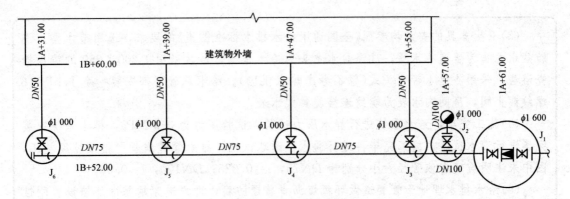

图 2.54　给水管道节点图

复习思考题

1. 在建筑给水系统中，水表直径小于 50 mm 时，采用（　　）。
   A. 旋翼式水表　　　　　　　B. 螺翼式水表
   C. 旋翼式水表或螺翼式水表　　D. 都不正确
2. PP-R 管材一般有（　　）连接。
   A. 螺纹　　　B. 承插　　　C. 热熔　　　C. 粘接
3. 简述室内污水系统的分类和组成。
4. 室内生活污水排水系统中为什么不采用正三通和正四通？
5. 室内生活污水排水系统中为什么要设通气管，且伸出屋面？为什么要在卫生器具口设存水弯？清扫口和立管检查口有什么作用？
6. 在室外排水系统中，为什么不用弯头、三通、四通和大小头等管件？
7. 图 2.50(a) 中有哪几种管道？圆形给水阀门井有几个？圆形污水检查井有几个？从 J_3 至 J_6 的水平距离是多少？
8. 根据所学知识，识读下列给水排水图纸（图 2.55～图 2.57）。

工程基本概况如下：

(1) 本住宅楼共 5 层，由三个布局完全相同的单元组成，每单元一梯两户。因对称布置，所以只画出了 1/2 单元的平面图和系统图。图中标注尺寸标高以 m 计，其余均以 mm 计。所注标高以底层卧室地坪为 ±0.000 m，室外地面为 −0.600 m。

(2) 给水管采用镀锌钢管，丝扣连接。排水管地上部分采用 UPVC 螺旋消声管，粘接连接。埋地部分采用铸铁排水管，承插连接，石棉水泥接口。

(3)卫生器具的安装均参照《全国通用给水排水标准图集》的要求,选用节水型。洗脸盆水龙头为普通冷水嘴;洗涤盆水龙头为冷水单嘴;浴盆采用1 200×650的铸铁搪瓷浴盆,采用冷热水带喷头式(暂不考虑热水供应)。给水总管下部安装一个J41T-1.6螺纹截止阀,房间内水表为螺纹连接旋翼式水表。

(4)施工完毕,给水系统进行静水压力试验,试验压力为0.6 MPa,排水系统安装完毕进行灌水试验,施工完毕再进行通水、通球试验。排水管道横管严格按坡度施工,图中未注明坡度者依管径大小分别为$DN75,i=0.025;DN100,i=0.02$。

(5)给水排水埋地干管管道做环氧煤沥青普通防腐,进户道穿越基础外墙设置刚性防水套管,给水干、立管穿墙及楼板处设置一般钢套管。

(6)未尽事宜,按现行施工及验收规范的有关内容执行。

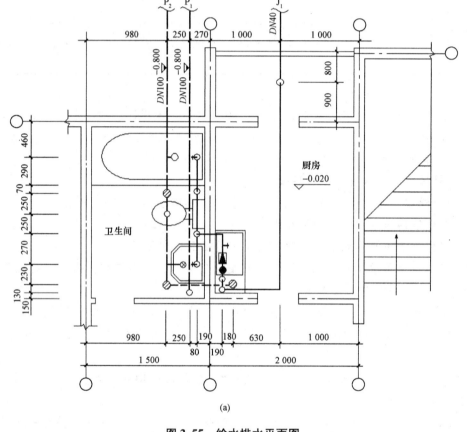

图 2.55 给水排水平面图

(a)底层平面图;(b)二~五层平面图

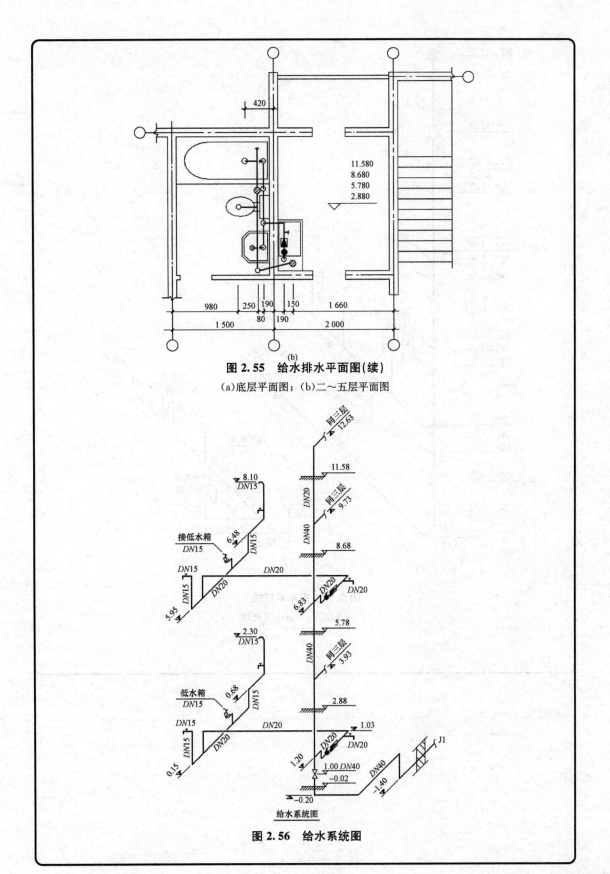

图 2.55 给水排水平面图(续)
(a)底层平面图;(b)二~五层平面图

图 2.56 给水系统图

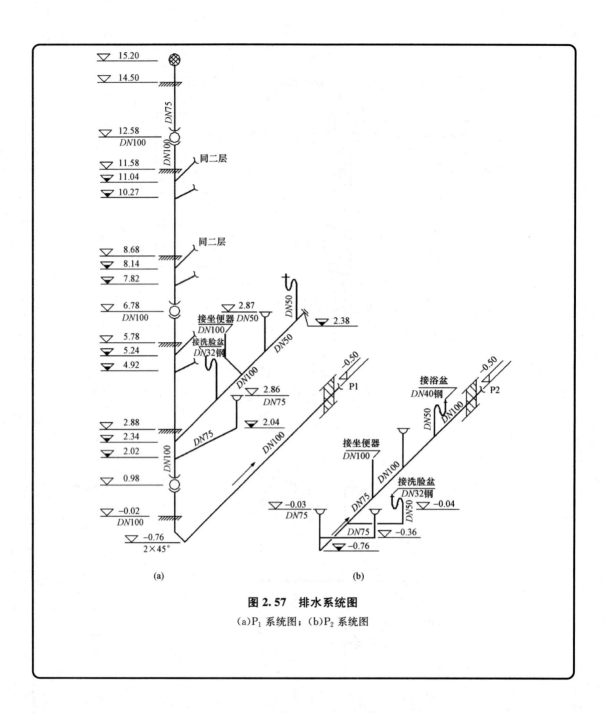

图 2.57 排水系统图
(a)P_1 系统图;(b)P_2 系统图

任务3　建筑消防给水工程

建筑消防给水系统是指以水为主要灭火剂的消防系统，是目前用于扑灭建筑一般性火灾的最经济有效的消防系统。建筑消防给水系统按功能不同，分为消火栓灭火系统、自动喷洒灭火系统、水幕灭火系统等；按建筑物的高度不同，分为低层建筑消防给水系统和高层建筑消防给水系统。

根据《建筑设计防火规范》(GB 50016—2014)的规定，对于下列建筑物应设室内消火栓给水系统：

(1)建筑占地面积大于 300 m^3 的厂房和仓库；

(2)高层公共建筑和建筑高度大于 21m 的住宅建筑

注：建筑高度不大于 27 m 的住宅建筑，设置室内消火栓系统确有困难时，可只设置干式消防竖管和不带消火栓箱的 DN 65 的室内消火栓。

(3)体积大于 5 000 m^3 的车站、码头、机场的候车(船、机)建筑、展览建筑、商店建筑、旅馆建筑、医疗建筑和图书馆建筑等单、多层建筑；

(4)特等、甲等剧场，超过 800 个座位的其他等级的剧场和电影院等以及超过 1 200 个座位的礼堂、体育馆等单、多层建筑；

(5)建筑高度大于 15 m 或体积大于 10 000 m^3 的办公建筑，教学建筑和其他单、多层民用建筑。

3.1　室内消火栓给水系统的组成及要求

消火栓灭火系统可分为室外系统和室内系统。室外系统包括室外给水管网、消防水泵接合器及室外消火栓；室内系统包括室内消防给水管网、室内消火栓、储水设备、升压设备、管路附件等。室内普通消防系统如图 3.1 所示；高层建筑分区室内消火栓给水系统如图 3.2 所示。

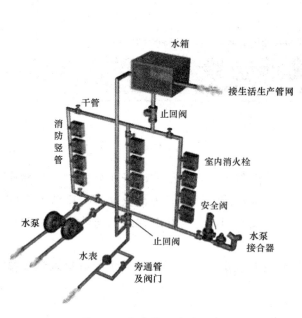

图 3.1 室内普通消防系统

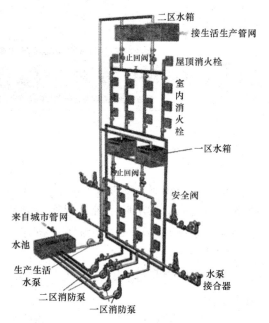

图 3.2 高层建筑分区室内消火栓给水系统

3.1.1 室内消火栓给水系统的组成

室内消火栓给水系统由消火栓、水带、水枪、消防管道、消防水泵接合器和水源等组成，必要时需设置消防水泵和消防水箱。其中，消火栓、水带、水枪安装在同一个消火栓箱内。

(1) 水龙带直径有 $DN50$、$DN65$ 两种，长度有 10 m、15 m、20 m 和 25 m 四种；消火栓口径有 $DN50$ 型、$DN65$ 型两种，当射流量小于 3 L/s 时，采用 $DN50$ 型，当射流量大于 3 L/s 时，采用 $DN65$ 型；水枪喷口直径有 13 mm、16 mm、19 mm 三种。喷口直径为 13 mm 的水枪配 $DN50$ 接口；喷口直径为 16 mm 的水枪配 $DN50$ 接口或 $DN65$ 接口；喷口直径为 19 mm 的水枪配 $DN65$ 接口。一般低层建筑室内消火栓给水系统可选用喷水直径为 13 mm 或 16 mm 的水枪，但必须根据消防流量和充实水柱长度经过计算后确定；高层建筑室内消火栓给水系统，水枪喷口直径不应小于 19 mm。

水枪、水龙带、消火栓合设于有玻璃门的消火栓箱内，箱体可以明装，也可暗装，如图 3.3 所示。

室内消火栓应布置在建筑物内各层明显、易于取用和经常有人出入的地方，如楼梯间、走廊、大厅、车间的出入口和消防电梯的前室等处。设有室内消火栓的建筑如为平屋顶时，宜在平屋顶上设置试验和检查用的消火栓。

(2) 消防管网。建筑物内消防管网包括干管和支管。其常用管材为焊接钢管焊接连接，以环状布置为佳。

(3) 消防水泵接合器。消防水泵接合器是连接消防车向室内消防给水系统加压供水的装置，一端由消防给水管网水平干管引出，另一端设于消防车易于接近的地方。消防水泵接

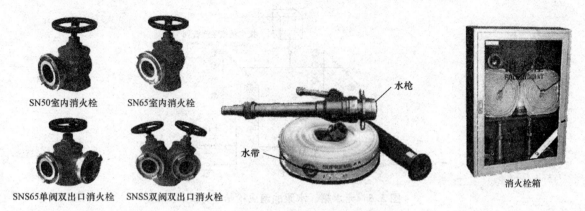

图 3.3　消火栓设备

合器分为地上式、地下式和墙壁式三种，如图 3.4 所示。

图 3.4　消防水泵接合器
(a)地上式；(b)地下式；(c)墙壁式

3.1.2　低层建筑消火栓给水系统的给水方式

(1)无水箱、水泵的消火栓给水方式如图 3.5 所示。当室外给水管网提供的压力和水量在任何时候均能满足室内消火栓给水系统所需的水量和水压时，宜优先采用此种方式。当选用这种给水方式时，且与室内生活(生产)合用管网时，进水管上若设有水表，则所选水表应考虑通过的消防水量。

(2)仅设水箱，不设水泵的消火栓给水方式如图 3.6 所示。当室外给水管网 1 日内压力变化较大，但能满足室内消防、生活和生产用水量要求时，可采用这种方式。水箱可以生产、生活合用，但其生活或生产用水不能动用消防 10 min 贮存的备用水量。

(3)设水泵、水箱的消火栓给水方式如图 3.7 所示。这种给水方式适用于室外给水管网的水压不能满足室内消火栓给水系统所需压力的情况，以保证使用消火栓灭火时有足够的消防水量，同时设置水箱储备 10 min 的室内消防用水量。水箱补水采用生活用水泵，严禁消防泵补水。为防止消防时消防泵出水进入水箱，在水箱进入消防管网的出水管上应设止回阀。

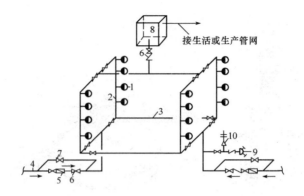

图 3.5 无水箱、水泵的消火栓给水方式
1—室内消火栓；2—消防立管；3—消防干管；
4—进户管；5—水表；6—止回阀；7—闸阀；
8—水箱；9—水泵接合器；10—安全阀

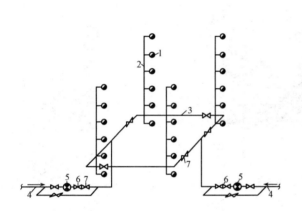

图 3.6 仅设水箱，不设水泵的消火栓给水方式
1—室内消火栓；2—消防竖管；3—消防干管；
4—进户管；5—水表；6—止回阀；7—旁通管及阀门

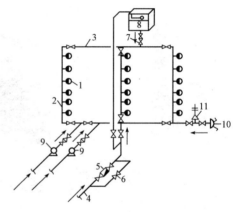

图 3.7 设水泵、水箱的消火栓给水方式
1—室内消火栓；2—消防竖管；3—消防干管；
4—进户管；5—水表；6—旁通管及阀门；
7—止回阀；8—水箱；9—消防水泵；
10—水泵接合器；11—安全阀

3.1.3 高层建筑消火栓给水系统的给水方式

(1)不分区的室内消火栓给水系统。当建筑高度大于 24 m 但不超过 50 m，建筑物内最底层消火栓口压力不超过 0.8 MPa 时，可以采用不分区的室内消火栓给水系统，如图 3.8 所示。当发生火灾时，消防车可以通过水泵接合器向室内消防系统供水。

(2)分区供水的室内消火栓给水系统。当建筑高度超过 50 m 或消火栓口静水压大于 0.8 MPa 时消防车已难以协助灭火。另外，管材及水带的工作耐压强度也难以保证，因此，为加强供水的安全可靠性，宜采用分区供水的室内消火栓给水系统，如图 3.9 所示。

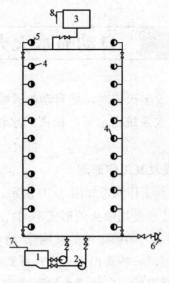

图 3.8 不分区的室内消火栓给水系统
1—水池；2—消防水泵；3—水箱；4—消火栓；5—试验消火栓；
6—水泵接合器；7—水池进水管；8—水箱进水管

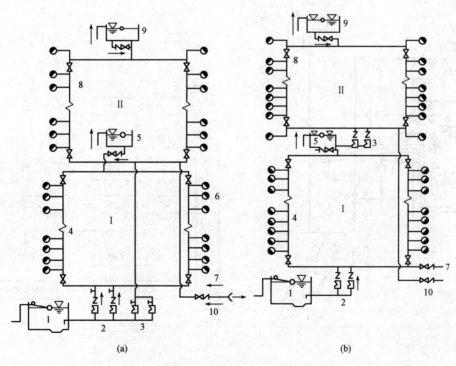

(a)　　　　　　　　　　　　(b)

图 3.9 分区供水的室内消火栓给水系统
(a)并联分区供水方式；(b)串联分区供水方式
1—水池；2—Ⅰ区消防泵；3—Ⅱ区消防泵；4—Ⅰ区管网；5—Ⅰ区水箱；
6—消火栓；7—Ⅰ区消防泵；8—Ⅱ区管网；9—Ⅱ区水箱；10—Ⅱ区水泵接合器

3.2　自动喷水灭火系统

自动喷水灭火系统是一种在发生火灾时，能自动打开喷头喷水灭火并同时发出火警信号的消防灭火设施。自动喷水灭火系统由水源、加压贮水设备、喷头、管网、报警装置等组成。

1. 自动喷水灭火系统的组成及其工作原理

自动喷水灭火系统的组成及其工作原理如图 3.10 所示。

自动喷水灭火系统根据系统中所使用喷头的形式不同，可分为闭式和开式两大类。闭式喷头是用控制设备(如低熔点金属或内装膨胀液的玻璃球)堵住喷头的出水口，当建筑物发生火灾，火场温度达到喷头开启温度时，喷头出水灭火；开式喷头的出水口是开启的，其控制设备在管网上，其喷头的开放是成组的。自动喷头如图 3.11 所示。常用的闭式喷头有两种，一种是玻璃球闭式喷头，其动作温度为 57 ℃、68 ℃、79 ℃、93 ℃和 141 ℃共五个等级；另一种是易熔金属元件闭式喷头，其动作温度为 72 ℃、98 ℃和 142 ℃共三个等级。

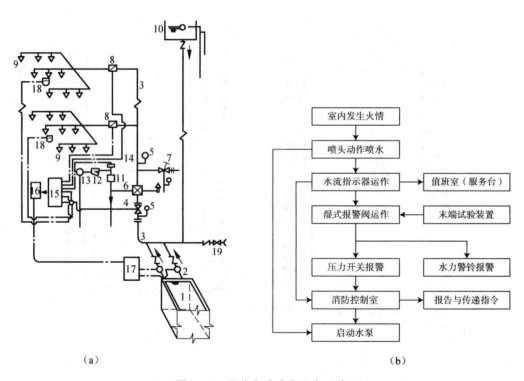

图 3.10　湿式自动喷水灭火系统

(a)组成示意；(b)工作原理流程

1—消防水池；2—消防泵；3—管网；4—控制蝶阀；5—压力表；6—湿式报警阀；
7—泄放试验阀；8—水流指示器；9—喷头；10—高位水箱、稳压泵或气压给水装置；
11—延时器；12—过滤器；13—水力警铃；14—压力开关；15—报警控制器；
16—非标控制箱；17—水泵启动箱；18—探测器；19—水泵接合器

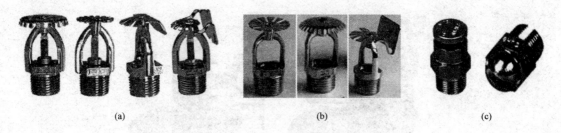

图 3.11 自动喷头
(a)闭式喷头；(b)开式喷头；(c)水幕喷头

使用闭式自动喷水灭火系统，当室温上升到足以打开闭式喷头上的闭锁装置时，喷头立即自动喷水灭火，同时，报警阀通过水力警铃发出报警信号。闭式自动喷水灭火系统管网有以下五种类型：

(1)湿式喷水系统。管网中充满有压水，当建筑物发生火灾，火场温度达到喷头开启温度时，喷头出水灭火。湿式喷水系统如图 3.12 所示。

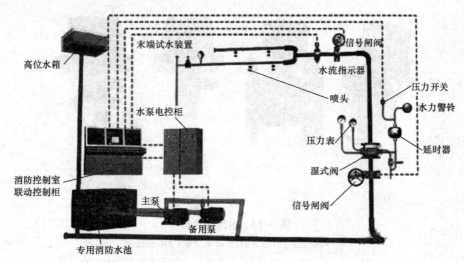

图 3.12 湿式喷水系统

1)报警阀。报警阀的作用是开启和关闭管网的水流，传递控制信号至控制系统并启动水力警铃直接报警。报警阀分为湿式、干式、干湿式和雨淋式四种类型。湿式报警阀和雨淋式报警阀如图 3.13 所示。

2)水流指示器。水流指示器的作用是某个喷头开启喷水或管网发生水量泄漏时，管道中的水产生流动；引起水流指示器中浆片随水流而动作；接通延时电路后，继电器触电吸合发出区域水流电信号，送至消防控制室。水流指示器如图 3.14 所示。

湿式报警阀
工作原理(动画)

(2)干式自动喷淋给水系统。该系统为喷头常闭的灭火系统，管网中平时不充水，充有有压空气或氮气，当建筑物发生火灾时，火点温度达到开启闭式喷头的温度时，喷头开启，排气、充水、灭火。

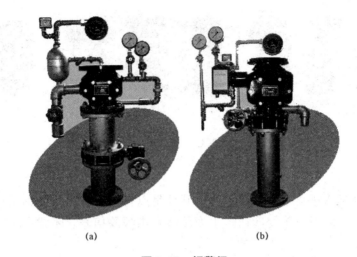

图 3.13 报警阀

(a)湿式报警阀;(b)雨淋式报警阀

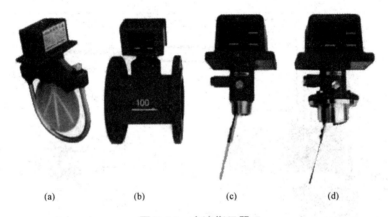

图 3.14 水流指示器

(a)马鞍型;(b)法兰型;(c)螺纹型;(d)焊接型

(3)预作用自动喷淋给水灭火系统。该系统为喷头常闭的灭火系统,管网中平时不充水,无压,发生火灾时,火灾探测器报警后,自动控制系统控制闸门排气、充水,由干式系统变为湿式系统。

(4)雨淋喷水灭火系统。该系统为喷头常开的灭火系统,当建筑物发生火灾时,由自动控制装置打开集中控制闸门,使整个保护区域的所有喷头喷水灭火。

(5)水幕系统。该系统的喷头沿线状布置,发生火灾时主要起阻火、冷却、隔离的作用。

2. 其他灭火系统

建筑物的使用功能不同,其内的可燃物质性质各异,因此,仅用水作为消防手段不能达到扑救火灾的目的,甚至还会带来更大的损失,应根据可燃物的物理、化学性质,采用不同的灭火方法和手段,以达到预期的目的。现对以下几种固定灭火系统作简单介绍。

(1)干粉灭火系统。以干粉作为灭火剂的灭火系统称为干粉灭火系统。干粉灭火剂是一种干燥的、易于流动的细微粉末,平时贮存于干粉灭火器或干粉灭火设备中,灭火时靠加压气体(二氧化碳或氮气)的压力将干粉从喷嘴射出,形成一股携夹着加压气体的雾状粉流射向燃烧物。

干粉灭火系统具有灭火历时短、效率高、绝缘好、灭火后损失小、干粉不怕冻、不用水、可长期贮存等优点。干粉灭火系统的组成如图3.15所示。

(2)泡沫灭火系统。泡沫灭火系统是应用泡沫灭火剂,使其与水混合后产生一种可漂浮、黏附在可燃、易燃液体、固体表面,或者充满某一着火物质的空间,达到隔绝、冷却、使燃烧物质熄灭的目的。泡沫灭火剂按其成分可分为化学泡沫灭火剂、蛋白质泡沫灭火剂和合成型泡沫灭火剂三种。

泡沫灭火系统广泛应用于油田、炼油厂、油库、发电厂、汽车库、飞机库、矿井坑道等场所。泡沫灭火系统的组成如图3.16所示。

(3)卤代烷灭火系统。卤代烷灭火系统是将具有灭火功能的卤代烷碳氢化合物作为灭火剂的消防系统。目前,卤代烷灭火剂主要有一氯一溴甲烷(简称1011)、二氟二溴甲烷(简称1202)、二氟一氯一溴甲烷(简称1211)、三氟一溴甲烷简称(1301)、四氟二溴乙烷(简称2402)。图3.17所示为卤代烷灭火系统的组成。

(4)二氧化碳(CO_2)灭火系统。二氧化碳(CO_2)灭火系统是一种纯物理的气体灭火系统。二氧化碳灭火剂是液化气体型,以液相贮存于高压容器内。当二氧化碳以气体喷向某些燃烧物时能产生对燃烧物窒息和冷却的作用。其组成如图3.18所示。

二氧化碳(CO_2)灭火系统具有不污损保护物、灭火快、空间淹没效果好等优点。其可用于扑灭某些气体、固体表面,液体和电器火灾,但这种系统造价高,灭火时对人体有害。

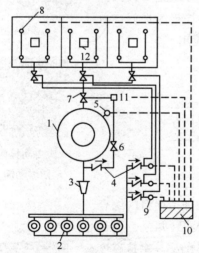

图3.15 干粉灭火系统的组成

1—干粉贮罐;2—氮气瓶和集气管;3—压力控制器;
4—单向阀;5—压力传感器;6—减压阀;7—球阀;
8—喷嘴;9—启动气瓶;10—控制中心;
11—电磁阀;12—火灾探测器

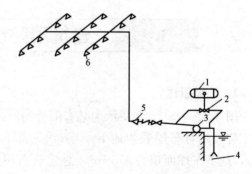

图3.16 泡沫灭火系统的组合

1—泡沫液贮罐;2—比例混合器;3—消防泵;
4—水池;5—泡沫产生器;6—喷头

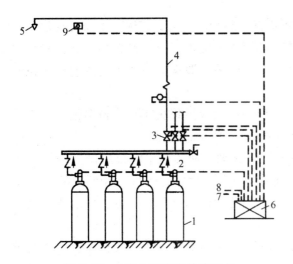

图 3.17 卤代烷灭火系统的组成

1—灭火贮瓶；2—容器阀；3—选择阀；
4—管网；5—喷嘴；6—自控装置；
7—控制联动；8—报警；9—火警探测器

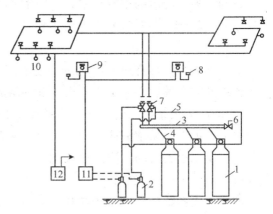

图 3.18 二氧化碳(CO_2)灭火系统的组成

1—CO_2 贮存器；2—启动用气容器；
3—总管；4—连接管；5—操作管；6—安全阀；
7—选择阀；8—报警器；9—手动启动装置；
10—探测器；11—控制盘；12—检测盘

(5)水喷雾灭火系统。该系统由水源、供水设备、管道、雨淋阀组、过滤器和水雾喷头等组成。其灭火机理是将水以细小的雾状水滴喷射到正在燃烧的物质表面，产生表面冷却、窒息、乳化和稀释的综合效应，实现灭火。

水喷雾灭火系统具有适用范围广的优点，不仅可以提高扑灭固体火灾的效率，同时不会造成液体火飞溅，并且电气绝缘性好，故其在扑灭可燃液体火灾、电气火灾中均得到广泛的应用。

气体灭火系统演示

火灾自动报警与消防联动演示

3.3 建筑消防图纸识读

1. 工程概述

图 3.19～图 3.22 所示为某有限公司农产品冷藏加工项目的综合楼工程。综合楼层数为地下一层（汽车库），地上八层（办公、会议等），地下车库面积为 475 m²，总建筑面积为 10 064 m²，建筑高度为 29.7 m。

2. 设计依据

(1)甲方提供的有关资料及要求。
(2)《工业建筑供暖通风与空气调节设计规范》(GB 50019—2015)。
(3)《建筑设计防火规范(2018 版)》(GB 50016—2014)。

消防识图图例

(4)《汽车库、修车库、停车场设计防火规范》(GB 50067—2014)。

(5)《公共建筑节能设计标准》(GB 50189—2015)。

(6)其他有关的规范标准及设计手册。

3. 通风防排烟部分

(1)地下车库设防排烟系统。平时排风与火灾排烟共用一套系统，排风、排烟量均按 6 次/h 计算。补风量按 5 次/h 计算。

(2)排烟风机选用消防排烟专用双速风机，平时排风，火灾时排烟，每个排烟机前均设当有烟气温度超过 280℃时能自动关闭的排烟防火阀，当温度超过 280℃时，排烟风机入口处的排烟防火阀关闭，同时发出电信号，排烟风机停止。排烟风机与同一防火分区的送风机联动。

(3)消防风机的开启均由消防中心控制，既可与温感、烟感联动，也可手动操作。

(4)地下车库发生火灾时，无直接对外出入口的防火分区机械补风，有直接对外出入口的防火分区自然补风。

(5)防火阀单设支吊架。

(6)楼梯间设加压送风系统，加压送风量为 5 000 m³/h。

(7)地下一层的配电室设送风、排风系统，排风量按 5 次/h 计算，补风量为排风量的 70%。

(8)电梯机房设轴流风机排风，排风量按 15 次/h 计算，卫生间通风换气次数按 8 次/h 设计。

4. 管材及安装

(1)本工程送排风及排烟风管采用镀锌钢板，风管厚度及加工方法详见《通风与空调工程施工质量验收规范》(GB 50243—2016)。

(2)风管支、吊、托架按国标 08K132 制作与安装，且不得设置在风口、阀门检视门处；吊架不得直接吊在法兰上。

(3)风管上可拆卸接口，不得设置在墙体或楼板内，风管标高均指管底标高。

(4)矩形风管的长边大于 630 mm，保温风管的长度大于 800 mm，管段长度大于 1 250 mm，或低压风管单边面积大于 1.2 m²，均应采用加固措施。

(5)中风管穿过变形缝处设防火软接头，穿防火墙处设套管，余隙用不燃材料封堵。

(6)防火阀安装前应对其动作的灵活性与可靠性进行检验，确认合格后再进行安装。气流方向应与阀体一致，具体做法参见产品样本。

(7)风管防锈：金属支、吊、托架应除锈后刷樟丹漆两遍，刷调和漆一遍。

其他未尽事宜详见相关规范规定。

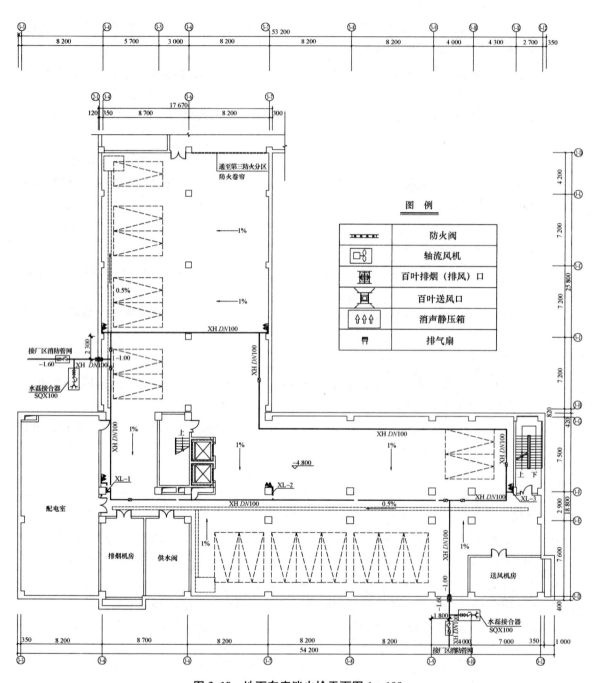

图 3.19 地下车库消火栓平面图 1∶100
注：所有管道穿防火墙处均采用不燃材料封堵。

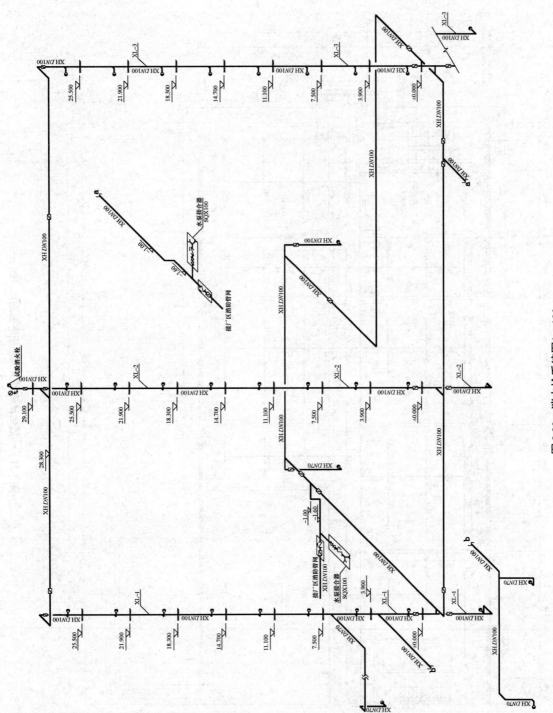

图 3.20 消火栓系统图 1:100

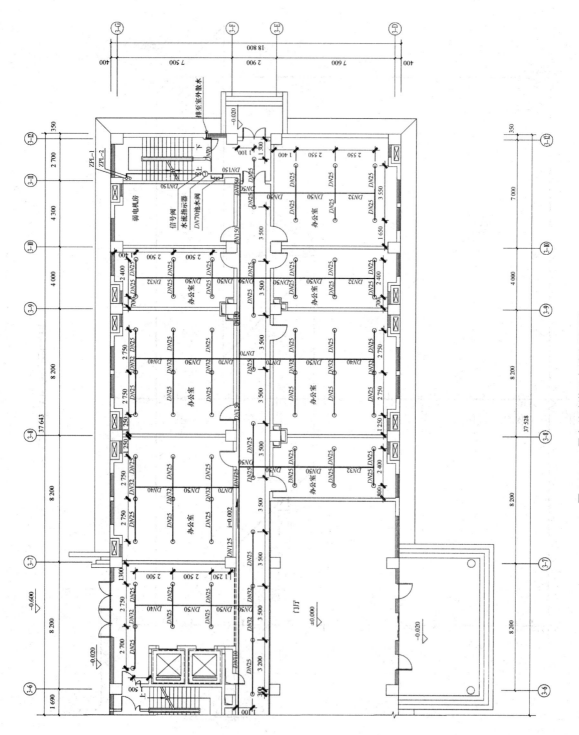

图 3.21 一层自动喷淋灭火系统平面图 1∶100（一）

注：自动喷淋管道管顶的安装高度为梁下 50 mm。

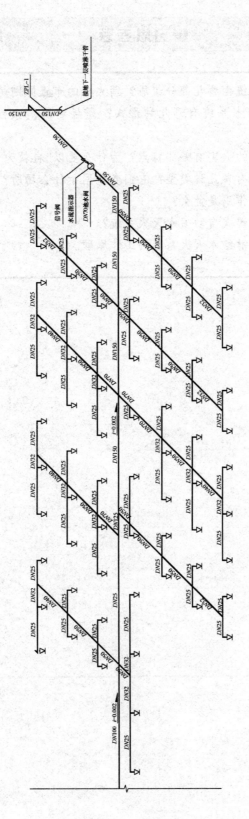

图3.22 一层自动喷淋灭火系统图1:100(二)

复习思考题

1. 室内消火栓给水系统由哪几部分组成？消火栓的布置原则是什么？
2. 低层建筑消火栓给水系统有哪几种形式？高层建筑消火栓给水系统有哪几种形式？
3. 高层民用建筑发生的火灾有哪些特点？为什么要以"自救为主"？
4. 自动喷水灭火系统有哪几种类型？它们各适用于什么场所？
5. 消防水泵结合器的作用是什么？
6. 在什么情况下采用湿式自动喷水灭火系统？
7. 试解释湿式自动喷淋给水灭火系统的工作原理。

任务 4　建筑供暖工程

4.1　供暖系统的基本组成与分类

4.1.1　供暖系统的基本组成

供暖系统的任务是不断向室内供给一定的热量，补偿房间热量的损耗，使室内保持人们所需要的空气温度。其由热源(锅炉火热交换器)、管道输送系统和散热设备组成，如图 4.1 所示。

1. 热源

热源是指将热媒(载热体)加热的部分，如锅炉房、热电站、热交换站等。

2. 管道输送系统

管道输送系统是指由热源输送热媒至散热设备的热水管道系统或蒸汽管道系统。其包括室外管网和室内管道系统。

3. 散热设备

散热设备是指将热量散入室内的设备，如散热器、暖风机、辐射板等。

建筑采暖系统与建筑给水系统的区别

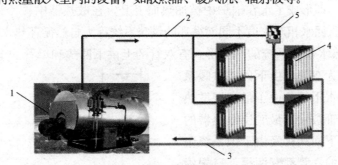

图 4.1　采暖系统的基本组成

1—锅炉；2—供水管道；3—回水管道；4—散热器；5—排气装置

4.1.2　室内供暖系统的分类

1. 按供暖热媒种类不同分类

(1)热水供暖系统。以热水为热媒的供暖系统称为热水供暖系统。当供水温度小于 100 ℃

时，为低温热水供暖系统；当供水温度大于等于100 ℃时，为高温热水供暖系统。

(2) 蒸汽供暖系统。以蒸汽为热媒的供暖系统称为蒸汽供暖系统。其根据蒸汽压力不同可分为高压蒸汽供暖系统(压力大于0.07 MPa)、低压蒸汽供暖系统(压力小于等于0.07 MPa)和真空蒸汽供暖系统(压力小于大气压)。

(3) 热风供暖系统。以空气为热媒的供暖系统称为热风供暖系统。其根据送风加热装置安设位置不同，可分为集中送风供暖系统和暖风机供暖系统。

2. 按供暖区域分类

(1) 局部供暖系统。热源、管道系统和散热设备在构造上连成一个整体的供暖系统，称为局部供暖系统，如火炉、火墙、火炕、电暖器等。

(2) 集中供暖系统。锅炉在单独的锅炉房内，利用热媒将热量通过管道系统送至一栋或几栋建筑物的供暖系统，称为集中供暖系统。

(3) 区域供暖系统。以区域锅炉房或热电厂为热源，向数栋建筑或区域供暖的系统，称为区域供暖系统。

除以上供暖系统类型外，还有一些其他类型，如分户式天然气锅炉供暖系统、分户式电热供暖系统及分户式低温地辐射供暖系统等。

3. 按照水循环的动力不同分类

室内供暖系统按照水循环的动力不同可分为自然循环热水供暖系统和机械循环热水供暖系统。

自然循环热水供暖系统由热水锅炉、散热器、供水管、回水管和膨胀水箱等组成。膨胀水箱设于系统最高处，以容纳水受热膨胀而增加的体积，还兼有排气作用。

系统充满水后，水在锅炉中逐渐被加热，水温升高而相对密度变小，而系统中其他部分，特别是散热器内水温降低、相对密度变大，致使锅炉中的热水受到散热器及一部分管路中冷水的驱动而沿总供水立管上升流入散热器，在散热器中热水放出热量，使水的相对密度增大，沿回水管流回锅炉，即形成了水在锅炉中被加热而上升，在散热器中被冷却而下降的循环流动。这种仅依靠供、回水相对密度不同而循环的供暖系统称为自然循环热水供暖系统。

(1) 自然循环热水供暖系统的基本形式有双管的上供下回式和单管的上供下回式两种。

1) 图4.2所示为双管上供下回式供暖系统。由于该系统供水干管敷设于最高层散热器的上部，回水干管敷设于最底层散热器的下部，故称为上供下回式；又由于该系统中与每组散热器连接的立管都有两根，一根为供水管，另一根为回水管，故称这种系统为双管系统。这种系统中每组散热器自成一个独立循环环路，散热器供水支管上可装设阀门，以便于独立调节。

2) 图4.3所示为单管上供下回式供暖系统。由于该系统中各层散热器通过支管串联在一根立管上，故称为单管系统。这种系统

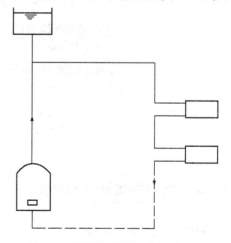

图4.2 双管上供下回式供暖系统

中的热水自上而下顺序流入各层散热器，水温逐层降低，供水支管上不装设阀门，因此，各层散热器不能进行单独调节，维修不便，但施工简单。单管系统与双管系统相比，节省管材，安装方便，造价较低，上、下层之间冷热不均现象较少。

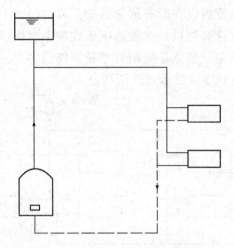

图 4.3　单管上供下回式供暖系统

(2)机械循环热水供暖系统的工作原理。图 4.4 所示为最简单的机械循环热水供暖系统。该供暖系统由热水锅炉、散热器、供水管、回水管、膨胀水箱、集气罐、循环水泵等组成。系统运行前先用补水泵使系统充满水，然后启动水泵，系统中的水在循环水泵的驱动下，由锅炉进入散热器，在散热器中放出热量后又回到锅炉，进行连续不断的循环流动。

机械循环系统与自然循环系统的组成和工作原理均有所不同，二者的主要区别如下：

1)循环动力不同。机械循环系统以水泵作为循环动力，水在循环水泵的强制作用下流动。而自然循环系统是靠供、回水的堆积密度差循环。

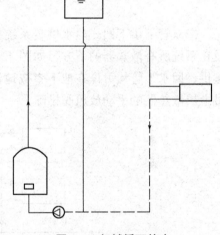

图 4.4　机械循环热水供暖系统的工作原理

2)膨胀水箱连接点不同。机械循环系统的水箱连在回水干管靠近循环水泵的吸入口上，以保证水泵在膨胀水箱的静压作用的有利条件下安全可靠地工作。

3)排气方法与装置有所不同。自然循环系统一般通过膨胀水箱排除系统中的空气，而机械循环系统要通过专用的排气装置收集空气加以排除，例如，在系统最高点设集气罐或自动排气阀就是常见的排气方法。

机械循环系统与自然循环系统相比，其主要优点是作用半径大，管径较小，锅炉房位置不受限制，不必低于底层散热器；其缺点是因设循环水泵而增加了投资，消耗电能，运行管理复杂，费用增高。由此可见，机械循环适用于较大的供暖系统，而自然循环则适用于能利用自然作用压力的较小的供暖系统。

(3)机械循环普通散热器热水供暖系统的形式。

1)不分户计量的室内热水供暖系统形式。

①双管上供下回式热水供暖系统。图4.5所示为双管上供下回式热水供暖系统,从图中可见,该系统中的供水干管敷设在所有散热器的上方,回水干管敷设在所有散热器的下方,且连接散热器支管的立管有两根。这种系统形式的主要优点是各组散热器支管上均设阀门,维修、调节方便;其主要缺点是所用管子长,阀门多,施工复杂,且由于自然循环作用压力的影响,会产生上热下冷的垂直失调现象。

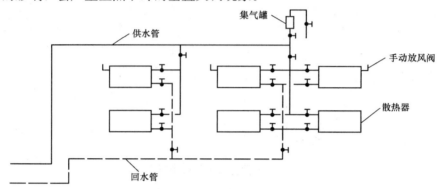

图4.5 双管上供下回式热水供暖系统

②双管下供下回式热水供暖系统。双管下供下回式热水供暖系统的供、回水干管均敷设在系统所有散热器的下方,如图4.6所示。该系统与双管的上供下回式系统的不同之处是供、回水干管均可设在地下室或地沟内,上、下层冷热较均匀,其系统中的空气可通过最上层散热器的手动放风阀排除。

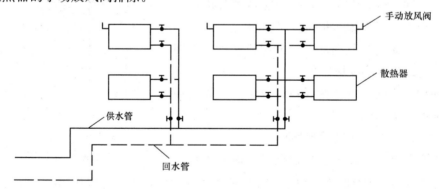

图4.6 双管下供下回式热水供暖系统

③单管上供下回式供暖系统。单管上供下回式供暖系统中连接散热器的立管只有一根,供水干管在系统所有散热器的上方,回水干管在所有散热器的下方。如图4.7所示,左侧为顺序式,右侧为跨越式。该系统具有构造简单,施工方便,管材、管件用量少的优点,但不能分户调节。

④水平串联式供暖系统。水平串联式供暖系统是用水平管将散热器顺序连接在一起的系统,如图4.8所示。这种供暖系统具有构造简单、节省管材、少穿楼板、便于施工等优

点；其主要缺点是串联管道热胀冷缩问题解决不好时容易漏水。

⑤下供上回式供暖系统。下供上回式供暖系统可以是单管系统，也可以是双管系统，如图4.9所示。供水干管敷设在底层散热器下部，回水干管敷设在顶层散热器上部，故称为下供上回式供暖系统。这种系统由于热媒自下而上流过各层散热器，立管中水流方向与空气泡上浮方向一致，有利于排气；当热媒为高温水时，底层散热器供水温度高，回水静压也大，有利于防止水的汽化。但该系统散热器与支管的连接方式为下进上出，故散热器用量较大。

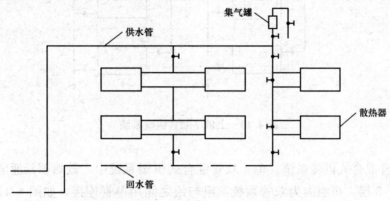

图4.7　单管上供下回式供暖系统

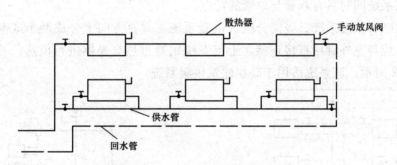

图4.8　水平串联式供暖系统

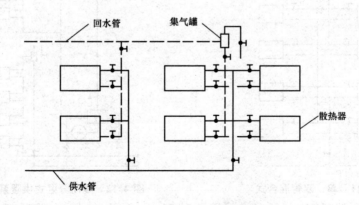

图4.9　下供上回式供暖系统

⑥上供上回式供暖系统。上供上回式供暖系统中，供、回水干管均敷设在系统所有散热器的上部，如图4.10所示。这种系统的供暖干管不与地面上的设备及其他管道争位置，

每根立管下端需设泄水阀。该系统主要用于设备和工艺管道较多且沿地面布置干管发生困难的工厂车间。

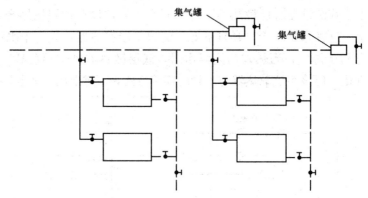

图 4.10 上供下回式供暖系统

⑦单、双管混合式供暖系统。单、双管混合式供暖系统中，散热器沿垂直方向分成若干组，每组 2~3 层，每组内为双管系统，组与组之间用单管连接，如图 4.11 所示。这种系统既避免了双管系统在楼层数过多时出现的竖向失调现象，又避免了散热器支管管径过大的缺点，该系统同时具有双管与单管的特点。

⑧竖向分区式供暖系统。竖向分区式供暖系统在垂直方向上分成两个或两个以上的系统，其下层系统与室外管网直接连接，上层系统则通过热交换器进行供热，与室外管网隔绝，如图 4.12 所示。该系统适用于高层建筑供暖系统。

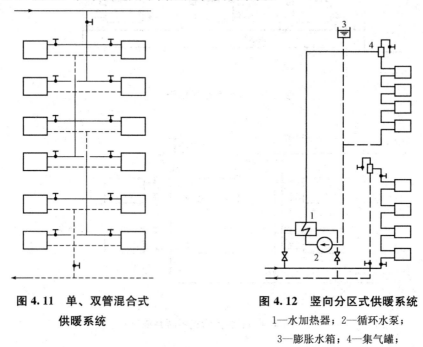

图 4.11 单、双管混合式
供暖系统

图 4.12 竖向分区式供暖系统
1—水加热器；2—循环水泵；
3—膨胀水箱；4—集气罐；

2) 分户计量的室内热水供暖系统形式。

①下供下回式水平双管供暖系统。下供下回式水平双管供暖系统中每层户内供、回水干管

可沿地面明装,也可敷设在本层地面下沟槽或地层内,还可镶嵌在踢脚板内,如图4.13所示。这种系统中每组散热器支管上可设置调节阀或温控阀,以便分室控制和调节室内空气温度。

②上供上回式水平双管供暖系统。上供上回式水平双管供暖系统与下供下回式水平双管供暖系统的不同之处是户内的供、回水干管沿本层顶棚下水平布置,如图4.14所示。这种系统由于在顶棚下敷设两根明管,影响室内美观,因此,该系统适用于对美观要求不高或有吊顶的住宅。

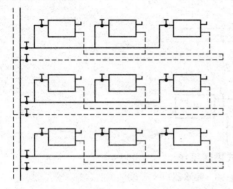

图4.13 下供下回式水平双管供暖系统

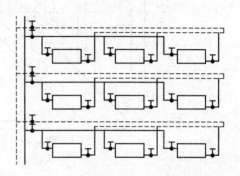

图4.14 上供上回式水平双管供暖系统

③上供下回式水平双管供暖系统。该系统与上述水平双管系统的不同之处是户内供、回水干管分别位于每层散热器的上、下方,如图4.15所示。

④水平单管供暖系统。这种系统中户内供、回水干管均敷设在该层散热器之下,如图4.16所示。图4.16(a)所示为水平单管顺序式系统,该系统在水平支路上设关闭阀、调节阀和热表,可实现分户调节和分户计量,但不能实现散热器独立调节。图4.16(b)、(c)所示为水平单管跨越式系统,该系统在散热器支管上设置调节阀或温控阀,可以分房间控制和调节室内温度,但由于每组散热器上均设有跨越管,因此施工复杂,造价高。

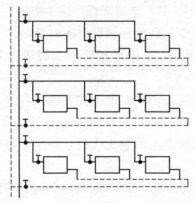

图4.15 上供下回式水平双管供暖系统

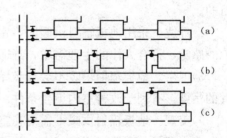

图4.16 水平单管供暖系统

⑤水平放射式供暖系统。图4.17所示为水平放射式供暖系统,该系统在每户的供暖入口设置分水器和集水器,由分水器引出的散热器支管呈辐射状埋地敷设至各组散热器。在各组散热器支管上设温控阀,室温可独立调节。该系统适用于对美观及舒适度要求较高的住宅。

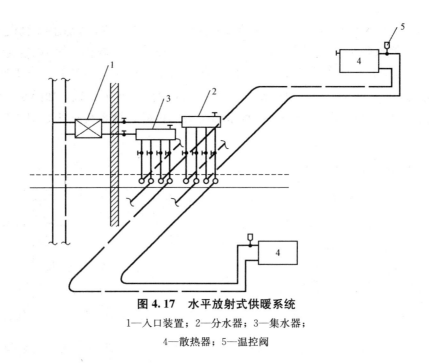

图 4.17 水平放射式供暖系统

1—入口装置；2—分水器；3—集水器；
4—散热器；5—温控阀

4.1.3 机械循环低温热水地板辐射供暖系统

(1)机械循环低温热水地板辐射供暖系统的特点。地板辐射供暖具有广泛的应用前景，常用于饭店、商场、展览馆、娱乐场所、住宅楼，以及医院、游泳池等。机械循环低温热水地板辐射供暖与机械循环普通散热器供暖相比，具有如下优点：

1)节能。在散热器供暖系统中，人体的冷热感觉主要取决于室内空气温度的高低。而辐射供暖时，人或物体受到辐射照度和环境温度的综合作用，在人体具有相同舒适感的前提下，辐射供暖的室内温度可比散热器供暖低 2 ℃~3 ℃，室温降低可减少能耗；另外，地板辐射供暖设计温度低，在输送的过程中热量损失少，且地板辐射供暖时沿高度方向上温度分布均匀，温度梯度小，房间无效损失减少。因此，采用地板辐射供暖可达到节能的目的。

2)舒适。采用地板辐射供暖时，室内地表温度均匀，室温由下而上递减，给人脚暖头凉的感觉，符合人体的生理需求，舒适感好。

3)卫生。地板辐射供暖不会导致室内空气对流所产生的尘土飞扬，减少了对墙面、空气的污染，有利于改善室内卫生条件。

4)美观。地板辐射供暖不需要在室内布置散热设备或管道，减少占用室内的有效空间，便于室内家具的布置，提高了室内的美观性。

5)热源灵活。热源既可以是集中供热，也可以是单户热水采暖炉或其他合适的能源，可因地制宜，灵活方便。

6)热媒的选择余地广。地板辐射供暖的供水温度一般为 60 ℃，可利用其他供暖系统或空调系统的回水、余热水、地热水等低品位能源。

地板采暖工作原理

(2)机械循环低温热水地板辐射供暖系统的组成与形式。

1)分户独立热源供暖系统。分户独立热源供暖系统主要由热源(燃油锅炉、燃气锅炉、电热锅炉等)、循环水泵、供水管、过滤器、分水器、地板辐射管、集水器、膨胀水箱、回水管等组成,如图4.18所示。

2)集中热源供暖系统。集中热源供暖系统的布置形式和分户控制与计量供暖系统相似,它主要由共用立管、入户装置(过滤器、热量表、锁闭阀、控制阀等)、分水器、集水器、供水支管、回水支管及地板辐射管等组成,如图4.19所示。该系统的共用立管和入户装置宜设置在管道井内,管道井宜设在公共的楼梯间或户外公共空间,每一对共用立管在每层连接的户数不宜超过3户。

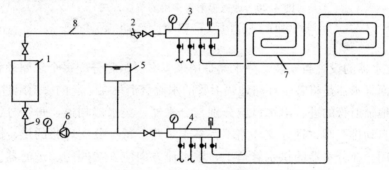

图4.18 分户独立热源地板辐射供暖系统
1—锅炉;2—过滤器;3—分水器;4—集水器;5—膨胀水箱;
6—循环水泵;7—地板辐射管;8—供水管;9—回水管

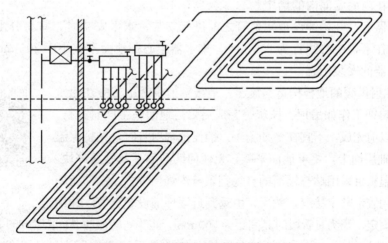

图4.19 集中热源地板辐射供暖系统

(3)地辐射管的管材与布管方式。

1)管材。低温地板辐射供暖系统中地辐射管的管材均采用塑料管。目前,常用的塑料管有交联聚乙烯管(PEX)、聚丁烯管(PB)、无规共聚聚丙烯管(PP-R)、嵌段共聚聚丙烯管(PP-B或PP-C)及耐高温聚乙烯管(PE-RT)等。这几种管材均具有耐老化、耐腐蚀、不结垢、承压高、无污染、易弯曲、水力条件好等优点,尤其是交联聚乙烯管,在国内外得到广泛应用。

2)布管方式。地板辐射供暖系统中地辐射管采用不同布置形式时,地面温度分布是不同的。布管时,应本着保证地面温度均匀的原则进行,宜将高温段优先布置于外窗、外墙侧,使室内温度分布尽可能均匀,常用的布管方式有回字形、平行排管式及蛇形排管式,如图4.20所示。

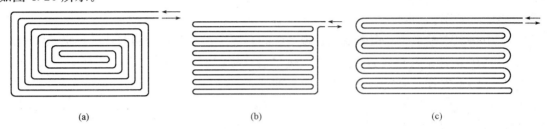

图 4.20 地板辐射管常用的布置方式
(a)回字形布置;(b)平行排管式布置;(c)蛇形排管式布置

(4)分、集水器的设置与安装。分水器是用来集中控制和分配每个环路地辐射管水流量的管道附件,而集水器是将各个环路地辐射管的水流量汇集在一起的管道附件。

每个环路地辐射管的进、出水口应分别与分水器、集水器相连,每个分、集水器上均应设置手动或自动排气阀,且分支环路不宜多于8路,每个分支环路的供、回水管上均应设置可关闭阀门。在分水器的供水管道上,顺水流方向应安装阀门、过滤器、热计量装置和阀门,在集水器之后的回水管道上应安装阀门。分、集水器内径不应小于总供、回水管内径,且分、集水器大断面流速不宜大于 0.8 m/s。

分、集水器可设置于厨房、盥洗间,走廊两头等既不占用使用面积,又便于操作的部位,也可设置在内墙墙面内的槽中。

分、集水器宜在开始铺设地辐射管之前进行安装。水平安装时,宜将分水器安装在上,将集水器安装在下,中心距宜为 200 mm,集水器中心距地面不应小于 300 mm。图 4.21 所示为分、集水器的安装示意。

(5)地板辐射供暖的地板构造与施工。地板辐射供暖施工应在建筑封顶后,室内装饰工作如吊顶、抹灰等完成后,与地面施工同时进行。施工应在入冬以前完成,不宜在冬期施工。铺设地辐射管时,先将保温板材铺设在基础层面上,要求地面平整,无任何凹凸不平及砂石碎块、钢筋头等。保温板可采用贴有锡箔的自熄型聚苯乙烯保温板,锡箔面朝上。保温层要用胶带贴牢接缝,然后,由远到近逐环铺设塑料管,并用专用塑料卡钉固定,当为直管段时其间距为 500 mm,当为弯管段时其间距为 250 mm。

地暖管道敷设施工

地辐射管铺设好后,应做水压试验,试验压力为系统工作压力的 1.5 倍,且不应小于 0.6 MPa。在试验压力下,稳压 1 h,其压力下降≤0.05 MPa 为试验合格。

塑料管隐检合格后,即可回填豆石混凝土,而且采用人工夯实,不可用振捣器,同时管道内应保持不低于 0.4 MPa 的压力。回填混凝土时不允许踩压已铺好的环路,豆石混凝土的厚度为 40~60 mm,最后在混凝土层上方按设计要求铺设地面材料,其结构如图 4.22 所示。

为防止地板在供暖后产生各方向的膨胀,使地面出现隆起和龟裂,要将地面根据塑料管的敷设分成若干区块,并以膨胀缝隔开。在管道穿越膨胀缝处加塑料套管,混凝土填充层及地面层与墙、柱间也应设膨胀缝(或称伸缩缝),伸缩缝中的填充材料应为高发泡聚乙烯泡沫塑料。

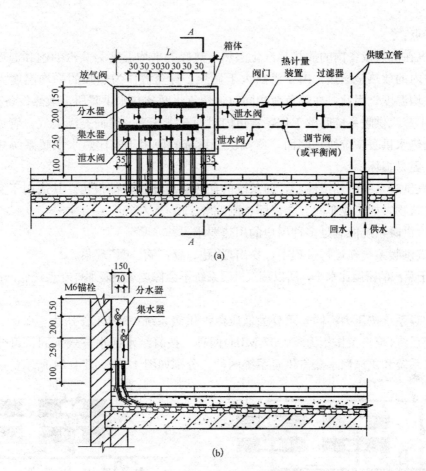

图 4.21 分、集水器安装示意

(a)正视图；(b)剖面图

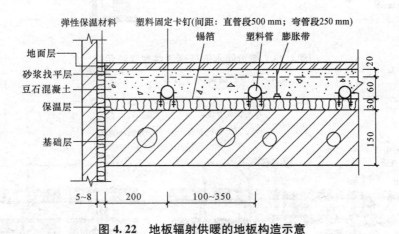

图 4.22 地板辐射供暖的地板构造示意

4.1.4 蒸汽供暖系统

蒸汽供暖系统是指以蒸汽作为传媒介质的供暖系统。蒸汽供暖系统与热水供暖系统相比有以下特点：

(1)蒸汽在散热设备内的放热是汽化潜热，热媒的平均温度为蒸汽的饱和温度，而热水在散热设备内的放热是显热，由于潜热大于显热，且蒸汽作为热媒的平均温度大于热水作为热媒的平均温度，因此，在热负荷相同时，蒸汽供暖比热水供暖所需散热设备少。

(2)由于蒸汽供暖系统间歇工作，管道内时而充满蒸汽，时而充满空气，管道内壁的氧化腐蚀要比热水供暖系统快。因而，蒸汽供暖系统的使用年限比热水供暖系统短，特别是凝结水管，更易损坏。

(3)蒸汽供暖系统的热惰性小，即系统的加热和冷却过程都很快。其适用于需要短时间内供暖的建筑物，如工业车间、会议厅、剧院等。

(4)蒸汽供暖系统能满足多种用户的用热要求。

(5)蒸汽供暖系统在运行过程中，易出现"跑、冒、滴、漏"现象。

(6)由于蒸汽的密度比水小，所以蒸汽供暖系统不会像热水供暖那样在系统底部产生很大的静水压力。

蒸汽供暖系统按压力不同，可分为低压蒸汽供暖系统(蒸汽工作压力≤0.07 MPa)和高压蒸汽供暖系统(蒸汽工作压力>0.07 MPa)两种；按凝结水回水方式不同，可分为重力回水蒸汽供暖系统和机械回水蒸汽供暖系统两种，分别如图4.23、图4.24所示。

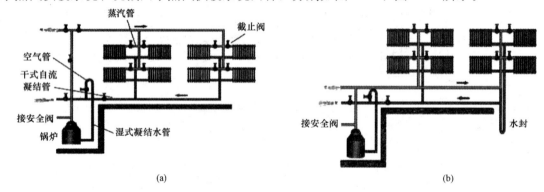

图 4.23　重力回水低压蒸汽供暖系统示意
(a)上供式；(b)下供式

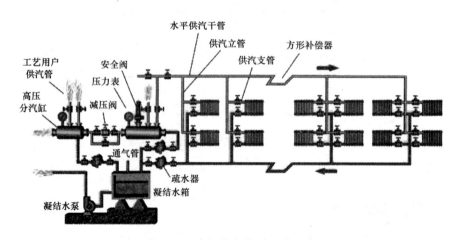

图 4.24　高压蒸汽供暖系统示意

4.1.5 热水供暖系统管道布置的常见方式

(1)干管布置方式,如图 4.25 所示。

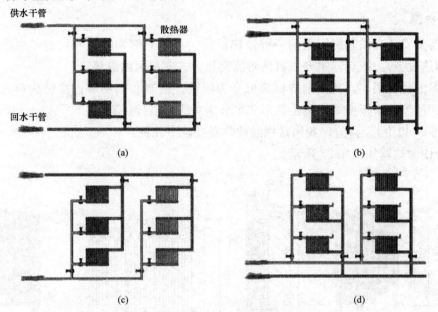

图 4.25 热水供暖系统干管布置示意
(a)上供下回式;(b)上供上回式;(c)下供上回式;(d)下供下回式

(2)立管布置方式,如图 4.26 所示。

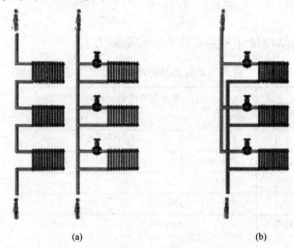

图 4.26 热水供暖系统立管布置示意
(a)垂直单管;(b)垂直双管

4.2 供暖系统主要管道设备及附件

1. 散热器

散热器是安装在供暖房间里的一种散热设备,习惯上称为暖气片,也是供暖系统中的热用户(用热设备)。散热器主要以自然对流换热方式向房间内散热。

散热器的种类很多,其按制造材质可分为铸铁、钢制和铝制等;按结构形式可分为管型、翼型、柱型、平板型等;按传热形式可分为对流型(对流换热占60%以上)和辐射型(辐射换热占60%以上)。目前,我国常用的散热器有以下几种:

(1)铸铁散热器如图4.27所示。

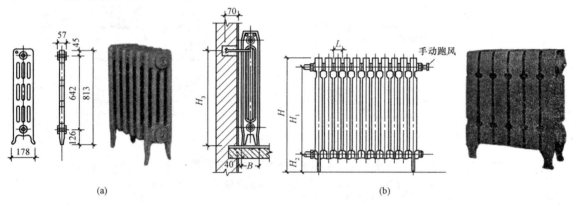

图 4.27 铸铁散热器

(a)四柱813型散热器;(b)柱翼型散热器

常用铸铁散热器的结构尺寸及主要技术参数见表4.1。

表 4.1 常用铸铁散热器的结构尺寸及主要技术参数

序号	型号		单片主要尺寸/mm				重量 /(kg·片$^{-1}$)	散热面积 /(m^2·片$^{-1}$)
			高度 H	宽度 B	长度 L	中心距 H_1		
1	TZY2-6-5(8) (柱翼700)	中片	700	100	60	600	6.7	0.412
		足片	780	100	60	600	7.2	0.412
2	TZY2-5-5(8) (柱翼600)	中片	600	100	60	500	5.5	0.377
		足片	680	100	60	500	6.0	0.377
3	TZY2-3-5(8) (柱翼400)	中片	400	90	60	300	3.6	0.180
		足片	480	90	60	300	4.2	0.180
4	四柱813型	中片	724	159	57	642	6.5	0.280
		足片	813	159	57	642	7.0	0.280
5	TZ4-6-5(8) (四柱760)	中片	682	143	60	600	5.8	0.235
		足片	760	143	60	600	6.2	0.235
		足片	460	143	60	300	5.5	0.130

(2)钢制柱式散热器如图4.28所示。
(3)铝制复合散热器如图4.29所示。
(4)钢制闭式散热器如图4.30所示。
(5)光排管散热器如图4.31所示。该散热器由钢管焊接而成,有A型(蒸汽)和B型(热水)两种,如图4.32所示。

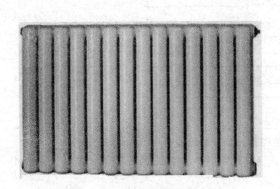

图4.28 钢制柱式散热器

图4.29 铝制复合散热器

图4.30 钢制闭式散热器

图4.31 光排管散热器

光排管散热器按排管的直径和长度以及排数的不同有多种规格,其型号表示方法如下:如D108-2000-3表示排管直径为108 mm,长度为2 000 mm,3排。

A型光排管散热器的蒸汽管与凝结水管可同侧或异侧连接,最好用异侧;B型光排管散热器供、回水管的连接,3排时用异侧,4排时用同侧。

在B型光排管散热器中,为使热水依次流经每根排管,防止短路,排管之间的两根短管各有1根是不通的,只起支撑作用。

光排管散热器的优点是:传热系数大、表面光滑不易积尘、便于清扫、承压能力高、可现场制作并能随意组成所需的散热面积;其缺点是:钢材耗量大、造价高、占地面积大、难以布置、外观差、易锈蚀。光排管散热器多用于工业厂房及临时性供暖设施。

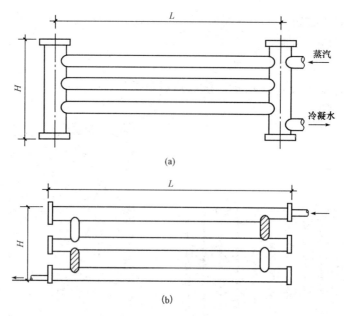

图 4.32 不同类型的光排管散热器
(a)A 型；(b)B 型

(6)散热器的安装要求。

1)需组装的散热器片在组装前应检查有无缺损或铸造砂眼，然后再进行组装，组装应平整。组装完毕需逐组进行水压试验，合格后方可进行安装。

2)土建粗装修前应预埋勾、卡子或专用托架及固定带，同一房间内的散热器高度应相同，散热器垂直度、水平度、与墙的距离应符合验收规范。

3)散热器宜布置在外墙窗下位置，因散热器的传热过程很复杂，其中的热对流、热辐射是同时存在的。如图 4.33 所示，当散热器布置在外窗下时，室外冷风渗透进室内，散热器所散发的热量就会加热周围的冷空气，热空气向上流动，室内冷空气迅速补充形成循环，使人处于暖流区而感到舒适。

4)对带有壁龛的暗装散热器，暖气罩应有足够的散热空间及与散热器的间距，以保证散热效果。暖气罩应留有检修的活门或可拆装的面板。

5)散热器与进出口支管连接时，应保证有一定的坡度，如图 4.34 所示。

6)散热器不宜布置在外门附近或门斗内以防止冻裂。楼梯间的散热器应尽量布置在底层及建筑物下半部的各楼层上。

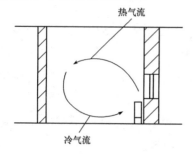

图 4.33 散热器的布置

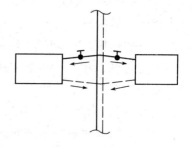

图 4.34 散热器支管连接示意

2. 膨胀水箱

当水的温度在 4 ℃以上时，具有热胀冷缩的性质。如果不采取一定措施，热水供暖系统内的水受热时体积膨胀，将对系统施加一种胀力，使系统可能发生超压现象。在系统温度降低，热媒体积收缩，或者系统水量漏失时，又需要由膨胀水箱将水补入系统。为消除其影响，热水供暖系统一般都要设置膨胀水箱。

(1)膨胀水箱的结构和组成。膨胀水箱有方形和圆形两种，一般用钢板和角钢等焊制而成。膨胀水箱依据系统的补水方式不同可分为两种形式：一种是附设补给水箱通过膨胀水箱向系统自动补水的形式；另一种是不附设补给水箱，而设浮球液位传示装置的形式。

前一种形式适用于给水具有足够的水压、补给水箱不会断水的情况下；当给水水压不能保证时，用后一种形式，通过水位传示装置，在锅炉房用补给水泵向系统补水。两种形式的膨胀水箱如图 4.35、图 4.36 所示。

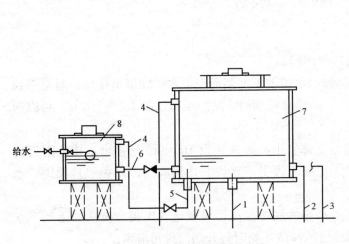 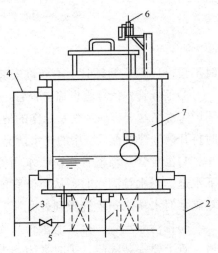

图 4.35　附设补给水箱的膨胀水箱

1—膨胀管；2—循环管；3—信号管；
4—溢流管；5—排污泄水管；6—补水管；
7—膨胀水箱；8—补给水箱

图 4.36　设浮球液位传示
装置的膨胀水箱

1—膨胀管；2—循环管；3—信号管；
4—溢流管；5—排污泄水管；
6—信号装置；7—膨胀水箱

(2)膨胀水箱上的接管。膨胀水箱上一般应设有 6 根管，即膨胀管、循环管、信号管（或称检查管）、溢流管、排污泄水管及补水管，如图 4.37 所示。它们连接到系统的不同部位，起着不同的作用，管上有的需要装设阀门。

1)膨胀管。膨胀管从膨胀水箱底部接出，是系统水膨胀进入膨胀水箱和从膨胀水箱向系统补水的管道。在自然循环系统中，膨胀管一般接在系统总立管的顶部；在机械循环系统中，膨胀管则一般接在循环水泵吸入口附近的回水干管上。膨胀管是系统与膨胀水箱的主要通道，膨胀管上不允许装设阀门，原因是一旦阀门被关闭，膨胀水箱就不起作用了。

2)循环管。当膨胀水箱安装在不供暖房间或屋顶上时要设循环管。循环管从水箱下部侧面接出，也接往回水干管，在膨胀管的连接点向远离水泵的方向 1.5～3 m 处。其作用是让热水有一部分能通过膨胀管和循环管缓慢流动不致冻结。当膨胀水箱安装在供暖房间里

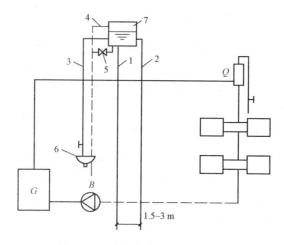

图 4.37　膨胀水箱与系统的连接
1—膨胀管；2—循环管；3—信号管；4—溢流管；
5—排污泄水管；6—洗涤盆；7—膨胀水箱

时不设循环管。循环管上不允许安装任何阀门。

3)信号管。信号管也称检查管，从膨胀水箱的下部侧面正常水位线以下接出，通常引到锅炉房洗涤盆等容易观察及操作的地方，末端装有阀门，阀门距离地面 1.5～1.8 m。可以随时打开信号管检查系统中的充水情况。

4)溢流管。溢流管从膨胀水箱侧面上部、中心距离顶板 100 mm 处接出，接往附近的下水道。当水箱满水时，从溢流管流走。溢流管上不允许装任何阀门，以免一旦关闭，水箱满水时水从水箱盖缝隙到处乱流。

5)排污泄水管。排污泄水管从膨胀水箱的底部接出，与溢流管连接，接往附近的下水道，管上要安装阀门，平时常闭，当检修或清洗水箱时打开阀门排污泄水。

6)补水管。附设补给水箱时从补水箱接往膨胀水箱，向膨胀水箱自动补水。补水管上要装止回阀，防止水倒流。

(3)膨胀水箱的作用。在热水供暖系统中，膨胀水箱的作用归纳起来主要有：容纳系统中水被加热而膨胀增加的水量；指示供暖系统是否缺水；实现自动向系统补水；在自然循环上供下回式系统中还起排出空气的作用；在机械循环系统中，膨胀管连接在回水干管循环水泵吸入口处，起恒定系统压力的作用，并且防止汽化和抽空现象的发生。因此，膨胀水箱在热水供暖系统中是一个重要设备。

膨胀水箱应设置在供暖系统的最高点，通常安装在建筑物的阁楼、屋顶平台或水箱间中，安装在不供暖房间中的膨胀水箱及配管，应按设计要求保温。

3. 管道附件

(1)自动排气阀(图 4.38)。自动排气阀是一种安装于系统最高点、用来释放供热系统和供水系统管道中产生的气穴的阀门。

(2)温控阀(图 4.39)。温控阀可以根据用户的不同要求设定室温，它的感温部分不断地感受室温并按照当前热需求随时自动调节热量的供给，以防止室温过热，达到最高的舒适度。它一般安装在散热器支管上。

图 4.38　自动排气阀　　　　　　图 4.39　温控阀

(3)平衡阀(图 4.40)。平衡阀是在水里状态下,起到动态、静态平衡调节的阀门。

(4)Y形过滤器(图 4.41)。Y形过滤器用来清除介质中的杂质,以保护阀门及设备的正常使用。它通常安装在减压阀、泄压阀等设备的进口端。

图 4.40　平衡阀　　　　　　图 4.41　Y形过滤器

(5)补偿器(又称伸缩器,图 4.42)。在供暖系统中,由于输送介质温度以及周围环境的影响,管道在安装与工作时温度相差很大,必将引起管道长度和直径的相应变化。如果管道的伸缩受到约束,就会在管壁里产生由温度引起的热应力,这种热应力会使管道或支架受到破坏。因此,必须在供暖管道上设置各种补偿器,以补偿因管道的伸缩而减弱或消除、因热胀冷缩而产生的应力。在补偿器两侧的管道上必须配合设置固定支架。

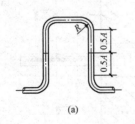 

(a)　　　　　　　(b)　　　　　　　(c)

图 4.42　补偿器

(a)方形补偿器;(b)波纹管式补偿器;(c)套筒补偿器

补偿器可分为以下几类:

1)自然补偿器。管道系统设置补偿器时,首先应考虑利用管道本身结构上弯曲部分的补偿作用,称为自然补偿,然后再考虑使用专门的补偿器。这样可以简化管道的结构,增加工作可靠性,降低工程成本。自然补偿器有 L 形和 Z 形两种。其是利用管道本身在敷设时形成自然转弯与扭转的金属弹性来补偿的,常用在热水供暖系统中。

2)人工补偿器。常用的人工补偿器有方形补偿器、套筒补偿器、波纹补偿器和球形补偿器四类。方形补偿器是由几个弯管组成的弯管组,俗称方形胀力。其依靠弯管的变形来补偿管道的热伸缩。其特点是结构简单和安装方便,工作的可靠性强,不需要维修,可以在现场制作。但其占地面积大,材料消耗多而且介质的流动阻力也大,室外管道采用地沟敷设时,需将地沟局部加宽,管道架空敷设时,需设置专门的管架。

4. 管道支架

管道的支承结构称为支架。其是管路系统的重要组成部分。

管道支架根据其对管道的制约作用不同,可分为活动支架和固定支架两种类型;根据支架自身结构情况不同,又可分为托架和吊架两种类型。不同的支架,其结构形式也不同。

在活动支架上管道可沿轴向方向有自由位移,用于承受管道系统垂直方向的全部荷载。活动支架的种类很多,按其自身构造情况不同可分为滑动支架、导向支架、滚动支架和吊架等,室内供暖系统常用的为滑动支架和吊架。

滑动支架对于不保温管道采用低滑动支架安装,对于保温管道采用高滑动支架安装。低滑动支架有托钩式、管卡式和弧形板式,如图 4.43 所示。高滑动支架则由焊接在管道上的高支座在横梁上滑动,以确保管道的保温材料不致因管道的位移而受到破坏。

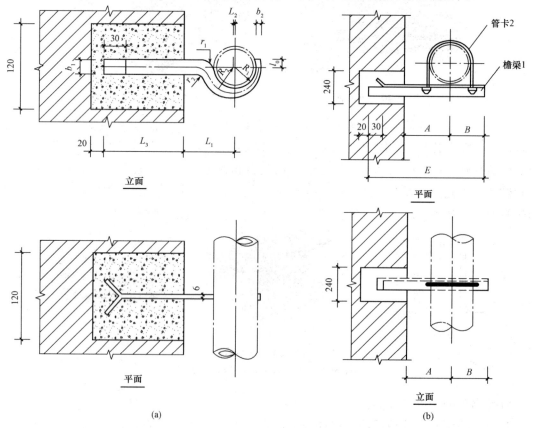

图 4.43 低滑动支架的安装

(a)托钩式低滑动支架;(b)管卡式低滑动支架

5. 橡胶挠性接头

橡胶挠性接头(图4.44)是用于金属管道之间起挠性连接作用的中空橡胶制品,具有减震降噪的作用。

图4.44 橡胶挠性接头

6. 减压阀

减压阀(图4.45)的作用是将进口压力减至某一设定的出口压力,并自动保持压力稳定。这一过程是依靠阀内的敏感元件(如弹簧、膜片、波纹管)改变阀瓣与阀座的间隙来实现的。

用于供暖系统的减压装置,当压力比较低时可用截止阀或调压板,当减压前后压力差为0.1~0.2 MPa时,可以串联两只截止阀,一只作减压阀用,另一只作开关用。用截止阀或调压板不能自动调节阀后压力维持在预定数值范围内时,需专人管理。当压力差大于0.2 MPa时,一般用减压阀减压;当减压阀前后压力比值大于5~7时,要设两级减压。

图4.45 减压阀

常用的减压阀有活塞式、波纹管式和薄膜式等种类。减压阀一般装在锅炉房内或供暖系统用户入口处。

减压阀的安装应注意以下几点:

(1)减压阀应设置在振动小、较空阔之处,以利于管理和维修。安装前应将管道冲洗干净;旧减压阀应拆卸清洗。

(2)阀体应直立安装在水平管路中,注意方向性,切不可接反。

(3)减压阀的前后都应装压力表,以便观察、监视热媒参数,阀后应装弹簧式安全阀,安全阀的排气管应接至室外。一律采用法兰截止阀,低压部分可采用低压截止阀。阀前管径与减压阀相同,阀后管径比阀前管径一般大2号,因此,在减压阀后面设一个与管底相平的异径管接头。

(4)减压阀安装完成后,应根据使用压力调试,并作出已调试的标记,以利于维护和管理。减压阀的具体安装示意及安装形式如图4.46所示。

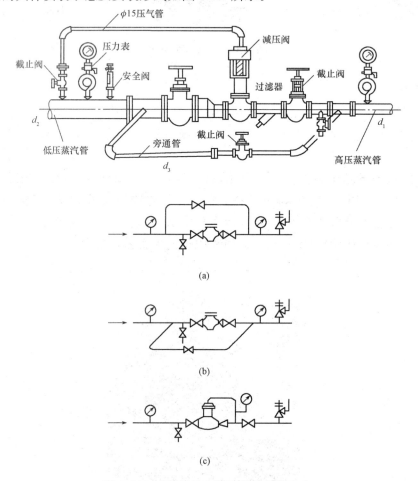

图 4.46 减压阀的安装示意及安装形式
(a)活塞式减压阀旁通管垂直安装;(b)活塞式减压阀旁通管水平安装;(c)波纹管式减压阀水平安装

7. 疏水器

疏水器(图4.47)起阻气通水的作用。具体地说就是自动地把蒸汽阻留在系统中,使之充分放热,不让它进入凝结水管道;同时迅速地排走用热设备或管道中的凝结水,以便回流再用。及时疏水可以保证系统安全、正常运行,避免发生水击现象;某些疏水器还能排除系统中的空气和其他不凝性气体。

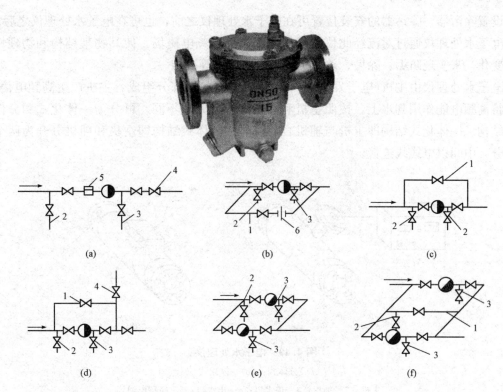

图 4.47 疏水器及其安装示意

(a)不带旁通管的水平安装；(b)带旁通管的水平安装；(c)旁通管垂直安装；
(d)旁通管垂直安装(上返)；(e)不带旁通管的并联安装；(f)带旁通管的并联安装
1—旁通管；2—冲洗管；3—检查管；4—止回阀；5—过滤器；6—活接头

8. 分集水器

分集水器用于地板采暖房间管道起始处，如图 4.48 所示。

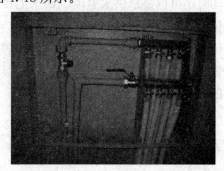

图 4.48 分集水器及其安装示意

9. 电子水处理仪

电子水处理仪近年来研制出的一种新型水处理装置，适用于各类空调冷却水与冷冻水循环系统、供暖热水循环系统、热交换水系统等，如图 4.49 所示。

电子水处理仪一般安装在需保护的设备之前，尽量接近设备的入水口。在循环水系统中，电子水处理仪一般安装在循环水泵之前，由于存在一些除下的积垢等悬浮物，应在系统中设置除污器,除污器的安装位置可在电子水处理仪之前,也可在电子水处理仪之后。

电子水处理仪通过对流经此仪器辅机的水施加高频电磁场,使其物理结构和物理性质发生变化,来实现防垢、除垢、杀菌、灭藻、防腐蚀等功能。

电子水处理仪由主机(电子发生器)和辅机(换热器)两部分组成。主机产生高频电信号,辅机将高频电能作用到水上。按照主机和辅机的连接方式不同,可分为一体化式和分体式两种结构。一体化式结构即主机与辅机合为一体;分体式结构即主机和辅机分开为两个独立部分,中间以电缆线连接。

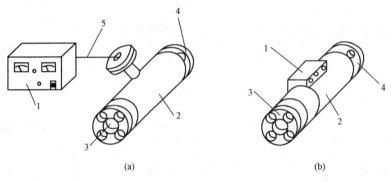

图 4.49　电子水处理仪
(a)分体式;(b)一体化式
1—主机;2—辅机;3—进水口;4—出水口;5—高频电缆线

10. 热计量表

热计量表(图 4.50)是用来累积计量热能消耗量的仪表,使集中供暖的建筑按表计量收取供暖费,解决了过去按建筑面积收取供暖费的不合理问题,进一步推进了建筑节能。

热计量表包括三部分,一是积分仪,又称热表,它可以直观地不断显示累计热能消耗值,同时还可以显示供水温度、回水温度、温度差、累计工作小时以及总流量。显示方式为 8 位十进制,温度范围为 0 ℃~130 ℃,温差范围为 2 ℃~75 ℃。二是一组温度传感器,一个传感器连接在供水管上,另一个传感器接在回水管上,将供、回水温度的信号通过电缆线输入积分仪,从而在积分仪上不断显示供回水温度值。三是统量计,用来测定通过流量计的流量值。

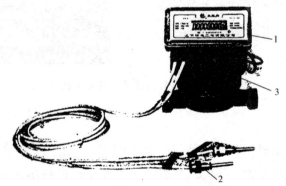

图 4.50　热计量表
1—积分仪;2—传感器;3—流量计

11. 热力入口

供暖热力入口的安装如图 4.51 所示。

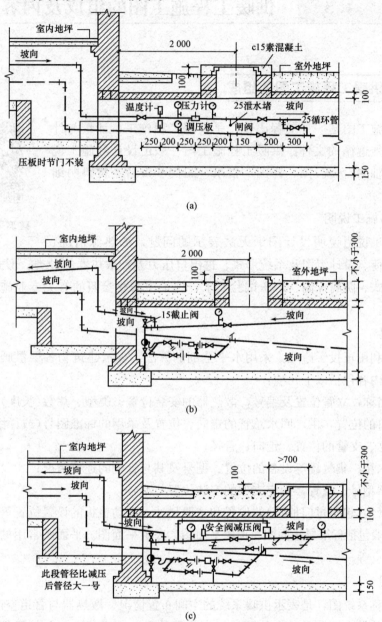

图 4.51 供暖热力入口的安装
(a)热水供暖入口；(b)低压蒸汽供暖入口；(c)高压蒸汽减压后入口

4.3 供暖工程施工图的组成及内容

4.3.1 供暖工程施工图的组成

供暖工程施工图是一种工程语言,是供暖工程施工、计量与计价的依据和必须遵循的文件。供暖工程施工图一般由设计和施工说明、平面图、轴测(系统)图、详图、目录、图例和设备、材料明细表等组成。

建筑采暖识图图例

1. 设计和施工说明

设计和施工说明说明设计图纸无法表示的问题,如热源情况、供暖设计热负荷、设计意图及系统形式、进出口压力差、散热器的种类、形式及安装要求,管道的敷设方式、防腐保温、水压试验要求,施工中需要参照的有关专业施工图号或采用的标准图号等。

2. 平面图

平面图是利用正投影原理,采用水平全剖的方法,表示建筑物各层供暖管道与设备的平面布置。其内容包括以下几项:

(1)房间名称,立管位置及编号,散热器的安装位置、类型、片数(长度)及安装方式;

(2)引入口的位置,供、回水总管的走向、位置及采用的标准图号(或详图号);

(3)干、立、支管的位置、走向、管径;

(4)膨胀水箱、集气罐等设备的位置、型号及其与管道的连接情况;

(5)补偿器型号、位置,固定支架的安装位置与型号;

(6)室内管沟(包括过门地沟)的位置和主要尺寸、活动盖板的设置位置等。

平面图一般包括标准层平面图、顶层平面图、底层平面图。平面图常用的比例有1∶50、1∶100、1∶200等。

3. 轴测图

轴测图又称系统图,是表示供暖系统的空间布置情况、散热器与管道空间的连接形式,设备、管道附件等空间关系的立体图,标有立管编号、管道标高、各管段管径、水平干管的坡度、散热器的片数(长度)及集气罐、膨胀水箱、阀件的位置、型号规格等。通过轴测图可了解供暖工程系统的全貌。其比例与平面图相同。

4. 详图

详图表示供暖工程系统节点与设备的详细构造及安装尺寸要求。平面图和轴测图中表示不清,又无法用文字说明的地方,如引入口装置、膨胀水箱的构造与管沟断面、保温结构等可用详图表示。如果选用的是国家标准图集,可给出标准图号,不出详图。详图常用的比例是1∶10、1∶50。

4.3.2 供暖工程施工图的识读

1. 识读要点

施工图是工程的语言,是重要的技术文件,必须按照国家规定的制图标准进行绘制,成套的专业施工图识读要点如下:

(1)首先看它的图纸目录,了解图纸的组成、张数,然后再看具体图纸。

(2)供暖工程系统施工图同其他施工图一样,所表示的设备、管道和附件等一般采用统一图例,在识读图纸前应掌握有关的图例,了解图例代表的内容。

(3)读设计施工说明,对工程有一个概括的了解,清楚设计对施工提出的具体做法和要求。

(4)平面图和轴测图对照看,先看各层平面图,再看轴测图,既要看清供暖系统的全貌和各部位的关系,也要看清楚供暖系统各部分在建筑物中所处的位置。

(5)轴测图中图例及线条较多,应沿着流体的流动方向看。一般供暖系统图识读顺序为:从供暖的用户入口处开始,经供水总管、总立管、水平干管、立管、支管、散热器到回水支管、立管、干管、总回水管,再到用户入口,应顺着管道流体流向把平面图和轴测图对照看,弄清每条管道的名称、方向、标高、管径、坡度、变径、分流点、合流点,散热器的位置、型号、规格、组数、片数,阀门的位置、型号、规格、数量,集气罐、伸缩器、固定支架的位置、数量等。

(6)注意立管和水平干管在安装时与墙面的距离,图中有时没有将立管和直管的拐弯连接画出,干管的位置有时也没有完全按投影方法绘制。

(7)识读图纸时,应注意支架及散热器安装时的预留孔洞、预埋件等对土建的要求,以及与装饰工程的密切配合,这些对于保证工程质量和进度具有重要的意义。

2. 识读示例

为更好地了解供暖工程施工图的组成及主要内容,掌握绘制施工图的方法与技巧,并读懂供暖工程施工图,现举例加以说明。

某三层办公楼供暖系统施工图,包括一层供暖平面图(图 4.52),二、三层供暖平面图(图 4.53)和供暖系统图(图 4.54),比例均为 1:100。

(1)看本图中选用的图例,了解供回水管、散热器等管道设备及附件的图例表示。

(2)看设计说明,了解热源,散热器型号,管材及连接形式,阀门的选择,防腐、保温的方法等。

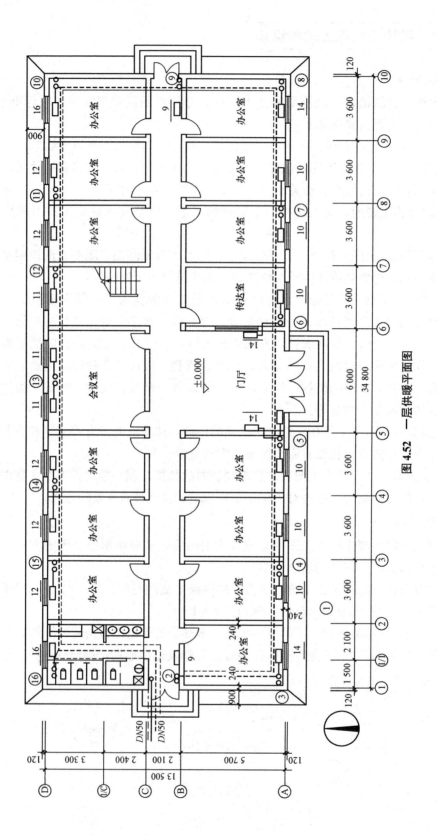

图 4.52 一层供暖平面图

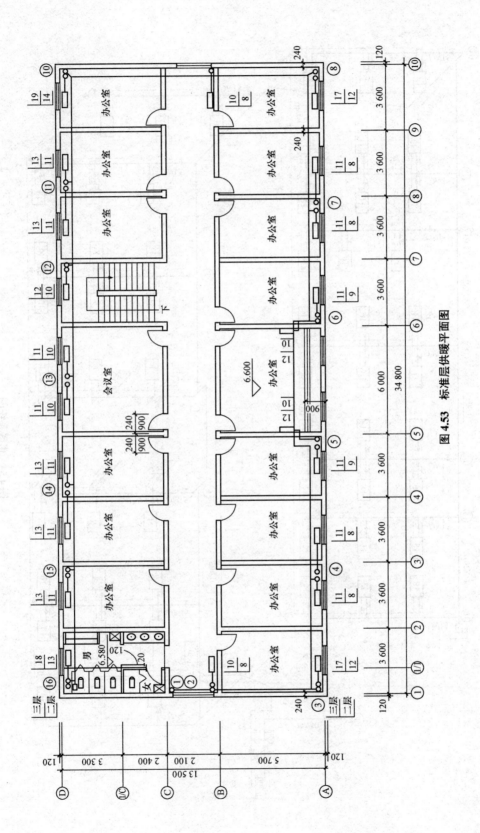

图 4.53 标准层供暖平面图

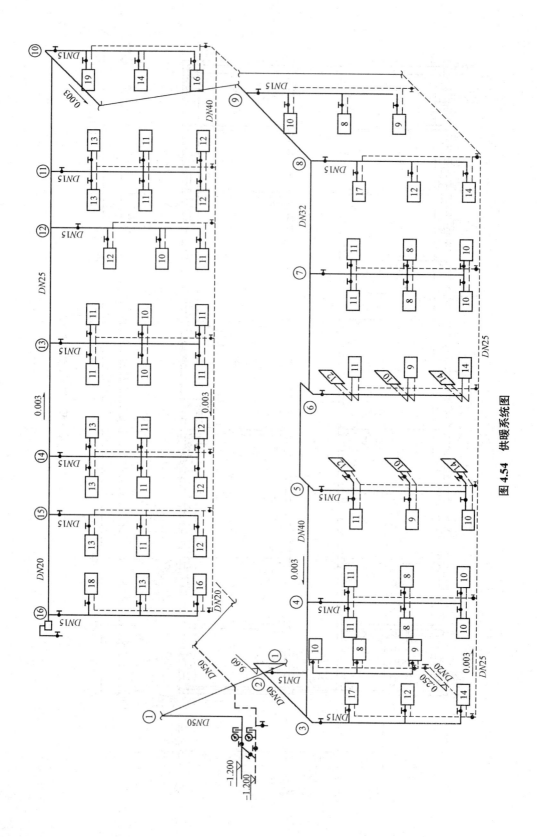

图 4.54 供暖系统图

工程基本概况如下:

(1)图 4.55～图 4.59 所示为某学校办公楼供暖工程施工图,供水温度为 95 ℃,回水温度为 70 ℃。图中标高尺寸以 m 计,其余均以 mm 计。外墙为三七墙,内墙为二四墙。除热力入口外,室内所有阀门均为丝扣铜球阀,规格同管径。

(2)采暖管道采用普通焊接钢管,$DN<32$ 为丝接,其余为焊接。全部立管管径均为 $DN25$,散热器支管均为 $DN20$。

(3)散热器选用 TZY2-6-8 铸铁柱翼型散热器(其主要技术参数见表 4.1),采用成组安装,采用带足与不带足组成一组。双侧连接的散热器,其中心距离均为 3.6 m;单侧连接的散热器,立管至散热器中心距离为 1.8 m。每组散热器上均安装 $\phi 10$ 手动放风阀 1 个。

(4)地沟内回水干管采用岩棉瓦块保温(厚 30 mm),外缠玻璃丝布一层,再刷沥青漆一道。地上管道人工除微锈后刷红丹防锈漆两遍,再刷银粉两遍。散热器安装后再刷银粉一遍。

(5)干管坡度 $i=0.003$。

(6)管道穿地面和楼板,设一般钢套管。管道支架按标准做法施工。

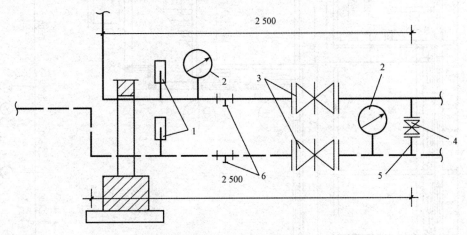

图 4.55 引入口安装示意

1—温度计;2—压力表;3—法兰闸阀 $DN50$;4—法兰闸阀 $DN40$;
5—旁通管 $DN40$ 长 0.5 mm;6—泄水丝堵

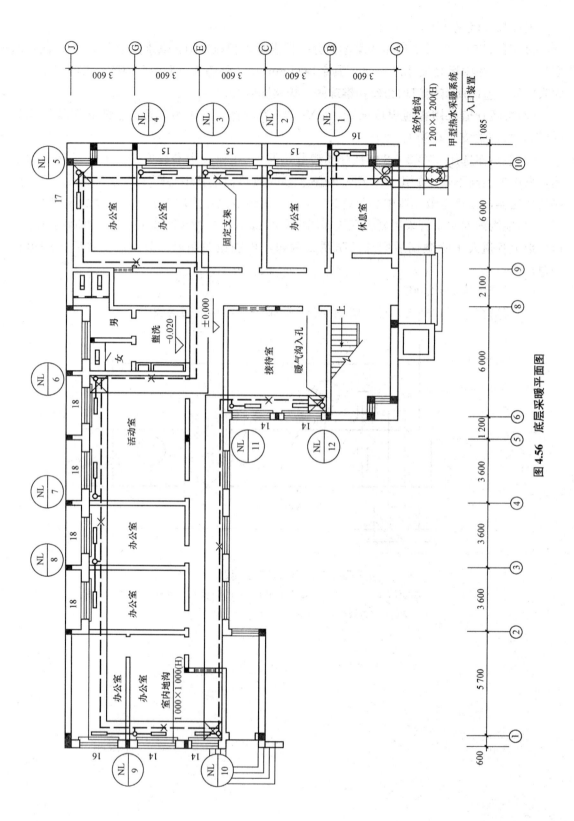

图 4.56 底层采暖平面图

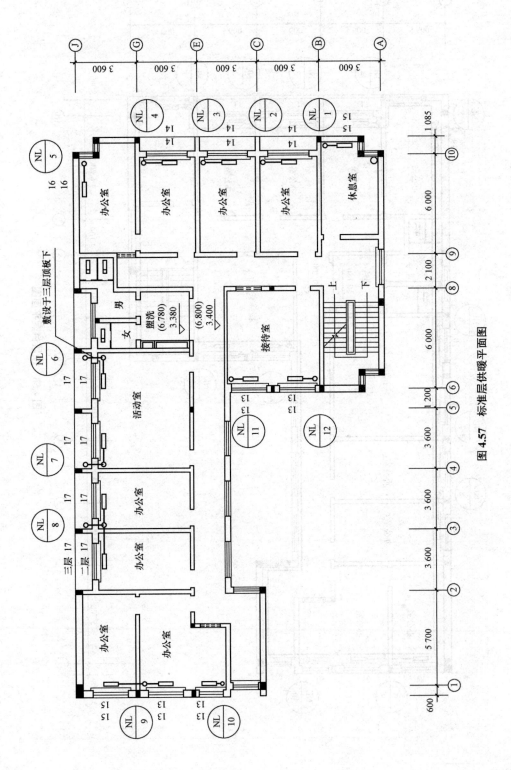

图 4.57 标准层供暖平面图

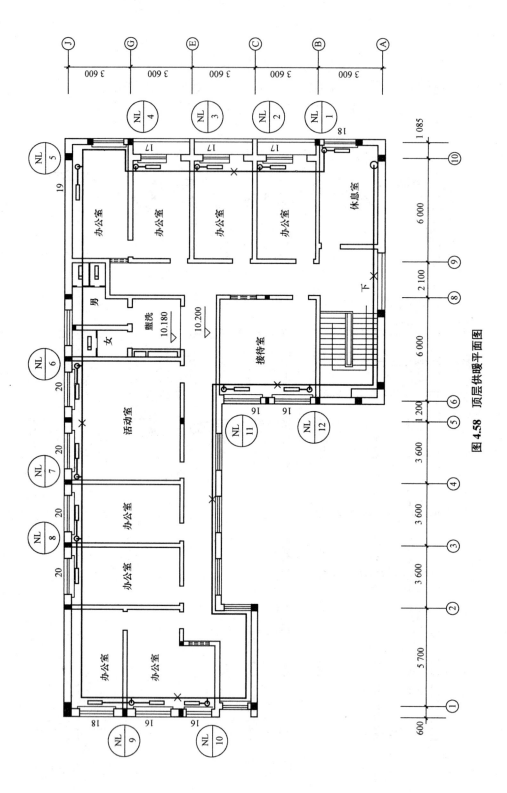

图 4.58 顶层供暖平面图

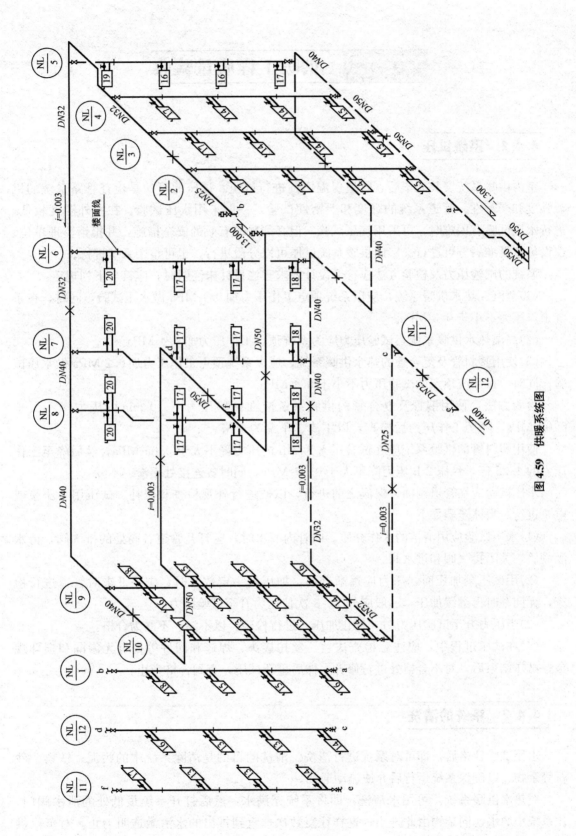

图 4.59 供暖系统图

4.4 供暖工程质量验收

4.4.1 系统试压

室内供暖系统安装完毕后,管道保温之前进行试压。试压的目的是检查管路系统的机械强度和严密性。管道系统的强度和严密性试验,一般采用水压试验。在室外温度较低,进行水压试验有困难时,可采用气压试验,但必须采取有效的安全措施,并报请监理单位、建设单位批准后方可进行。室内供暖系统试压可以分段进行,也可整个系统进行。

系统的试验压力及检验方法应符合设计要求。当设计未注明时,应符合下列规定:

(1)蒸汽、热水供暖系统,应以系统顶点工作压力加 0.1 MPa 做水压试验,同时,在系统顶点压力不小于 0.3 MPa。

(2)高温热水供暖系统,试验压力应为系统顶点工作压力加 0.4 MPa。

(3)使用塑料管及复合管的热水供暖系统,应以系统顶点工作压力加 0.2 MPa 做水压试验,同时,在系统顶点的试验压力不小于 0.4 MPa。

检验方法:使用钢管及复合管的供暖系统应在试验压力下 10 min 内压力降不大于 0.02 MPa,降至工作压力后检查,以不渗、不漏为合格。

使用塑料管的供暖系统应在试验压力为 1 h 内压力降不大于 0.05 MPa,然后降至工作压力的 1.25 倍,稳压 2 h 压力降不大于 0.03 MPa,同时各连接处不渗、不漏。

水压试验应在管道刷油、保温之前进行,以便进行外观检查和修补。试压用手压泵或电泵进行。具体步骤如下:

(1)水压试验应用清洁的水作介质。向管内灌水时,应打开管道各高处的排气阀,待水灌满后,关闭排气阀和进水阀。

(2)用试压泵加压时,压力应逐渐升高,加压到一定数值时,应停下来对管道进行检查,无问题时再继续加压,一般应分 2~3 次使压力升至试验压力。

(3)当压力升至试验压力时,停止加压,进行检验,以不渗、不漏为合格。

(4)在试压过程中,应注意检查法兰、丝扣接头、焊缝和阀件等处有无渗漏和损坏现象;试压结束后,对不合格处进行修补,然后重新试压,直到合格为止。

4.4.2 系统的清洗

水压试验合格后,即可对系统进行清洗。清洗的目的是清除系统中的污泥、铁锈、砂石等杂物,以确保系统运行后介质流动通畅。

对热水供暖系统,可用水清洗,即将系统充满水,然后打开系统最低处的泄水阀门,让系统中的水连同杂物由此排出,这样往复数次,直到排出的水清澈透明为止。对蒸汽供暖系统,可以用蒸汽清洗。清洗时,应打开疏水装置的旁通阀。送汽时,送汽阀门应缓慢开启，避免造成水击，当排汽口排出干净蒸汽为止。清洗前应将管路上的压力表、滤网、温度计、止回阀、热量表等部件拆下，清洗后再装上。

4.4.3　系统试运行和调试

室内供暖系统的清洗工作结束后，即可进行系统的试运行工作。室内供暖系统试运行的目的是在系统热状态下，检验系统的安装质量和工作情况。此项工作可分为系统充水、系统通热和初调节三个步骤进行。

系统的充水工作由锅炉房开始，一般用补水泵充水。向室内供暖系统充水时，应先将系统的各集气罐排气阀打开，将水以缓慢速度充入系统，以利于水中空气逸出，当集气罐排气阀流出水时，关闭排气阀门，补水泵停止工作。待一段时间后（2 h 左右），再将集气罐排气阀打开，启动补水泵，当系统中残存的空气排除后，将排气阀关闭，补水泵停止工作，此时系统已充满水。接着，将锅炉点火加热，使水温升至 50 ℃，循环泵启动，向室内送热水。这时，工作人员应注意系统压力的变化，室内供暖系统入口处供水管上的压力不能超过散热器的工作压力。还要注意检查管道、散热器和阀门有无渗漏和破坏的情况，如有故障，应及时排除。

若上述情况正常，可进行系统的初调节工作。热水供暖系统的初调节方法是：通过调整用户入口的调压板或阀门，使供水管压力表上的读数与入口要求的压力保持一致，再通过改变各立管上阀门的开度来调节通过各立管散热器的流量，一般距离入口最远的立管阀门开度最大，越靠近入口的立管阀门开度越小。蒸汽采暖系统初调节的方法是：首先通过调整热用户入口的减压阀，使进入室内的蒸汽压力符合要求，再改变各立管上阀门的开度来调节通过各立管散热器的蒸汽流量，以达到均衡供暖的目的。

4.4.4　供暖系统的验收

室内供暖系统应按分项、分部或单位工程验收。单位工程验收时应有施工、设计、建设、监理单位参加并做好验收记录。单位工程的竣工验收应在分项、分部工程验收的基础上进行。各分项、分部工程的施工安装均应符合设计要求与供暖施工及验收规范中的规定。设计变更应有凭据，各项试验应有记录，要检查质量是否合格。交工验收时，由施工单位提供下列技术文件：

(1)全套施工图、竣工图及设计变更文件；
(2)设备、制品和主要材料的合格证或试验记录；
(3)隐蔽工程验收记录和中间试验记录；
(4)设备试运转记录；
(5)水压试验记录；
(6)通水冲洗记录；
(7)质量检查评定记录；
(8)工程检查事故处理记录。

只有质量合格、文件齐备、试运转正常的系统，才能办理竣工验收手续。上述资料应一并存档，为今后的设计提供参考，为运行管理和维修提供依据。

复习思考题

一、单项选择题

1. 蒸汽供暖系统中疏水器的作用是（   ）。
   A. 排除空气　　　　　　　　　　B. 排出蒸汽
   C. 阻止凝结水通过　　　　　　　D. 疏水阻汽
2. 供暖系统中有热补偿作用的辅助设备是（   ）。
   A. 伸缩器　　　B. 疏水器　　　C. 除污器　　　D. 减压器
3. 能表示供暖系统的空间布置情况，散热器与管道空间的连接形式，设备、管道附件等空间关系的图是（   ）。
   A. 平面图　　　B. 系统图　　　C. 详图　　　D. 设计说明

二、思考问答题

1. 供暖系统是如何分类的？其组成是什么？
2. 自然循环与机械循环的主要区别是什么？
3. 机械循环热水供暖系统的主要形式有哪些？
4. 分户计量供暖系统的主要形式有哪些？
5. 低温地辐射供暖有哪些特点？
6. 常用散热器有哪几种类型？散热器的安装有哪些要求？
7. 膨胀水箱的布置与敷设应注意哪些问题？
8. 伸缩器的作用是什么？常用的伸缩器有哪些？
9. 蒸汽供暖有哪些特点？
10. 疏水器的作用是什么？
11. 减压阀安装在蒸汽采暖系统的什么位置？其作用是什么？
12. 平衡阀的作用是什么？
13. 供暖工程施工图的组成与内容分别是什么？

任务 5　通风与空调工程

5.1　通风工程的基本知识

5.1.1　通风工程的概念与分类

室内通风是利用自然或机械换气的方式，将室内被污染的空气直接或经过净化后排至室外，同时向室内送入清洁的空气，使室内空气质量达到人们生产、生活的标准，送入的空气可以是经过处理的，也可以是未经过处理的。为了达到换气的目的，需要室内通风系统。按通风系统的工作动力不同，通风可分为自然通风和机械通风。

1. 自然通风

自然通风是人们最早采用的，也是最简单的室内通风方式，它是在自然压差推动下的室内空气流动。自然通风是对气流的一种无组织控制方式，不需要对空气进行任何处理，虽然节能，但不能调节室内空气的温度、湿度和洁净度。目前，有很多对室内环境要求不高的建筑采用此通风方式。

根据自然压差形成的机理，自然通风可分为风压单独作用的自然通风、热压单独作用的自然通风、风压与热压共同作用的自然通风三类。

(1) 风压单独作用的自然通风。风吹向建筑物时，受到建筑物表面的阻挡而在迎风面上产生正压，气流继续前行绕过建筑物各侧面及背面，在这些面上产生负压区[图 5.1(a)]。风压单独作用的自然通风就是利用建筑迎风面和背风面的压差而引起建筑室内的空气流动，室外空气通过迎风面上的门窗等进入室内，然后从背风侧的门窗排出室外。

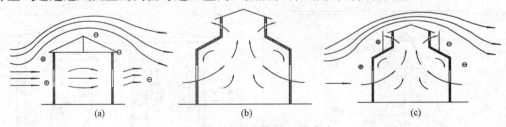

图 5.1　自然通风的三种方式
(a) 风压单独作用；(b) 热压单独作用；(c) 风压与热压共同作用

(2) 热压单独作用的自然通风。热压单独作用的自然通风即常说的烟囱效应。当室内存在热源时，室内空气被加热，空气密度下降而向上浮动，从而导致室内上部空气压力比同一水平高度的室外空气压力大而流向室外，同时不断有空气从下部流入室内填补上部流出的空气让出的空间，这样就会形成持续不断的空气流，即热压作用下的自然通风。在热压作用下，室外空气从下部门窗进入室内，然后从上部窗孔排出[图 5.1(b)]。

(3)风压与热压共同作用的自然通风。某一建筑物受到风压、热压共同作用时，即产生二者同时作用的自然通风[图 5.1(c)]。在这种情况下，热压起主导作用，风压对自然通风可能起抑制作用，也可能起帮助作用。

2. 机械通风

机械通风就是利用依靠机械的动力（风机的压力），并借助通风管网进行室内、外空气交换的通风方式。按机械通风系统的作用范围，机械通风可分为局部通风（又可分为局部送风、局部排风、局部送排风）和全面通风（又可分为全面送风、全面排风、全面送排风），见表 5.1。

表 5.1 机械通风分类

	局部通风	全面通风
送风系统	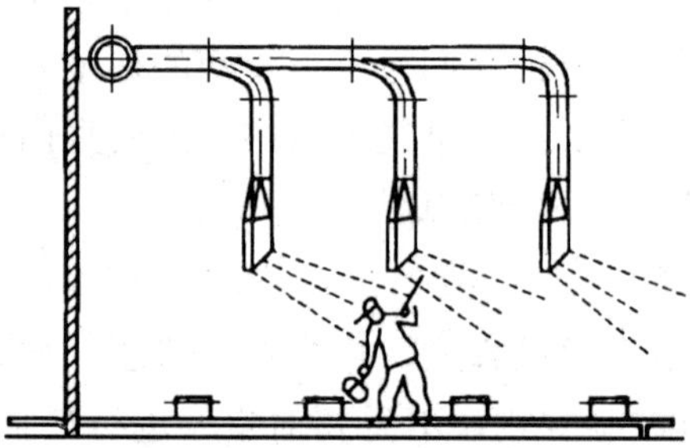	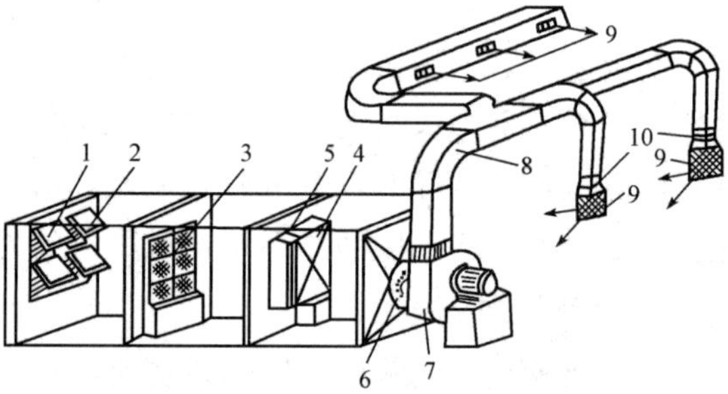 1—百叶窗；2—保温阀；3—过滤器；4—空气加热器；5—旁通阀；6—启动阀；7—风机；8—风管；9—送风口；10—调节阀
排风系统	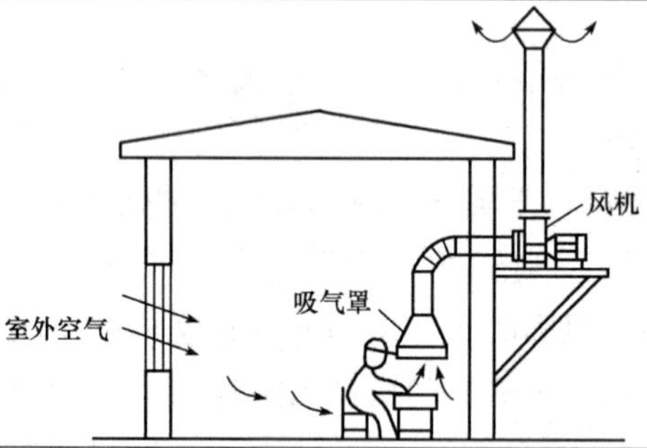	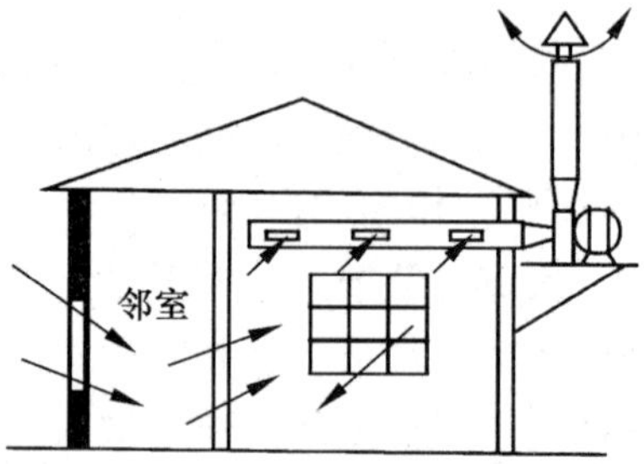
送排风系统	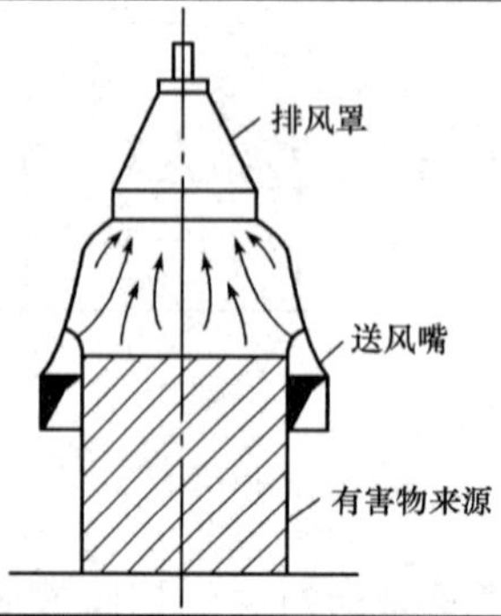	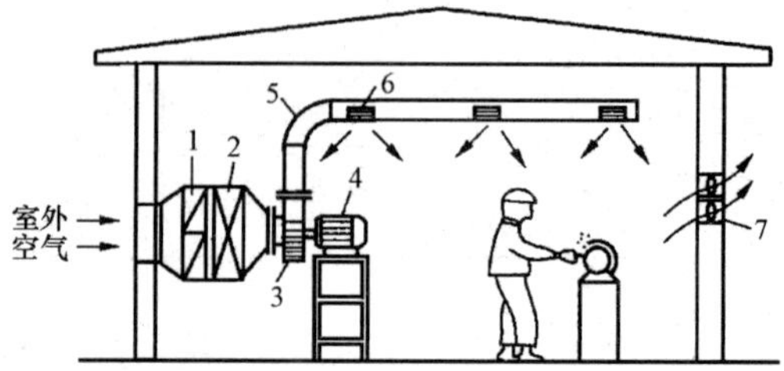 1—空气过滤器；2—空气加热器；3—风机；4—电动机；5—风管；6—送风口；7—轴流风机

5.1.2 通风系统常用设备、附件

1. 通风管道

通风管道(风管)是通风系统中的主要部件之一,其作用是输送空气。常用的风管材料有镀锌薄钢板风管、塑料风管、玻璃钢风管、铝制风管、复合风管等。风管截面形状包括圆形和矩形两种,如图5.2所示。其中,圆形风管规格用"D 直径"表示(如 $D300$),矩形风管规格用截面"宽×高"表示(如 800×250)。

矩形镀锌钢板风管制作视频

图 5.2 镀锌薄钢板风管
(a)镀锌薄钢板圆形风管;(b)镀锌薄钢板矩形风管

2. 风管材料

常用的风管材料主要有三种类型,即金属材料,非金属材料和以砖、混凝土等材料制作的土建风道等。常用风管的材料、性能及用途见表5.2。

表 5.2 常用风管的材料、性能及用途

材料种类		性能和用途
薄钢板	普通钢板	工业通风工程
	镀锌钢板	公共民用建筑
	不锈钢板	洁净厂房
非金属板	环氧树脂板	腐蚀性气体排风管
	玻璃纤维板	保温、消声风管
	复合板	耐酸碱、不燃风管
土建风道	砖与混凝土	大型公用建筑

(1)金属材料。风管常用的金属材料有薄钢板、铝及铝合金板、不锈钢钢板、铝箔金属软管等。其中,薄钢板是最常用的材料,有普通钢板和镀锌钢板两种。它们具有易于工业化制作、安装方便、能承受较高的温度的优点。

镀锌钢板具有一定的防腐性能,适用于空气湿度较高或室内潮湿的通风、空调系统中。一般大型的中央空调系统中常采用镀锌钢板。钢板的厚度要求是:一般通风系统的厚度为

0.5~1.5 mm，对管壁磨损比较大的除尘通风系统的厚度为 1.5~3.0 mm。

(2)非金属材料。风管常用的非金属材料有硬聚氯乙烯塑料板、玻璃钢、纤维板、环氧树脂、矿渣石膏板等。目前，市场上出现了一种新型复合风管，中间为保温材料，如酚醛泡沫、聚氨酯泡沫、玻璃纤维等，外表面附着一层保护层，如铝箔。常见的有酚醛复合风管、聚氨酯复合风管等。此复合风管虽然保温性能好、安装方便，但强度差，一般常用于家用中央空调系统中。

(3)以砖、混凝土等材料制作的土建风道。此种风道是配合土建施工，用砖和混凝土材料现场施工制作。其特点是节省板材、经久耐用，但美观性差。其主要用于需与建筑结构配合的场合，利用建筑空间组合成通风管道，例如，体育馆、影剧院等公共建筑和燃煤锅炉房除尘通风系统。

3. 风道保温

为了减少空气输送过程中的冷(热)量损失，保持空气温度恒定，需要对风道进行保温。保温材料主要有超细玻璃棉、聚苯乙烯泡沫塑料、聚氨酯泡沫塑料等(图 5.3)。

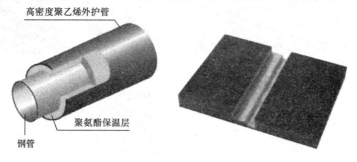

图 5.3 保温材料及风道保温

(1)风口。室内风口可分为送风口和排风口。送风口的任务是将各送风风管中的风量按一定方向和流速均匀地送入室内；排风口的任务是将被污染的空气收集并送入排风管道。常用的风口有活动百叶风口、散流器、球形风口等，如图 5.4 所示。

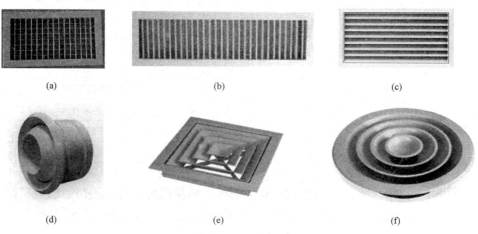

图 5.4 常用的风口
(a)双层百叶风口；(b)单层百叶风口；(c)单层防雨百叶风口；
(d)球形风口；(e)方形散流器；(f)圆形散流器

(2)风阀。通风系统中的风管阀门(简称风阀)主要用于启动风机,关闭风道、风口,调节管道内空气量,平衡阻力等。风阀安装在风机出口的风道上、主干风道上、分支风道上或空气分布器之前等位置。常用的风阀包括插板阀、蝶阀、止回阀、防火阀等,如图5.5所示。

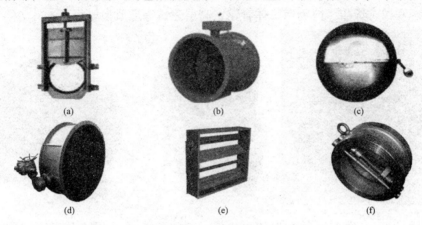

图 5.5 常用的风阀
(a)插板阀;(b)防火阀;(c)止回阀;(d)蝶阀;(e)多叶对开阀;(f)止回阀

(3)风机。风机是机械通风系统中为空气流动提供机械动力的设备。风机的分类有很多,按照使用用途,可分为一般通风用风机、屋顶风机、消防排烟风机、防爆风机等;按照风机使用压力的不同,可分为低压、中压和高压三种。目前,最常用的分类是按照风机的气流方向,将其分为离心式、轴流式和斜流式三类。

1)离心式风机。离心式风机的工作原理是:气流进入旋转的叶片通道,在离心力作用下气体被压缩并沿着半径方向流出(图5.6)。离心式风机适用于小流量、高压力的场所,常用于屋顶风机。

根据压力离心式风机又可分为三种:低压离心式风机:风机进口为标准大气条件,风机全压 $P_{tF} \leqslant 1$ kPa;中压离心式风机:风机进口为标准大气条件,风机全压为 1 kPa$<P_{tF}<$ 3 kPa;高压离心式风机:风机进口为标准大气条件,风机全压为 3 kPa$<P_{tF}<15$ kPa。

图 5.6 离心式风机的工作原理及总体结构

2)轴流式风机。轴流式风机的工作原理是:气流沿轴向进入风机叶轮后,在旋转叶片的流道中沿着轴线方向流动(图5.7)。相对于离心式风机,轴流式风机适用于大流量、低压力的场合,目前其被广泛应用于化工、冶金、纺织、石油、厂房、仓库、办公室、住宅的通风换气。

根据压力轴流式风机又可分为两种:低压轴流式风机:风机进口为标准大气条件,风机全压为 $P_{tF} \leqslant 0.5$ kPa;高压轴流式风机:风机进口为标准大气条件,风机全压为 0.5 kPa$<P_{tF}<15$ kPa。

3)斜流式风机。斜流式风机又称混流风机,这类风机的气体以与轴线成某一角度的方向进入叶轮,在叶道中获得能量,并沿倾斜方向流出,风机的叶轮和机壳的形状为圆锥形(图5.8)。它兼有离心式和轴流式的特点,流量范围和效率均介于两者之间,也被广泛应用于工矿企业、宾馆、饭店、博物馆、体育馆、高层建筑等通风换气场所。

图 5.7　轴流式风机　　　　　　　　　图 5.8　斜流式风机

(4)排风除尘设备。在一些机械排风系统中,排除的空气中往往含有大量的粉尘,如果直接排入大气,就会使周围的空气受到污染,影响环境卫生和危害居民健康,因此,必须对排除的空气进行适当净化,净化时还能够收回有用的物料。除掉粉尘所用的设备称为除尘器。常用的除尘器有重力除尘室、旋风除尘器、袋式除尘器、水膜除尘器、静电除尘器等,如图5.9所示。

(a)　　　　　　　　　　　　　　　(b)

图 5.9　除尘器

(a)旋风除尘器;(b)袋式除尘器

5.2　空气调节的概念与分类

空气调节(简称空调),是指对某一房间和空间内的温度、湿度、空气流动速度和洁净度(简称"四度")等进行调节与控制,并提供足够量的新鲜空气,为人们的生活提供舒适的室内环境或者为生产提供所要求的空间环境。

5.2.1 空调系统的分类

1. 按空调设备的设置情况分类

(1)集中式空调系统。集中式空调系统是将各种空气处理设备和风机都集中设置在一个专用的机房里,对空气进行集中处理,然后由送风系统将处理好的空气送至各个空调房间中去。

(2)半集中式空调系统。除有集中的空气处理室外,在各空调房间内还设有二次处理设备,对来自集中处理室的空气进一步补充处理。

(3)分散式空调系统。其是将空气处理设备,风机,自动控制系统及冷、热源等全部组装在一起的空调机组,是直接放在空调房间内就地处理空气的一种局部空调方式。

2. 按负担室内负荷所用的介质种类分类

(1)全空气系统。全空气系统是指空调房间内的热、湿负荷全部由经过处理的空气来承担的空调系统。

(2)全水系统。全水系统是指空调房间内热、湿负荷全靠水作为冷热介质来承担的空调系统。

空调系统原理

(3)空气-水系统。空气-水系统是指空调房间的热、湿负荷由经过处理的空气和水共同承担的空调系统。

(4)制冷剂系统。制冷剂系统是指依靠制冷系统蒸发器中的氟利昂直接吸收房间内的热、湿负荷的空调系统。

5.2.2 空调系统简介

比较典型的空调系统为集中式(全空气)空调系统、半集中式(空气-水)系统以及分散式空调系统。

(1)集中式空调系统。集中式空调系统将空气集中处理后由风机输送到各个房间,也可称作全空气空调系统,如图 5.10 所示。其一般适用于商场、候车(机)大厅等大空间的地方,空气集中处理设备称为空调机组,如图 5.11 所示。

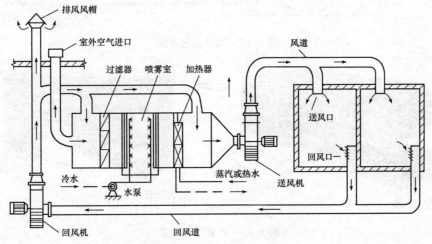

图 5.10 集中式空调系统

图 5.11 分段组装式空调机组

(2)半集中式空调系统。半集中式空调系统设有集中的空调机房,分散在各个房间的二次设备(又称为末端设备)还承担一部分热、湿负荷,该热、湿负荷一般由空气和水共同承担,半集中式空调系统可分为诱导器系统和风机盘管系统两类,这种系统除向室内送入经处理的空气外,还在室内设有以水作介质的末端设备对室内空气进行冷却或加热。一般办公楼、宾馆等房间较多的建筑常采用风机盘管系统,如图 5.12 所示。风机盘管设备如图 5.13 所示。

半集中式空调系统工作原理

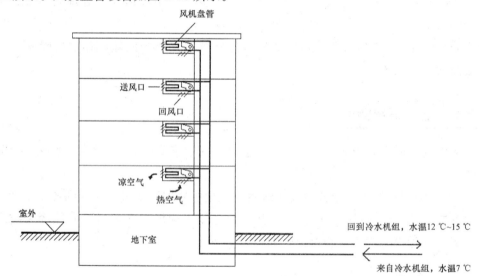

图 5.12 风机盘管系统

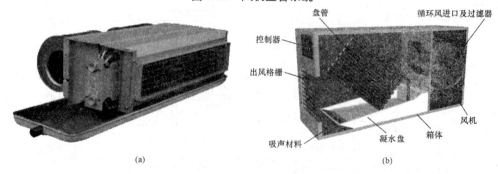

图 5.13 风机盘管设备

(a)风机盘管实物;(b)风机盘管构造示意

(3)分散式空调系统。分散式空调系统又称为局部空调系统,也是制冷系统的典型应用,是将空气设备直接或就近安装在需要空气调节的房间,就地调节空气。常用的分散式空调设备包括壁挂式、立式等,如图 5.14 所示。中央多联机变频空调系统,如图 5.15 所示。其最大的特点是"一拖多",指的是一台室外机通过配管连接两台或两台以上室内机,一般由室外机、室内机、制冷机管道和自动控制器件组成,也称为 VRV 变频空调系统。目前,多联机在中小型建筑和部分公共建筑中的应用日益广泛。

局部空调系统
工作原理

多联机运用全新理念,集"一拖多"技术、智能控制技术、多重健康技术、节能技术和网络控制技术等多种高新技术于一体。其中,"一拖多"的特点就是采用一台室外机连接控制多台室内机,以适应多个房间的制冷需求,如图 5.15 所示。

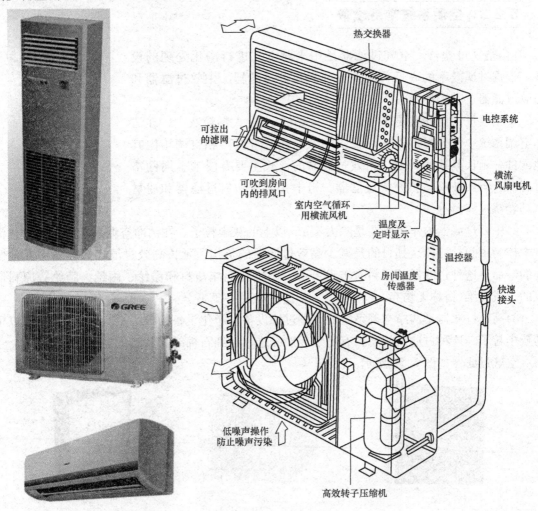

图 5.14 分散式空调设备

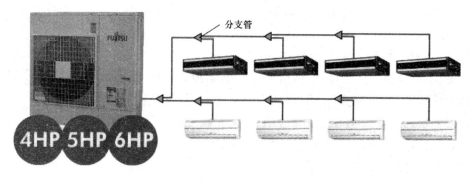

图 5.15 中央多联机变频空调系统(一拖多)

5.2.3 空调系统常用设备

(1)空气过滤器。空气过滤器是用来对空气进行净化处理的设备,根据过滤效率的高低,通常可分为粗效过滤器、中效过滤器和高效过滤器三种类型。

制冷量单位换算

1)粗效过滤器的主要作用是除掉 5 μm 以上的大颗粒灰尘,在洁净空调系统中作预过滤器,以保护中效、高效过滤器和空调箱内其他配件并延长其使用寿命。粗效过滤器的形式主要有浸油金属网格过滤器、干式玻璃丝填充式过滤器、粗中孔泡沫塑料过滤器和滤材自动卷绕过滤器等。

2)中效过滤器的作用主要是除去 1 μm 以上的灰尘粒子,在洁净空调系统和局部净化设备中作为中间过滤器。其目的是减少高效过滤器的负担,延长高效过滤器和设备中其他配件的寿命。这种过滤器的滤料有玻璃纤维、中细孔泡沫塑料和涤纶、丙纶、腈纶等原料制成的合成纤维(俗称无纺布)。

3)高效过滤器是洁净空调系统的终端过滤设备和净化设备的核心,能去除 0.5 μm 以下的灰尘粒子。这种过滤器的滤料有超细玻璃纤维、超细石棉纤维和滤纸类过滤材料等。

空气过滤器如图 5.16 所示。

 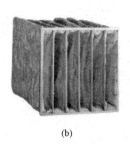 

(a) (b) (c)

图 5.16 空气过滤器
(a)粗效过滤器;(b)中效袋式过滤器;(c)高效隔板过滤器

(2)表面式换热器。表面式换热器是对空气进行冷热处理的一种常用设备,空气进行冷热交换时不与热(冷)媒直接接触,而是通过交换器的金属管表面进行,如图5.17所示。

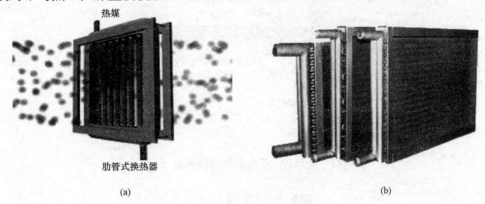

图 5.17 表面式换热器
(a)工作原理；(b)实物图

(3)喷水室。喷水室是空调系统中在夏季对空气进行冷却除湿、在冬季对空气进行加热加湿的设备。在喷水室中喷入不同温度的水,当空气和水直接接触时,两者之间就会发生热和湿的交换,用喷水室进行空气处理就是利用这一原理进行的。在喷水室中喷不同温度的水,可以实现对空气的加热、冷却、加湿、减湿等多种空气处理过程。同时,它还有一定的净化空气的能力。喷水室构造如图5.18所示。

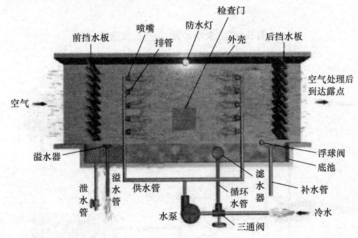

图 5.18 喷水室构造

(4)加湿器。加湿器是对空气进行加湿处理的设备。常用的有干蒸汽加湿器和电加湿器两种。图5.19所示为干蒸汽加湿器构造。

(5)冷水机组。冷水机组俗称冷冻机、制冷机、冰水机、冷却机等,是用来生产冷冻水的主要设备。根据制冷原理可将冷水机组分为蒸发式冷水机组和吸收式冷水机组。其中,蒸发式冷水机组比较常见,蒸发式冷水机组根据压缩机的工作原理又可分为螺杆式冷水机组和涡旋式冷水机组等。常用的蒸发式冷水机组包括压缩机、蒸发器、冷凝器、膨胀阀四个主要组成部分。根据制冷剂在冷凝器中的冷却方法不同,冷水机组又可分为水冷冷水机组和风冷冷水机组,其工作原理如图5.20所示,系统组成如图5.21所示,设备实物如图5.22所示。

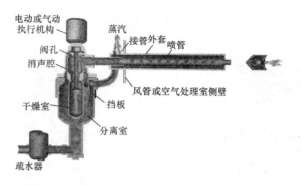

图 5.19 干蒸汽加湿器构造

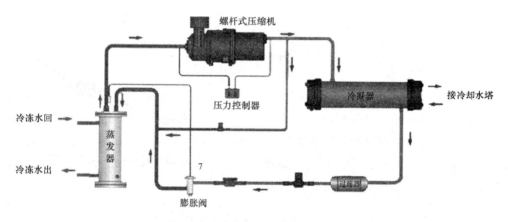

图 5.20 水冷冷水机组工作原理

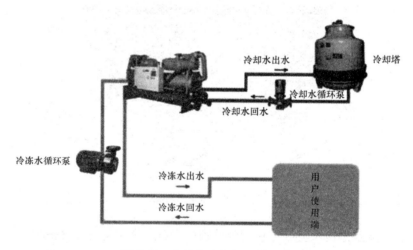

图 5.21 水冷冷水机组系统组成

(6)消声减振装置。

1)消声器。消声器是空调系统中用来降低沿通风管道传播的空气动力噪声的装置。根据工作原理不同,消声器可分为阻性消声器(包括管式、片式、格式、折板式、声流式等)、抗性消声器、共振型消声器、复合式消声器等。另外,还包括消声静压箱、消声弯头等,如图 5.23 所示。

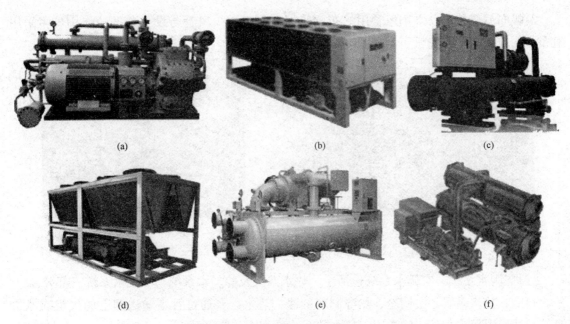

图 5.22　冷水机组设备实物

(a)水冷活塞式冷水机组；(b)风冷活塞式冷水机组；(c)水冷螺杆式冷水机组；
(d)风冷螺杆式冷水机组；(e)单级离心式冷水机组；(f)双级离心式冷水机组

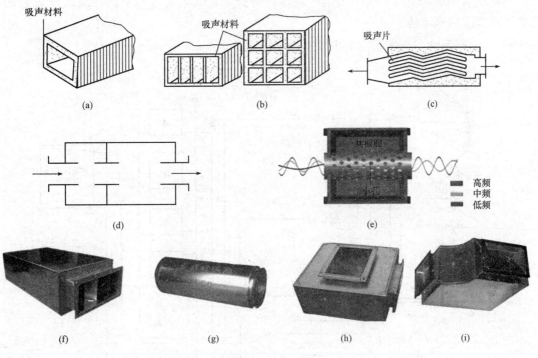

图 5.23　消声器

(a)管式消声器；(b)格式(蜂窝式)消声器；(c)折板式消声器；
(d)抗性消声器；(e)共振型消声器；(f)片式消声器实物；
(g)管式消声器实物；(h)消声静压箱实物；(i)消声弯头实物

2)帆布软管接口。空调风管用帆布软管接口起到减少风管与设备共振的作用,多采用帆布、涂胶帆布、陶瓷帆布,如图5.24所示。

图5.24 帆布软管接口

(7)空调水系统。空调水系统包括冷、热水系统及冷却水系统,冷凝水系统三部分。

1)冷、热水系统。空调冷、热源制取的冷、热水,要通过管道输送到空调机组或风机盘管或诱导器等末端处,输送冷、热水的系统称为冷、热水系统。

2)冷却水系统。空调系统中专为水冷冷水机组冷凝器、压缩机或水冷直接蒸发式整体空调机组提供冷却水的系统,称为冷却水系统。

3)冷凝水系统。空调系统中为空气处理设备排除空气去湿过程中的冷凝水而设置的水系统,称为冷凝水系统。

图5.25所示为空调水系统的组成及循环示意。

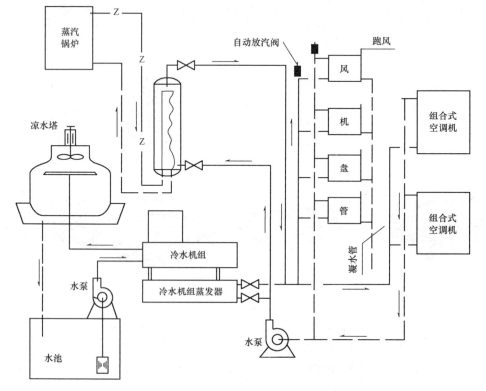

图5.25 空调水系统的组成及循环示意

5.3　空气调节的制冷装置

空调装置需要冷源对处理空气进行加湿、减湿及冷却,以控制空调房间的温度、湿度,其冷源由制冷装置提供。制冷装置由制冷主机与制冷辅助设备组合而成,不同的空调系统采用不同规模的制冷装置。根据制冷原理的不同,空调冷源设备可分为蒸汽压缩式制冷装置和吸收式制冷装置两大类。

5.3.1　蒸汽压缩式制冷装置

1. 制冷原理

蒸汽压缩式制冷装置由四大基本制冷部件、辅助设备以及制冷剂管路组合实现(图5.26)。四大基本制冷部件为压缩机、冷凝器、节流膨胀阀和蒸发器;辅助设备主要有油分离器、气液分离器、过滤器等;制冷剂为氟利昂(或氨)。

其制冷原理是利用制冷剂蒸发吸热、冷凝放热的特性来达到制冷目的,即制冷剂在压缩机、冷凝器、膨胀阀及蒸发器等设备中进行压缩、放热、节流、吸热四个主要热力过程,来完成制冷循环。

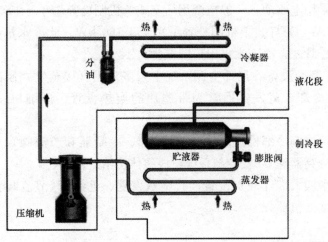

图5.26　蒸汽压缩式制冷装置

(1)压缩机。压缩机用来将来自蒸发器的低压低温制冷剂气体压缩为高温高压的气体。其常用类型有活塞式、螺杆式、离心式和涡旋式等。

(2)冷凝器。冷凝器属于换热设备,将来自压缩机的高温高压气体与冷却剂(水或空气)进行热交换,使高温高压气体冷却为高温高压液体。其常用类型有立式壳管式、卧式壳管式、空冷式及蒸发式等。

(3)节流膨胀阀。节流膨胀阀对来自冷凝器的高温高压液态制冷剂进行节流降压,并保证冷凝器与蒸发器之间的压力差,以使蒸发器中的液态制冷剂在要求的低压下蒸发吸热。

其常用类型包括热力膨胀阀和毛细管。

(4) 蒸发器。蒸发器属于换热设备，使经膨胀节流的低压制冷剂液体吸收被冷却介质的热量，从而达到制冷的效果，低压制冷剂液体吸热后变为低压制冷剂气体进入压缩机开始下一个制冷循环。其常用类型有蒸发排管式、卧式壳管式及盘管式等。

当被冷却介质为水时，冷冻水被输送到空调处理机组内与空气进行热交换，使空气降温；当被冷却介质为空调房间内的空气时，则直接使空气降温。

2. 制冷设备

集中式和半集中式空调系统通常采用冷水机组，被冷却介质为水。低温水通过供回水设备（水泵、分水器、集水器、水过滤器和水处理装置等）被送入空调处理机组或末端空调器内，与空气进行二次热交换使空气降温。局部空调系统则采用小型直接蒸发式制冷设备，直接将空调房间内的空气冷却。

(1) 冷水机组。冷水机组是由制冷部件（压缩机、蒸发器、冷凝器和节流阀等）、辅助设备（油分离器、过滤器、气液分离器等）以及控制系统组成的整体机组，可直接引出冷冻水。冷水机组结构紧凑、配件齐全、占地面积小。冷水机组安装简单，接入水电即可投入运转。

根据制冷压缩机的形式不同，冷水机组可分为离心式冷水机组、螺杆式冷水机组和活塞式冷水机组等；根据冷凝器的冷却方式不同，冷水机组可分为水冷式和风冷式；根据压缩级数不同，冷水机组可分为单级式和双极式（图 5.22）。

此类冷水机组采用电驱动。一般空调用活塞式单机制冷容量小于 580 kW，离心式单机制冷容量大于 580 kW，螺杆式单机制冷容量小于 1 160 kW。此冷水机组制冷剂均为氟利昂，蒸发器为卧式壳管式，冷冻水进出口温度为 7/12 ℃。

(2) 直接蒸发式制冷设备。局部空调系统中大多采用直接蒸发式制冷设备，室内空气直接流经蒸发器被冷却。蒸发器通常为带翅片的换热盘管，压缩机多采用活塞式或涡旋式。

1) 整体式空调机内制冷部件（压缩机、蒸发器、冷凝器和节流阀）、附属设备（油分离器、过滤器、气液分离器等）以及控制系统组成整体机组。

2) 分体式空调中四大部件分别设置，其中蒸发器、毛细管（节流装置）在室内机部分，压缩机、冷凝器在室外机部分。

5.3.2 吸收式制冷装置

1. 制冷原理

吸收式制冷装置和蒸汽压缩式制冷装置有相同之处，都是利用液态制冷剂在低温、低压条件下，蒸发、汽化、吸收载冷剂的热负荷，产生制冷效应。其不同之处在于蒸汽压缩式制冷以压缩功为动力，吸收式制冷以热能为动力。

吸收式制冷装置由蒸发器、吸收器、发生器、溶液热交换器以及其他附件组成。通常采用水作制冷剂，采用溴化锂溶液（或氨溶液）为吸收剂。

吸收式制冷装置的工作原理是利用溶质（制冷剂）在溶剂（吸收剂）中的溶解度随温度变

化的性质。制冷水在较低温度和较低压力(蒸发压力)下被吸收器内的溴化锂浓溶液吸收，并在发生器内的较高温度和较高压力下挥发而起到压缩机的作用，再经过冷凝、节流、低温蒸发，从而达到制冷的目的(图 5.27)。

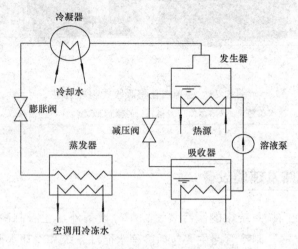

图 5.27 吸收式制冷装置的原理

(1)蒸发器。蒸发器属于换热器，来自膨胀阀的低温冷却水吸收被冷却介质(水)的热量变为低压水蒸气。

(2)吸收器。在吸收器内，溴化锂浓溶液吸收来自蒸发器的低压水蒸气，变为溴化锂稀溶液。

(3)发生器。在发生器内，通过热源加热来自吸收器的溴化锂稀溶液，在高压高温作用下水蒸气挥发，通过制冷剂管路进入冷凝器。

(4)冷凝器。冷凝器属于换热设备，来自发生器的水蒸气放热变为高压液体水。

(5)膨胀阀。膨胀阀使来自冷凝器的高压液体水节流降压降温，变为低温液体水进入蒸发器开始下一个制冷循环。

2. 制冷设备

最常见的吸收式制冷设备为溴化锂制冷机组。其通常用于大、中型集中空调系统或半集中空调系统。

根据热源的不同，溴化锂制冷机组通常可分为蒸汽型、直燃型(燃油或燃气)、热水型和太阳能型；根据发生器个数的不同可分为单效型和双效型，单效型有一个发生器，双效型有高、低压两个发生器；根据各换热器的布置不同，可分为单筒型、双筒型和三筒型；根据应用范围的不同可分为冷水型和冷温水型(图 5.28)。

溴化锂吸收式冷水机组以热能为动力，耗电少，可利用各种热能、废气和废热等，如高于 20 kPa 的饱和蒸汽、高于 75 ℃ 的热水、地热水和太阳能等，且以溴化锂为吸收工质，无公害；制冷调节范围广；由于制冷剂为水，冷冻水出口温度较高，通常为 10 ℃ 左右。但机组在真空状态下运行容易漏空气，溴化锂溶液在有空气时对金属有腐蚀性，因此，机组对制造工艺要求很高。与压缩式冷水机组相比，溴化锂制冷机组的机房占地面积较大、较高，且设备重量大，对机房条件要求高。

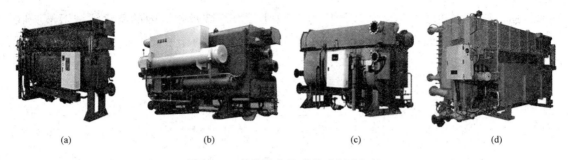

图 5.28 各种溴化锂吸收式制冷机组

(a)热水单效型；(b)蒸汽单效型；(c)蒸汽双效型；(d)直燃双效型

5.3.3 制冷管路及辅助设备

集中式和半集中式空调系统中的制冷装置除制冷设备外，还需制冷管路及各种辅助设备才能完成空调系统的供冷。制冷管路主要包括冷冻水循环系统和冷却水循环系统(图 5.29)。

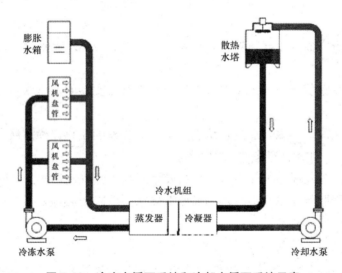

图 5.29 冷冻水循环系统和冷却水循环系统示意

1. 冷冻水循环系统

冷冻水循环是将来自冷水机组的低温冷冻水输送到空调设备，与空调房间内的空气进行热交换升温后再回到冷水机组降温的动力循环过程。

冷冻水循环系统主要由冷冻水泵、集水器、分水器、膨胀水箱、涂污过滤器及其连接管道组成。冷冻水泵、集水器、分水器一般与冷水机组设置在同一个机房内，称为冷冻水泵房或冷冻站。

(1)冷冻水泵。冷冻水泵(图 5.30)的作用是为冷冻水在全部空调系统中的循环提供动力，使用泵的类型与生活给水泵类似。

(2)集水器与分水器。当空调系统的冷冻水需供给多支分路系统时，为了便于冷冻水量的再分配及调节各支路的负荷变化和平衡阻力，需设置集水器及分水器(图 5.31)。其构造与采暖锅炉房内的分水器相同,集水器及分水器上应安装压力表及温度计,以便观察系统的供回水压力及温度。

图 5.30　冷冻水泵及冷冻水管

图 5.31　集水器与分水器

(3)膨胀水箱。冷冻水循环系统是一个密闭的系统,冷冻水供回水的温差会造成系统中水的膨胀与收缩。为了保证系统安全正常运行,空调系统的最高点设置膨胀水箱,其构造、接管与热水采暖系统中的膨胀水箱相同。

(4)除污过滤器。为了保证管道内残存的污物、泥沙不阻塞冷水机组或空调机组的管束及盘管,需在冷冻水进入冷水机组和空调机组前安装除污过滤器。

2. 冷却水循环系统

冷却水循环是来自冷凝器的冷却水吸收制冷剂的热量升温后,被通入到冷却装置内降温冷却后再回到冷凝器中继续吸收制冷剂的热量,以保证制冷进行的动力循环过程。

冷却水循环系统主要由冷却装置(冷却塔)、冷却水泵、循环水池(箱)和水处理设备及连接管道组成。除冷却装置设置在室外,其他装置设置在一个泵房内,这个泵房称为冷却水循环泵房。

(1)冷却塔。冷却塔的作用是将来自冷凝器的高温冷却水降温冷却,常用的有玻璃钢冷却塔,形状有方形或圆形(图 5.32)。

(2)冷却水泵。冷却水泵为冷却水循环提供动力,水泵类型与生活给水泵、冷冻水泵相似。

(3)循环水池(箱)和水处理设备。冷却水系统为开式系统,与外界大气接触,容易污染。循环水池(箱)和水处理设备保证冷却水的供应并可以除去冷却水杂质。

图 5.32　玻璃钢冷却塔

5.4 空调房间的气流组织

空调房间内的气体流动模式取决于送风口和回风口的位置、送风口形式等因素。其中，送风口(位置、形式、规格、出口风速)是气流分布的主要影响因素。

5.4.1 送、回风口的形式

送风口是将处理过的空气送到整个房间或指定场所的装置。送风口送出的气流具有方向性，并且将周围的空气诱导混合后渐次减速，气流的温度也逐渐趋近室温。由于这种方向性和诱导特性因送风口的形状而异，所以需要根据系统和场所的特点(如送风量、噪声、房间布局等)设计、确定送风口的布置。送风口种类较多，包括百叶式、散流器、喷口、旋流风口以及孔板风口等类型。

回风气流没有送风气流的方向性，与诱导特性也没有关系，因此，风口种类简单，可采用格栅型、百叶型或多孔型等，在剧院的座席中还可以采用伞形回风口。

空调用送、回风口与通风系统送、回风口没有严格的界限，大部分可以互用(图5.33)，其类型主要有以下几项：

(1)百叶风口：外形有方形、矩形、圆形；叶片有单层、双层等。
(2)散流器：有圆形、方形、矩形、圆盘形等。
(3)喷口：有圆形、矩形、球形等。
(4)条缝型风口：有单条缝、双条缝和多条缝等。
(5)旋流风口。
(6)孔板风口(包括网板风口)。
(7)专用风口：如座椅风口、灯具风口、算孔风口、格栅风口等。

目前，国内市场上的风口、散流器，除进口产品和特殊场合使用的采用模具冲压或注塑制成外，国产的大部分风口都用铝合金型材通过氩气保护焊制成。

图 5.33 各种风口

(a)圆形旋流风口；(b)孔板风口；(c)圆盘形散流器；(d)球形喷口；(e)矩形百叶风口；(f)圆形百叶风口

5.4.2 气流组织形式

空调房间的气流组织有很多形式，取决于送风口的形式和送、回风口的位置。其主要包括上送下回式、上送上回式、下送上回式等。

(1)上送下回。上送下回的气流组织形式为由空间上部送入空气,由下部排出。根据送风口和回风口位置的不同又可分为上送同侧回、上送异侧回、双侧上送双侧回、散流器上送两侧回、孔板单向流和顶棚孔板送下侧回等(图 5.34)。

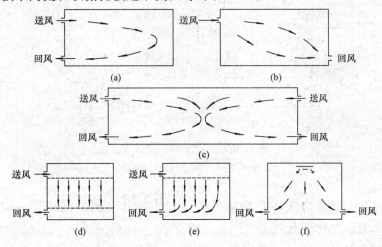

图 5.34 上送下回气流分布

(a)上送同侧回;(b)上送异侧回;(c)双侧上送双侧回;
(d)孔板单向流;(e)顶棚孔板送下侧回;(d)散流器上送两侧回

此形式的送风气流不直接进入工作区,有较长的与室内空气混掺的距离,能够形成比较均匀的温度场和速度场。其中,图 5.34(d)、(e)所示是使用孔板送风,适合温度、湿度和洁净度要求高的空调环境,需要较大的顶部和地板空间。

上送下回式是目前应用最多的送风方式。

(2)上送上回。上送上回气流分布是由空间上部送入空气,再由上部排出。根据送风口形式和回风口位置的不同可分为同侧上送上回、异侧上送上回和散流器平送顶棚回风(图 5.35)。

上送上回方式的特点是可将送、回风管道集中于空间上部,对图 5.35(b)所示方式可设置吊顶使管道暗装。

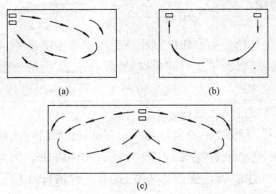

图 5.35 上送上回气流分布

(a)同侧上送上回;(b)异侧上送上回;(c)散流器平送顶棚回风

(3)下送上回。下送上回气流分布是由空间下部送入空气,由上部排出,污染空气直接被新鲜空气置换出去,因此也被称为置换送风。根据送风口形式的不同可分为地板送风和下部低速侧送风两种(图5.36)。

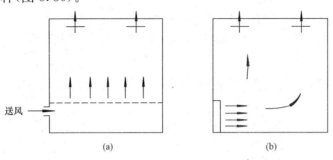

图 5.36 下送上回气流分布
(a)地板送风;(b)下部低速侧送风

此种方式的送风气流与人体和热物体散热产生的热气流方向相同,均为上升气流。送风气流不断补充、置换上升气流,因此,在工作区内形成单向向上的工作气流,既节省冷量又有较高的空气品质。此形式适合计算机房、办公室、会议室和演播厅等场合,其中,图5.36(a)所示的方式需要较大的地板空间。

5.5 空调系统的消声与减振

对于声音强度大而又嘈杂刺耳或者对某项工作来说不需要或有妨碍的声音称为噪声。噪声不仅对人的听力有害,也影响人们正常的工作和生活。空调系统中存在着大量的噪声源,因此需要对噪声进行控制。

5.5.1 噪声的消除

空调工程的噪声有空气动力噪声和机械噪声。噪声源主要有通风机、各种空调设备(风机盘管、房间空调器、诱导器、柜式空调机组)、各种水泵(冷冻水泵、冷却水泵)和冷却塔等。噪声传播主要有两种方式,即通风机运转产生的噪声由风道传入室内、各种设备运行时的振动和噪声通过建筑结构传入室内。

当系统运行产生的噪声超过一定允许值后,将影响人们的正常工作、学习、休息或影响房间功能(电台播音室、录音室等),甚至影响人体健康。因此,空调装置除应满足室内温度、湿度要求外,还应满足噪声的有关要求。我国标准《民用建筑隔声设计规范》(GB 50118—2010)和各类建筑的设计规范,都给出了噪声允许值。

根据噪声控制标准,空调通风系统需要进行通风系统的消声和设备的减振。消除方法主要有在管路中或空调箱内设置消声器以减少动力噪声,以及对各种设备进行减振来减少机械噪声。

5.5.2 消声器

减少空调系统动力噪声的方法是在风管管路和空调箱处设置各种消声器。消声器是一种既能允许气流通过，又能有效地阻止或减弱声能向外传播的装置，它是由吸声材料按照不同的消声原理设计而成的构件。

消声器的安装位置根据具体情况确定，可直接安装在通风机的进、出口，以降低通风机噪声；可安装在通风管道上，以降低通风机和管道上游的气流再生噪声；也可在机房或空调房间的进、出风口安装风口消声器，以消除系统的噪声对环境或空调房间的干扰。

空调系统中常用消声设备的主要类型有阻性、抗性和阻抗复合式三种。

1. 阻性消声器

阻性消声器是靠吸声材料的吸声作用而消声的。吸声材料具有多孔性和松散性，当声波进入孔隙时，将引起孔隙中的空气和材料的微小振动，由于摩擦和黏滞阻力，相当一部分声能变为热能而被吸收掉。

阻性消声器对中、高频噪声有较好的消声性能。常用的吸声材料有玻璃棉、泡沫塑料、矿渣棉、毛粘、石棉绒、加气混凝土等。按气流管道不同，可分为管式、片式、折板式、迷宫式、声流式以及消声弯头等。

（1）管式消声器。管式消声器是一种最简单的消声器，其是在气流管道壁上衬一定厚度的吸声材料，管道可以是圆形、方管或矩形（图 5.37）。其一般管径较小，适用于风量小的场合。管径过大时消声性能显著下降，且管式消声器仅对中、高频噪声有一定的消声效果，对低频噪声的消声效果差。

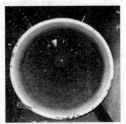

图 5.37 管式消声器

（2）片式消声器。片式消声器（图 5.38）是在大尺寸的管道内设置一定数量的吸声片，构成多个扁形并联的直管消声器，可用于风量很大的管道内（5 000～80 000 m³/h）。片式消声器使用的消声材料主要有玻璃棉和矿物棉。其应用比较广泛，构造简单，对中、高频噪声的吸声性能好，阻力小。

（3）折板式消声器。折板式消声器是将气流通道改成折板形状。声波在消声器内多次弯折，

图 5.38 片式消声器

加大了声波对吸声材料的入射角,因此其吸声效率较高,消声效果较好,但气流阻力大。

(4)迷宫式消声器。迷宫式消声器又称小室式消声器。其将消声器内分割成若干回形的小室,对低频噪声的消声性能好,消声频带也较宽。仅有一个小室的消声器称为消声箱;具有多个小室的消声器称为多室消声器。其适用于流量大、流速低,要求消声量大的场合。

(5)声流式消声器。声流式消声器是折板式消声器的一种改进。其使用正弦波形、弧形或菱形等弯曲吸声通道,通道吸声层的厚度连续变化,达到改善消声性能的目的。其消声性能较好,频带宽,气流阻力小,但结构复杂,制作工艺要求高。

(6)消声弯头。消声弯头是在管道弯头处衬附吸声材料。常规直角消声弯头的消声量一般为 10 dB,因其结构简单、体积小,故成为通风空调系统中常用的消声器,如图 5.39 所示。

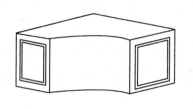

图 5.39 消声弯头

2. 抗性消声器

抗性消声器是通过改变截面来消声的,其适用于消除中、低频噪声或窄带噪声。其按作用原理不同,可分为扩张式、共振式和干涉式三种。

(1)扩张式消声器。扩张式消声器也称膨胀式消声器,是依据管道中声波在截面突变处发生反射原理消声的。扩张式消声器在中、低频段有较好的消声性能,但对高频噪声的消声性能变差。

(2)共振式消声器。共振式消声器由一段开有一定数量小孔的管道,同管外一个密闭的空腔连通,构成一个共振系统。在共振频率附近,声波沿管道传播到小孔连接处时,大部分声波沿声源反方向回去,还有一部分声能由于共振系统的摩擦阻尼作用转成热能被吸收而消声。

共振式消声器的频率选择性比较强,仅在低频或中频某一较窄的频率范围内具有较好的消声效果,而在其他频段作用较差。

(3)干涉式消声器。干涉式消声器的原理是使两个相位相反的声波在消声器中相遇而互相抵消,以达到消声的目的。干涉式消声器具有很强的频率选择性,仅在很窄的频段内有消声效果。

3. 阻抗复合式消声器

阻抗复合式消声器是利用上述两种原理复合制成的消声器,同时具有阻性和抗性两种消声器的优点,消声频带比较宽,是目前空调系统中最常用的类型。消声静压箱属于此种类型。

消声静压箱是送风系统减少动压、增加静压、稳定气流和减少气流振动的一种必要的配件,它可使送风效果更加理想。在风机出口处或在空气分布器前设置消声静压箱并贴以吸声材料,可同时起到稳定气流和消声器的作用,如图 5.40 所示。

图 5.40 消声静压箱

5.5.3 空调减振装置

空调系统的噪声除有沿风管传播的空气噪声外,还有通过建筑物的结构、基础、水管和风管等传递的固体噪声。因此,若要消除振动产生的噪声,需要对机房内的设备和管路进行减振。

1. 设备减振

机房内各种有运动部件的设备(风机、水泵、制冷压缩机)在运转时都会产生振动,振动直接传递给基础和连接的管件,并以弹性波的形式从机器基础沿房屋结构传递到其他房间,又以噪声的形式出现。另外,振动还会引起构件(楼板)或管道振动,有时会危害安全,因此对振源需要采取减振措施。

对设备采取的减振有两个方面:在设备和基础之间配置弹性的材料和器件;设备和管路之间采用软连接(图 5.41)。常用的基础减振材料或减振器有以下几种:

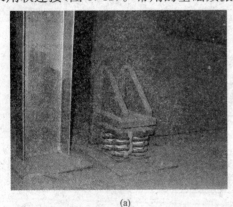 

(a) (b)

图 5.41 设备减振方式
(a)设备用金属弹簧减振器;(b)设备基础下的橡胶垫片

(1)压缩性减振材料。常见的压缩性减振材料有橡胶垫和软木。其中,橡胶垫有平板型和肋型,自振频率高,适用于室外转速为 1 450～2 900 r/min 的水泵减振;软木的自振频率高,允许荷载较小,常用于室内水泵和小型制冷机的减振。

(2)剪切型减振器。常见的剪切型减振器有金属弹簧减振器和橡胶剪切减振器。其中,金属弹簧减振器是目前最常用的减振器,其承受荷载大,自振频率低,但水平稳定性差,适用于风机、冷水机组等的减振。橡胶剪切减振器的自振频率低,仅次于金属弹簧减震器,对高频固体噪声有很强的隔声作用,不会产生自振;其缺点是容易受温度、油质、卤代烃气体的腐蚀,容易老化等,常用于风机、水泵等的减振。

2. 管路减振

管路减振方式为将水泵、冷水机组、风机盘管、空调机组等设备与水管用一小段软管连接,以不使设备的振动传递给管路(图 5.42)。

常用的软接管有橡胶软接管和不锈钢波纹管两类。其中,橡胶软接管减振减噪的效果好,但是不能耐高温和高压,耐腐蚀性差,在空调供暖等水系统中采用较多;不锈钢波纹管也有较好的减振减噪效果,且耐高温、高压和腐蚀,但价格较贵,常用于制冷机管路的减振。

风机进、出口与风管之间的软管宜采用人造革材料或帆布材料制作。敷设水管、风管时,在管道与支架、吊卡之间也需要垫软材料,采用隔振吊架(有弹簧型、橡胶型)。

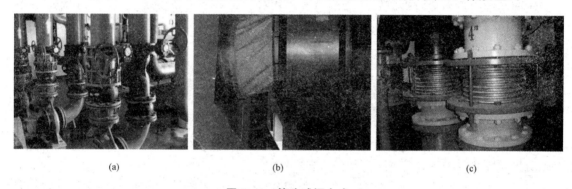

图 5.42 管路减振方式
(a)水泵出口橡胶减振装置;(b)风管接口帆布软管;(c)水泵出口不锈钢波纹管减振器

5.6 通风与空调工程施工图

5.6.1 通风与空调工程施工图的组成和识图要点

通风与空调工程施工图由基本图和详图及文字说明、主要设备材料清单等组成。基本图包括系统原理图、平面图、剖面图及系统轴测图;详图包括部件加工及安装图。

1. 设计说明

设计说明包括以下内容:
(1)工程的性质、规模、服务对象及系统工作原理。
(2)通风与空调系统的工作方式、系统划分和组成以及系统总送风量、排风量和各风口的送风量、排风量。

(3)通风与空调系统的设计参数,如室外气象参数,室内温度、湿度,室内含尘浓度,换气次数以及空气状态参数等。

(4)施工质量要求和特殊的施工方法。

(5)保温、油漆等的施工要求。

2. 系统原理方框图

系统原理方框图是综合性的示意图,它将空气处理设备、通风管路、冷热源管路、自动调节及检测系统连接成一个整体,构成整体的通风与空调系统,表达了系统的工作原理及各环节的有机联系,常用于比较复杂的通风与空调系统中。

3. 系统平面图

在通风与空调系统中,系统平面图上表明风管、部件及设备在建筑物内的平面坐标位置。其中,包括以下几项:

(1)风管,送、回(排)风口,风量调节阀,测孔等部件和设备的平面位置、与建筑物墙面的距离及各部件尺寸。

(2)送、回(排)风的空气流动方向。

(3)通风与空调设备的外形轮廓、规格型号及平面坐标位置。

4. 系统剖面图

系统剖面图表明风管、部件与设备的立面位置以及风机、风管和部件、风帽的安装高度。

5. 系统轴测图

系统轴测图又称透视图。采用轴测投影原理绘制出的系统轴测图,可以完整、形象地将风管、部件与设备之间的相对位置及空间关系表示出来。系统轴测图上还注明风管、部件及设备的标高,各段风管的规格尺寸,送、排风口的形式和风量值。系统轴测图一般用单线表示。

6. 详图

详图表明风管、部件及设备制作和安装的具体形式、方法和详细构造及加工尺寸。对于一般性的通风与空调工程,通常使用国家标准图册,对于一些有特殊要求的工程,则由设计部门根据工程的特殊情况设计施工详图。

7. 设备和材料清单

通风与空调工程施工图中的设备和材料清单,是将工程中所选用的设备和材料列出规格、型号、数量,作为建设单位采购、订货的依据。

如果设备材料清单中所列设备、材料的规格、型号满足不了编制预算的要求,需要查找有关产品样本或向订货单位了解。

5.6.2 通风与空调工程施工图的识读

1. 常用通风与空调图例

通风与空调工程施工图上一般都编有图例表,将该工程所涉及的通风、空调部件、设备等图形符号列出并加以注解,为识读施工图提供方便。

2. 通风与空调工程施工图识图举例

(1)全空气空调系统工程图纸。

图5.43、图5.44所示为某大厦多功能厅通风与空调工程施工图,图中标高以m计,其余以mm计。

通风与空调工程施工图识图图例

1)空气处理由位于图中①和②轴线的空气处理室内的变风量整体空调箱(机组)完成,其规格为8 000(m^3/h)/0.6(t)。在空气处理室Ⓐ轴线外墙上,安装了一个630 mm×1 000 mm的铝合金防雨单层百叶新风口(带过滤网),其底部距离地面2.8 m,在空气处理室②轴线内墙上距离地面1.0 m处,装有一个1 600 mm×800 mm的铝合金百叶回风口,其后面接一个阻抗复合式消声器,型号为T701-6型5#,两者组成回风管。室内大部分空气由此消声器吸入回到空气处理室,与新风混合后吸入空调箱,处理后经风管送入多功能厅内。

2)本工程风管采用镀锌薄钢板,咬口连接。其中,矩形风管为240 mm×240 mm、250 mm×250 mm,薄钢板厚度$\delta=0.75$ mm;矩形风管为800 mm×250 mm、800 mm×500 mm、630 mm×250 mm、500 mm×250 mm,薄钢板厚度$\delta=1.0$ mm;矩形风管为1 250×500 mm,薄钢板厚度$\delta=1.2$ mm。

3)阻抗复合式消声器于现场制作安装,送风管上的管式消声器为成品安装。

4)图中的风管防火阀、对开多叶风量调节阀、铝合金新风口、铝合金回风口、铝合金方形散流器均为成品安装。

5)在主风管(1 250×500 mm)上设置温度测定孔和风量测定孔各一个。

6)风管保温采用岩棉板,$\delta=25$ mm,外缠玻璃丝布一道,玻璃丝布不刷油漆。保温时使用胶粘剂、保温钉。风管在现场按"先绝热后安装"的顺序施工。

7)未尽事宜按现行施工及验收规范的有关内容执行。

(2)风机盘管空调系统图纸。

图5.45~图5.48所示为某办公楼(一层部分房间)风机盘管工程施工图。图中,标高以m计,其余以mm计。

1)风机盘管采用卧式暗装(吊顶式),风机盘管连接管采用镀锌薄钢板,薄钢板厚度$\delta=1.0$ mm,截面尺寸为1 000 mm×200 mm。

2)风机盘管送风口为铝合金双层百叶风口,回风口为铝合金单层百叶风口,均采用成品安装。

3)空调供水管、回水管及凝结水管均采用镀锌钢管,螺纹连接。进、出风机盘管供水、回水支管均装金属软管(丝接)各一个,凝结水管与风机盘管连接需装橡胶软管(丝接)一个。

4)图中阀门均采用铜球阀,规格同管径。管道穿墙均设一般钢套管。

5)管道安装完毕后要求试压,空调系统试验压力为1.3 MPa,对凝结水管做灌水试验。

6)未尽事宜均参照有关标准或规范执行。

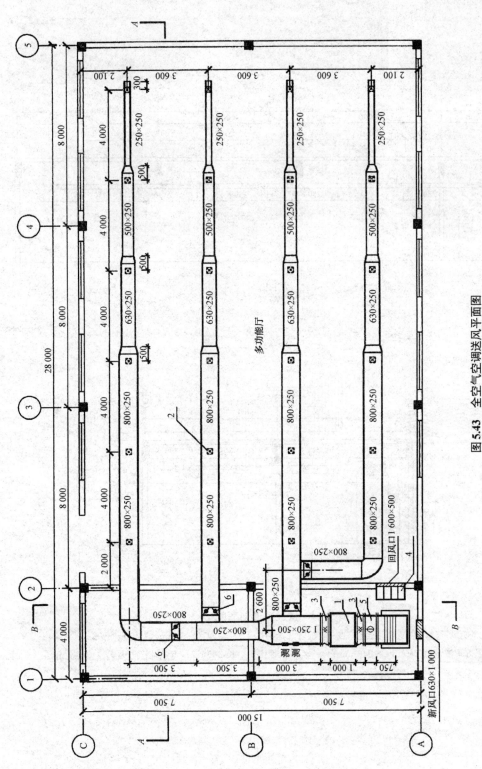

图 5.43 全空气空调送风平面图
1—矿棉管式消声器 1 250 mm×500 mm×1 400 mm（长）；
2—铝合金方形散流器 240 mm×240 mm；
3—帆布软管接头；4—阻抗复合式消声器 T701-6 型 3#，1 600 mm×800 mm；
5—风管防火阀，长 400 mm；6—一对开多叶调节阀，长 200 mm

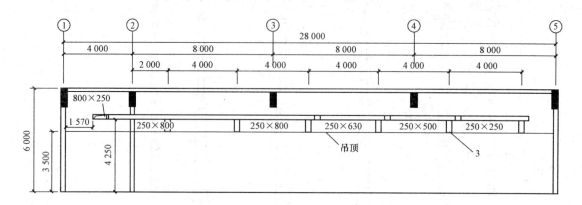

A—A剖面图

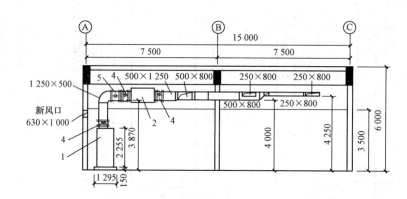

B—B剖面图

图 5.44　送风管道剖面图

1—变风量整体空调箱(机组);2—矿棉管式消声器 1 250 mm×500 mm×1 400 mm(长);
3—铝合金方形散流器 240 mm×240 mm;4—帆布软管接头,长 200 mm;5—风管防火阀,长 400 mm;

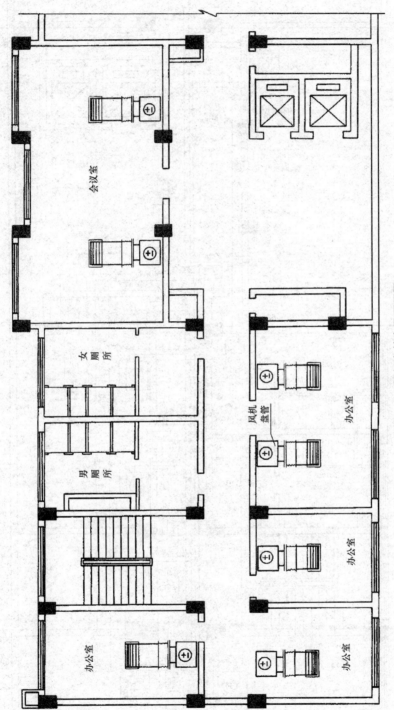

图 5.45 风机盘管布置平面图

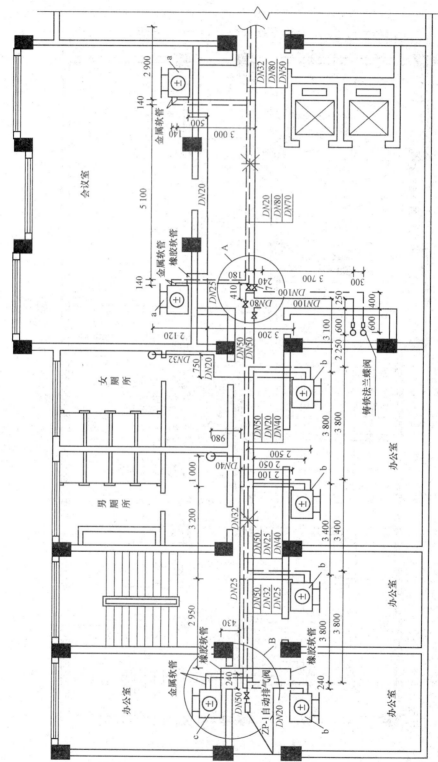

图 5.46 空调水管道布置平面图

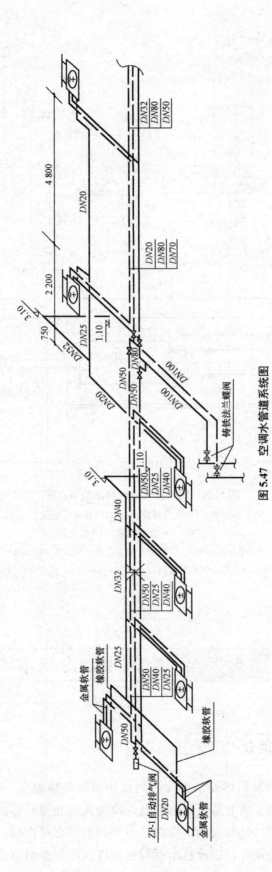

图 5.47 空调水管道系统图

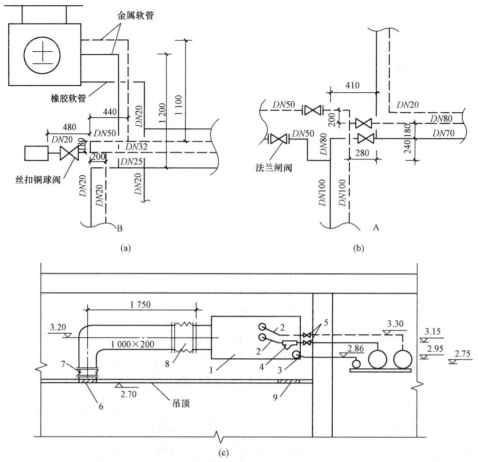

图 5.48 风机盘管安装详图及节点图

(a)B 节点详图；(b)A 节点详图；(c)风机盘管连接管详图

1—风机盘管；2—金属软管；3—橡胶软管；
4—过滤器；5—丝扣钢球阀；6—铝合金双层百叶送风口 1 000 mm×200 mm；
7—帆布软管接口，长 200 mm；8—帆布软管接口，长 300 mm；9—铝合金回风口 400 mm×250 mm

5.7 空调用制冷技术

5.7.1 制冷技术简介

制冷就是使自然界的某物体或某空间达到低于周围环境温度，并使其维持这个温度。按照热力学的观点，制冷实质上是热量由低温热源向高温热源转移的逆向传热过程。制冷技术在各个领域中都得到广泛的应用，特别是空气调节和食品冷藏，直接关系到很多部门的工业生产和人民生活的需要，制冷技术不但在制冷设备需要量方面占相当的比重，而且在能源动力消耗方面也占有较大的比例。另外，在建筑工业中冻土法挖掘土方、混凝土预冷技术、混凝土加片冰搅拌处理；在农业中低温处理农作物种子；在医药卫生部门中肿瘤切除手术、皮肤移植手术及低温麻醉等；在微电子技术、光纤通信、能源、新型原材料、宇宙开发、生物工程技术等尖端科学领域，制冷技术也有重要应用。

实现制冷可以通过两种途径：一是利用天然冷源，二是利用人造冷源。天然冷源就是利用深井水或天然冰水冷却物体或空间中的空气。天然冷源具有价廉和不需要复杂技术设备等优点，但是它受时间、地区等条件的限制，而且不宜用来获取低于 0 ℃的温度。随着生产力的不断发展，在 19 世纪中叶，世界上第一台机械制冷装置问世，人类开始采用人造冷源。人造冷源也称为人工制冷。其制冷过程必须遵守热力学第二定律。实现人工制冷的方法有多种，按物理过程的不同有液体气化法、气体膨胀法、热电法、固体绝热去磁法、固体吸附制冷等。

不同的制冷方法适用于获取不同的温度。根据制冷温度的不同，可将制冷技术大体分为四类，即普通制冷（普冷），低于环境温度至−100 ℃；深度制冷（深冷），−100 ℃～−200 ℃；低温制冷（低温），−200 ℃～−268.95 ℃（液氮的沸点）；极低温制冷（极低温），低于−268.95 ℃。

冷库制冷技术和空调用制冷技术等属于普冷，主要采用液体气化制冷法，其中包括蒸汽压缩式制冷、吸收式制冷及蒸汽喷射式制冷。空气分离技术的工艺用制冷技术等属于深冷。

5.7.2 制冷剂、载冷剂及润滑油

（1）制冷剂。制冷剂是在制冷系统中不断循环流动，通过自身热力状态的变化与外界发生能量交换，以实现制冷目的的工作物质。

目前使用的制冷剂有很多种，归纳起来可分为以下四类：

1）无机化合物：氨（R717），水（R718），二氧化碳（R744）等。

2）烃类：甲烷、乙烷、丙烷、异丁烷、乙烯、丙烯等。

3）卤代烃（氟利昂族）：二氟二氯甲烷（R12）、二氟一氯甲烷（R22）、四氟乙烷（R134a）、五氟丙烷（R245ca）等。

4）多元混合溶液：共沸混合制冷剂如 R502、R507 等，非共沸混合制冷剂如 R407C、R410A 等。

常用制冷剂有氨、R22、R134a、R600a、R502、R507、R407C、R410A 等。目前，研制新型优质环保制冷剂是制冷领域的一个热点。

（2）载冷剂。载冷剂是在间接式制冷系统中，将被冷却物体或空间的热量传递给制冷剂的工作物质。

常用的载冷剂是水、盐水和有机载冷剂。

1）水作载冷剂的工作温度高于 0 ℃。水的比热大，对流传热性能好，价格低廉，因此，水在空调系统中被广泛用作载冷剂。

2）盐水作载冷剂工作温度可低于 0 ℃。常见的盐水是由氯化钙或氯化钠配成的水溶液。

3）常用的有机载冷剂主要有乙二醇、丙二醇的水溶液。

（3）润滑油。在制冷装置中，润滑油保证压缩机正常运转，对压缩机的各个运动部件起

润滑与冷却作用,在保证压缩机运行的可靠性和使用寿命中起着极其重要的作用。

在制冷系统中,制冷剂不可避免地要混入一些润滑油,从而给制冷剂的性能带来较大的影响,进而影响整个系统的制冷性能。图5.49给出了润滑油(聚酯类)浓度对制冷剂(R134s)饱和蒸汽压的影响。由图中可以看出,随着润滑油浓度的增加,制冷剂的饱和蒸汽压大大降低。

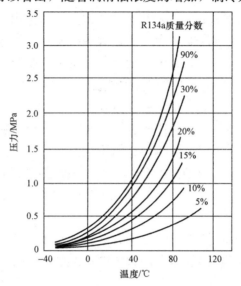

图5.49 不同润滑油浓度下的制冷剂饱和压力曲线

5.7.3 制冷传热原理

在制冷技术范围内,实现能量由低温热源向高温热源的传递有以下几种基本方法:

(1)相变制冷。利用液体在低温下的蒸发过程或固体在低温下的熔化或升华过程,从被冷却物体吸取热量,以制取冷量。

(2)气体绝热膨胀制冷。高压气体经绝热膨胀即可达到较低的温度,利用低压气体复热即可制取冷量。

(3)气体涡流制冷。高压气体经涡流管膨胀后即可分离为热、冷两股气流,利用冷气流的复热过程即可制冷。

(4)热电制冷。热电制冷是一种以温差电现象为基础,利用珀尔帖效应达到制冷目的的制冷方法,即在两种不同金属组成的闭合线路中通直流电流,会产生一个接点热、另一个接点冷的现象,这种现象称作温差电现象。一般热电制冷都采用半导体材料,因为半导体材料所产生的温差电现象较其他金属显著得多。

5.7.4 常用制冷设备及附件

1. 制冷机

制冷压缩机属于制冷机,是蒸汽压缩式制冷装置的一个重要设备。制冷压缩机的形式很多，根据工作原理的不同，可分为容积型和速度型两大类。在容积型制冷压缩机中，气体压力靠可变容积被强制缩小来提高。常用的容积型制冷压缩机有往复式活塞制冷压缩机、回转式制冷压缩机、螺杆式制冷压缩机及滚动转子式制冷压缩机；在速度型制冷压缩机中，气体压力的提高是由气体动能转化来的。离心式制冷压缩机属于速度型制冷压缩机。

制冷机是制冷系统中制冷装置的心脏。制冷机的种类繁多，具体见表5.3。在诸多制冷机中，用得最广、制造工艺最成熟的是活塞式制冷压缩机。特别是中、小型活塞式蒸汽制冷压缩机，具有效率高、使用温度范围广、灵活可靠等优点，并适用于多种制冷剂。

活塞式制冷压缩机是利用气缸中活塞的往复运动来压缩气缸中的气体，通常是利用曲柄连杆机构将原动机的旋转运动转变为活塞的往复直线运动，又称为往复式制冷压缩机。活塞式制冷压缩机主要由机体、气缸、活塞、连杆、曲轴和气阀等组成。活塞式制冷压缩机可按以下几种方式分类：

（1）按压缩机的密封方式，可分为开启式和封闭式两种。机体与电动机外壳铸成一体，构成密闭的机身，气缸盖可拆卸的压缩机称为半封闭式压缩机。

表5.3 制冷机的种类及特点

制冷机的种类		常用制冷剂	适用温度/℃	单机制冷量/kW	主要用途
压缩式制冷机	蒸汽压缩式	活塞式	NH_3、R12、R22、R13、R14、R502	−120以上	全封闭 0.1～58	农业、医药卫生用小型制冷设备、冰箱和空调器
					高速多缸型 58～512	机械、化工、电子、建筑、商业中用的冷却、冷藏和空调设备
					对称平衡型 407～1 745	石油、化工工艺用冷却设备
		离心式	R11、R12、R113、R114、NH_3、C_3H_5、C_3H_8、CH_4	−160以上	175～34 900	石油、化工、纺织工业中工艺用冷却设备、大型建筑空调设备
		螺杆式	NH_3、R12、R22、R502	−80以上	23～5 815	石油、化工、商业、交通运输中用的冷却、冷藏和空调设备
		回转式	R12、R22、R502、NH_3	−30以上	大型 17.5～675 小型 0.1～17.5	商业、交通运输中用的冷却和冷藏设备，商业中的小型制冷设备、冰箱和空调器
	气体压缩式	空气制冷机	空气	−150以上	5.8～1 163	航空、电子仪表工业中的环境模拟和空调设备
		气体回热式	H_2、He	−100～−253	0.000 5～25	液氮、液氢设备，红外技术、超导技术中的超低温设备
吸收式制冷机		氨水吸收式	NH_3-H_2O	−65以上	10.5～6 978	化工工艺用的冷却设备
		溴化锂吸收式	$LiBr-H_2O$	0以上	12.8～6 978	各种工业用空调和大型民用空调或工艺用低温水设备
		吸收扩散式	$NH_3-H_2O-H_2$	−20以上	0.011～0.11	小型冰箱

续表

制冷机的种类	常用制冷剂	适用温度 /℃	单机制冷量 /kW	主要用途
蒸汽喷射式	H_2O	−0 以上	35～3 500	冶金、纺织、化工中的空调和工艺用低温水设备
半导体		−120 以上	0.011～35	医用和仪器用小型制冷设备，舰艇中的冷却和空调设备

(2)按压缩机气缸的布置方式，可分为卧式、立式、平衡式和角度式(图5.50)。角度式压缩机的气缸轴线在垂直于曲轴轴线的平面内呈一定的夹角，其排列形式有 V 形、W 形、S 形等。目前，中、小型空气调节工程中多采用这种压缩机。

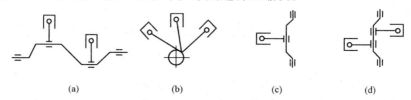

图 5.50　压缩机气缸的布置方式

(a)立式压缩机；(b)角度式压缩机；(c)卧式压缩机；(d)平衡式压缩机

(3)按压缩级数，可分为单级压缩机和双级压缩机。

(4)按制冷剂，可分为氨压缩机和氟利昂压缩机等。

(5)按作用方式，可分为单作用压缩机和双作用压缩机。

(6)按蒸汽流动方向，可分为顺流式压缩机和逆流式压缩机。

还有其他形式和分类方法，如汽车空调用的双活塞斜盘式压缩机等。

我国中、小型活塞式制冷压缩机系列型号的表示方法，对于单机单级制冷压缩机，基本上可分为以下五个部分：

(1)第一部分是一个数字，用来表示气缸的数量，"2"表示两个缸，"4"表示四个缸，如果是一个缸可以省略"1"。

(2)第二部分是一个字母，用来表示该压缩机所使用的制冷剂，"A"表示制冷剂是氨，"F"表示制冷剂是氟利昂。

(3)第三部分是一个字母，用来表示气缸布置形式。"L"表示立式，"V"表示 V 形角度式，"W"表示 W 形角度式，"S"表示扇形角度式，立式的"L"有时可省略不写。

(4)第四部分是一组数字，以 cm 为单位表示气缸直径尺寸，如"17"表示气缸直径是 170 mm。

(5)第五部分是一个字母，用来表示压缩机与电动机的传动方式，直接传动用"A"表示，皮带传动用"B"表示。注意对半封闭式制冷压缩机，最后一个字母"B"表示半封闭；对全封闭式制冷压缩机，最后一个字母"Q"表示全封闭。

如"6AW12.5A"表示 6 个气缸、氨作制冷剂、气缸为 W 角度、气缸直径为 12.5 cm、与电动机直接传动的制冷机。

单机双级制冷压缩机型号由四部分组成，第一部分为字母 S；第二部分为数字，表示气缸数；第三部分为数字，表示气缸直径，单位是 cm；第四部分是表示传动方式的字母，为 A 或 B。如"S8 12.5A"表示单机双级压缩、8 个气缸、气缸直径为 12.5 cm、与电动机直接传动的制冷机。

2. 换热型设备

(1)冷凝器。冷凝器是一种热交换器，制冷剂的热量通过冷凝器的传热表面传递给周围的介质(空气和水)，制冷剂在冷凝器放出热量的同时被冷凝成液体。冷凝器根据热量被带走的方法不同，可分为水冷式、风冷式和蒸发式三种；按形式，可分为立式冷凝器和卧式冷凝器。其中，立式冷凝器多用于氨制冷系统；卧式冷凝器多用于氟利昂制冷系统。

1)立式冷凝器为钢制圆筒形，如图 5.51 所示，筒的上部设有制冷剂蒸汽的进口，下部设有制冷剂液体的排出口。在圆筒内装有数根钢管，管的上、下端分别与孔板胀接，筒顶有进水箱，箱内设配水用的均水板，筒底设有冷却水集水池。高温高压的制冷剂蒸汽由圆筒上部进入筒内(管外)；冷却水通过均水板均匀地分配到每根管内，沿管内壁螺旋而下，与管外(圆筒内)的制冷剂蒸汽进行热交换，降落在集水池中。

2)卧式冷凝器为钢制圆筒形，如图 5.52 所示，两端有封头，圆筒内装有许多根无缝钢管，采用胀接法固定在圆筒体两端的管板上。高温、高压的制冷剂蒸汽由卧式圆筒上部进入圆筒内的管间(管外)；冷却水沿管内流动，与管外(圆筒内)的制冷剂蒸汽进行热交换。制冷剂蒸汽凝结为液体，沉降于圆筒底部。

(2)蒸发器。蒸发器是一种热交换设备，在蒸发器中，被冷却介质的热量通过管壁传递给制冷剂。蒸发器的形式很多，可用来冷却空气或各种液体(如水、盐水等)。蒸发器根据供液方式的不同，可分为以下四种：

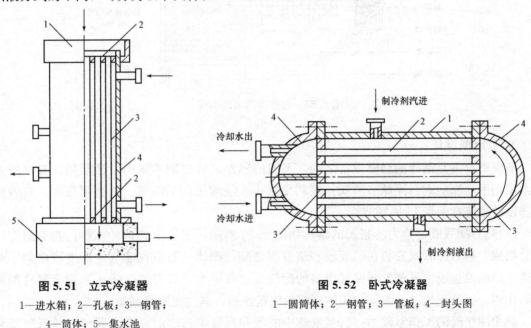

图 5.51　立式冷凝器　　　　　图 5.52　卧式冷凝器
1—进水箱；2—孔板；3—钢管；　　1—圆筒体；2—钢管；3—管板；4—封头图
4—筒体；5—集水池

1)满液式蒸发器。这种蒸发器内充满了液态制冷剂，这样可使传热面尽量与液态制冷剂接触，因此，沸腾放热系数较高，但是这种蒸发器需充入大量制冷剂。

2)非满液式蒸发器。液态制冷剂经膨胀阀直接进入蒸发器管内(最好从下部进入)，随着在管内流动，不断吸收管外被冷却介质的热量，逐渐汽化，故蒸发器内的制冷剂处于气、液共存状态。这种蒸发器克服了满液式蒸发器的缺点，器内充液量小，然而由于较多的传热面与气态制冷剂直接接触，所以，其传热效果不如满液式蒸发器。

3) 循环式蒸发器。这种蒸发器是靠泵使制冷剂在蒸发器内进行强迫循环，其循环量为制冷剂蒸发量的4～6倍，不易积存润滑油，但它的设备费高，故多用于大型冷藏库。

4) 淋激式蒸发器。这种蒸发器中只充灌较少量的制冷剂，借助泵将液态制冷剂喷淋在传热面上，这样可减少系统中制冷剂的充注量。由于它的设备费高，故适用于蒸发温度很低、制冷剂价格较高的制冷装置。

(3) 冷却塔。冷却塔的作用原理是使水与空气上下对流。在对流时，水与空气换热以及部分水汽化吸热而使循环水冷却。冷却塔可使冷却水循环使用，节约水资源。冷却塔的构造形式多种多样。以填料形式命名的一种常用冷却塔的构造如图5.53所示。

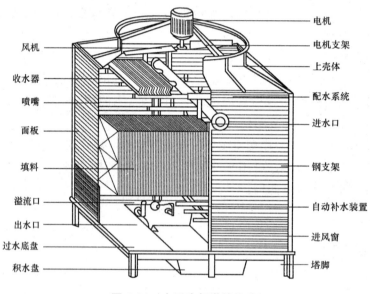

图 5.53 方形冷却塔的构造

3. 节流型设备

节流型设备是制冷的必要设备之一，不同的制冷系统选用不同的节流装置。氨制冷系统常采用手动膨胀阀、浮球节流阀；氟利昂制冷系统常采用毛细管、热力膨胀阀；双效溴化锂制冷系统常采用U形管节流。

(1) 热力膨胀阀。热力膨胀阀的结构如图5.54所示，主要由阀体、感温包和毛细管三部分组成。热力膨胀阀安装在贮液器和蒸发器之间，阀体一般设在靠蒸发器进液口的工业管道上，感温包设在靠蒸发器回气出口的回气管道外壁上，具有节流降压和调节制冷剂流量的作用。感温包通过毛细管与阀体顶部的气箱连通，其内充满氟利昂。

热力膨胀阀的工作原理为：当蒸发器中的氟利昂液量过多时，蒸发器出口的低压氟利昂蒸汽的过热温度下降，感温包、毛细管和气箱内的氟利昂因温度降低而收缩，使膜片上部的压力减小；当该压力小于蒸发器内氟利昂的压力与下部弹簧的作用力的合力时，膜片向上，带动传动杆使阀针向上，阀孔关小，进入蒸发器时的液量减小。反之，若蒸发器内

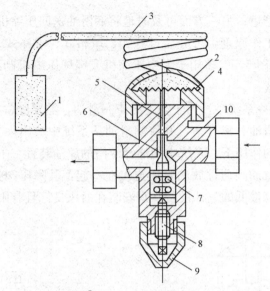

图 5.54 热力膨胀阀的结构

1—感温包；2—气箱；3—毛细管；4—膜片；5—传动杆；
6—阀针；7—弹簧；8—调节杆；9—阀帽；10—阀体

的氟利昂液量少时，蒸发器出口的低压氟利昂蒸汽的过热温度上升，此时膜片、传动杆、弹簧和阀针的动作向下，将阀孔开大，使进入蒸发器的液量增多。

初次运行时，若发现有进液量过大或过小的现象，可打开其阀帽，用扳手转动调节杆进行调节。正常运行时，热力膨胀阀将会自动微调，时而将阀孔开大，时而将阀孔关小，并伴有嘘嘘的声音。

(2) 浮球阀。浮球阀是一种液位调节的自动节流阀，主要用在氨制冷装置上，如自由液面的蒸发器、中间冷却器以及低压循环桶等装置的液体控制。浮球阀可分为直通式和非直通式两种。

常用的非直通式浮球阀如图 5.55 所示。在浮球室内有一个浮球，通过杠杆使浮球与进液阀的阀针联系，浮球室上部与氨液分离器上部的气体部分连接，下部与蒸发器下部的液体部分连接。当蒸发器内的液面上升时，浮球室内的液面同时上升，浮球也随之上升。当浮球上升至设计液面时，通过杠杆使阀针左移，关闭小阀孔，进入蒸发器的液量随之减少。

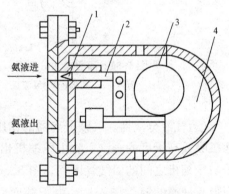

图 5.55 非直通式浮球阀

1—阀孔；2—杠杆；3—浮球；4—浮球室

4. 分离型设备

分离型设备是制冷系统中重要的辅助设备。无论是氟利昂制冷系统，还是氨制冷系统中都设有油分离器、过滤器、干燥器、气液分离器等；而不凝性气体分离器以及集油器专用在氨制冷系统中。

(1) 油分离器。油分离器是安装在压缩机排出端与冷凝器之间的一种分离装置。其作用是将制冷剂蒸汽与混入的润滑油分开，一方面可防止过多的润滑油进入制冷系统的各设备内影响换热效果或阻塞管道；另一方面可及时地将润滑油送回压缩机，避免压缩机失油。

常用的油分离器按工作原理，可分为过滤式、填料式、洗涤式及离心式。洗涤式只用于氨制冷系统；离心式(图5.56)多用于大型压缩机或螺杆压缩机制冷系统。氟利昂制冷系统多采用过滤式或填料式。

(2)集油器。在氨制冷系统中，由于氨不溶于润滑油，需要经常排放润滑油。集油器的功能是将制冷剂氨与润滑油分离开来，并将润滑油从系统中放出来。考虑到氨的密度比润滑油的密度小，在压差的作用下，系统中的油经专门的放油装置——集油器(图5.57)排出。它的进油阀与各设备的放油阀通过放油管道连接在一起，其降压阀接至回气总管上。集油器是制冷系统中安装标高最低的一种设备，宜安装在通风良好且有阳光直射的位置。

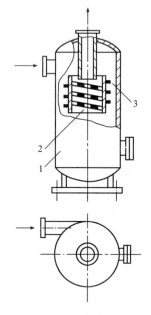

图 5.56　离心式油分离器
1—筒体；2—孔板；3—导流板

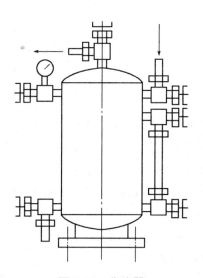

图 5.57　集油器

(3)气液分离器。气液分离器的作用是分离来自蒸发器的低压蒸汽中的液滴，以保证压缩机吸入高干度的蒸汽，防止压缩机出现"液击""撞缸"事故。气液分离器一般安装在蒸发器与压缩机之间的回气管道上。图5.58所示的氨液分离器主要由钢制圆筒和封头等组成。当带有液滴的氨气进入后，由于截面面积扩大、流速降低、流向改变，液滴沉降于底部，较干的蒸汽被压缩机抽吸出去。

(4)空气分离器。空气分离器用于氨制冷系统，将不凝的空气与氨气分离。其可分为卧式和立式两种。立式空气分离器如图5.59所示。其工作原理为节流后的氨液进入后，在此气化造成低温，使混合气被冷凝，然后氨液存于底部，将不凝的空气经水桶排至大气中。

5. 其他辅助设备

(1)贮液器。贮液器俗称贮液筒，用于贮存制冷剂液体和调节制冷剂液体的流量。其按功能可分为高压贮液器(图5.60)和低压贮液器两种，其结构为钢制圆筒形，两端有封头，安装时应水平放置。

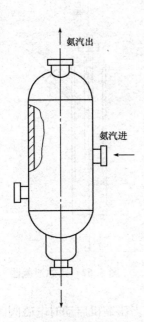

图 5.58 氨液分离器

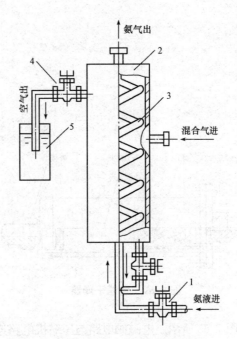

图 5.59 立式空气分离器

1—节流阀；2—筒体；3—盘管；4—截止阀；5—水桶

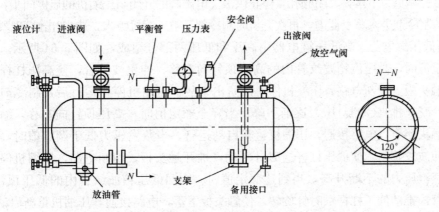

图 5.60 高压贮液器

(2)过滤器。过滤器用于消除系统内的机械杂质、金属屑、氧化皮等。在氨制冷系统中专门设置了氨液过滤器和氨气过滤器。氨液过滤器一般设置在浮球节流阀或手动节流阀之前的液体管道上，氨气过滤器一般安装在回气管路上。氟利昂液体过滤器一般安装在液体管段的供液电磁阀前的管段中，在实际氟利昂系统中常在过滤器筒体内填充干燥剂，使过滤和干燥合二为一，称为过滤干燥器(图 5.61)。

(3)紧急泄氨器。紧急泄氨器由一个较粗的钢短管制成，短管的上端设氨液进口，侧面设自来水进口，下端为氨液与自来水混合液的泄出口，如图 5.62 所示。

(4)电磁阀。电磁阀是一种开关式自动阀门，它适用于各种工质，包括气体或液体的制冷剂、淡水、盐水和润滑油。在制冷装置中，贮液器(或冷凝器)与膨胀阀之间的供液管道上一般都装有电磁阀，起自动关闭、保护压缩机避免"液击"的作用。

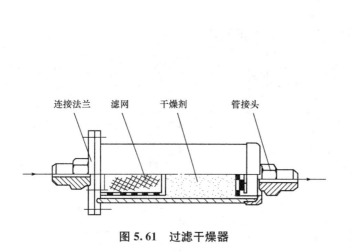

图 5.61 过滤干燥器

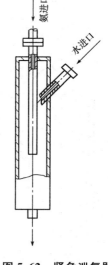

图 5.62 紧急泄氨器

电磁阀如图 5.63 所示。电磁阀电路与压缩机电路连锁控制。当压缩机启动时电磁阀的线圈同时也有电流通过，产生磁场，阀针被吸起，液体氟利昂通过；当停机时，线圈也同时失电，磁场消失，磁针靠重力下落，关闭阀孔，停止供液。电磁阀的开闭与压缩机的启停同步，可避免停机后大量的制冷剂进入蒸发器内，再次开机时制冷剂又被压缩机吸入，造成"击缸"现象。

(5)高低压继电器。高低压继电器由高压和低压两部分组成，如图 5.64 所示。当冷凝压力超过额定值时，高压汽箱波纹管内的高压顶针向右移，伸出波纹管，使高压杠杆顺时针旋转，推开触头板，切断电路，压缩机停，以防出事故；压缩机停止运行后，制冷剂仍在冷凝器中不断冷凝，排汽(冷凝)压力逐渐下降；当降至额定值时，高压顶针向左移，缩回波纹管内，此时触头闭合，电路接通，压缩机重新启动运行。当蒸发压力低于调定值时，低压顶针左移，缩回波纹管内，使低压杠杆逆时针转动，推开触头板，切断电路，压缩机停，节约电能。随着蒸汽压力的不断升高，当到达额定值时，缩回低压箱波纹管内的低压顶针向右移，伸出波纹管，推动低压杠杆顺时针旋转，使触头板下落，电路接通，压缩机重新启动。

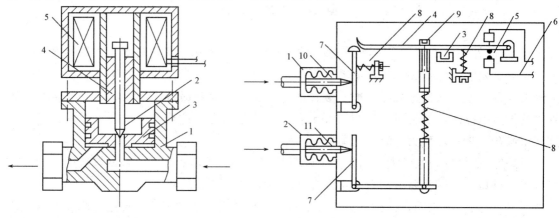

图 5.63 电磁阀
1—阀体；2—阀杆；3—浮阀；
4—衔铁；5—线圈

图 5.64 高低压继电器
1—高压气阀；2—低压气阀；3—永久磁铁；4—动触头板；
5—触头；6—电线；7—杠杆；8—弹簧；
9—调节螺丝；10—高压顶针；11—低压顶针

(6)油压继电器。制冷压缩机通常采用油泵、油管等进行压力润滑。当油泵出口的压力与入口的压力差小于设定值时,油压继电器动作,切断电路,使压缩机停机,起到安全保护的作用。

油压继电器如图 5.65 所示。油泵出来的高压油一路进入高压箱,油泵吸入的低压油一路进入低压箱,两者的压力差由弹簧平衡。当两者的压力差为设定值时,杠杆将压差开关顶开,电流经延时开关(此时该开关呈闭合状态)、接触器线圈形成回路,压缩机正常工作。当两者的压差小于设定值(即高压减低)时,压差开关闭合。此时,电流分两路:一路同前;另一路经电热器和压差开关形成回路,这时电热器工作(延时约 60 s),双金属片向右弯,顶开延时开关,切断电路,压缩机自动停。当消除故障重新开机时,需按复位按钮。

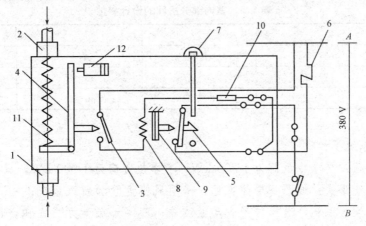

图 5.65 油压继电器

1—高压箱;2—低压箱;3—压差开关;4—杠杆;5—延时开关;6—接触器线圈;
7—复位按钮;8—电热丝;9—双金属片;10—降压电阻;11—弹簧;12—试验按钮

复习思考题

1. 室内通风有哪几种形式?机械通风系统一般分为哪几类?
2. 全面通风和局部通风的区别在哪里?其组成部件都有哪些?
3. 通风系统中常用的设备和部件有哪些?
4. 在阅读通风与空调工程平面布置图、剖面图及系统图时,应分别注意哪些问题?
5. 识图。

以某办公楼空调工程为例:

(1)本工程建筑面积为 11 170 m^2,建筑高度为 43.2 m,地上 10 层、地下 1 层,主要包括办公室、会议厅、餐厅及服务大厅。

(2)设计依据:设计任务书、建筑结构提供的有关图纸、《建筑设计防火规范》(GB 50016—2014)、《工业建筑供暖通风与空气调节设计规范》(GB 50019—2015)。

(3)设计参数。空调室外计算温度见表5.4。

表5.4　空调室外计温度　　　　　　　　　　　　　　　　　　　　℃

季节	空调计算干球温度	空调计算湿球温度
夏季	34.7	26.5
冬季	−11	

室内部分房间的设计参数见表5.5。

表5.5　室内部分房间的设计参数

房间	温度/℃		相对湿度/%	
	冬季	夏季	冬季	夏季
办公、会议	21~23	26~27	40~45	45~50
餐厅	22~23	26~27	40~45	45~50

(4)空调系统设计说明。

1)空调负荷：夏季冷负荷为1 200 kW；冬季热负荷为1 000 kW。

2)空调系统形式：地下一层为餐厅，采用风机盘管加新风系统；一~三层为服务大厅，采用全空气系统，送风口为方形散流器；四~十层为办公室和会议室，采用风机盘管加新风系统；消防控制室采用分体式空调；四层微机室采用风冷热泵型分体空调。

3)空调冷、热源：空调冷源由水冷螺杆式冷水机组提供，热源为市政管网经换热站的低温热水。冷、热水共用同一系统，系统水平垂直均为同程两管制。

(5)施工要求。

1)管材：冷冻水管及冷凝水管均采用热镀锌钢管，以沟槽式或法兰连接；风管采用镀锌薄钢管，厚度及加工方法按有关规定执行。

2)保温：风管、冷冻水管及冷凝水管采用难燃型高压聚乙烯高倍发泡体保温，外缠加筋铝箔；风管保温厚度为30 mm，空调水管直径大于100 mm的保温厚度为50 mm，直径小于100 mm的保温厚度为30 mm。

3)新风机组、空调机组以及风机盘管安装完毕后，其凝水盘须作注水试验，检查系统是否畅通、漏水。

4)空调水系统安装完毕后切断设备进行试压和冲洗，试验压力为0.8 MPa，5 min内压降不超过20 kPa为合格，管道用自来水反复冲洗，直至与入口水相同为止。

5)未详事宜参照有关规定执行。

选择部分图纸，分别为图例及设备型号表(图5.66、表5.6)、一层全空气空调系统平面图(图5.67)、四层风机盘管加新风空调系统平面图(图5.68、图5.69)、四层风机盘管加新风水系统系统图(图5.70)。

图例

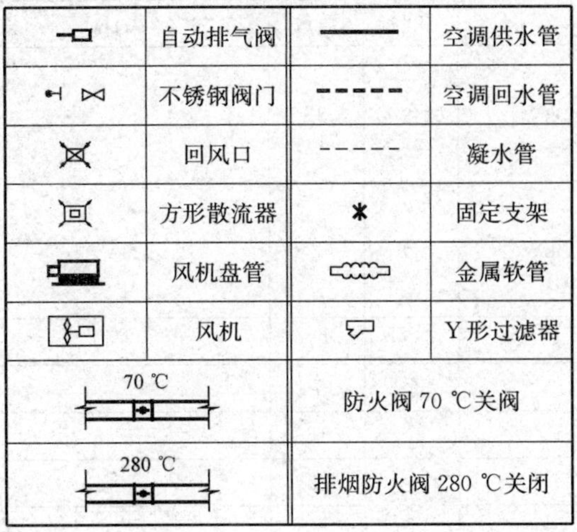

符号	说明	符号	说明
⊸	自动排气阀	———	空调供水管
⊢⋈	不锈钢阀门	− − − −	空调回水管
⊠	回风口	- - - - -	凝水管
▯	方形散流器	✳	固定支架
风机盘管	风机盘管	∽∽∽	金属软管
风机	风机	⌒	Y形过滤器
70℃ ▭▭	防火阀 70℃关阀		
280℃ ▭▭	排烟防火阀 280℃关闭		

设备标注含义

A＝风口数量
B＝Y 配风口调节阀，N 不配风口调节阀
C＝Y 风口设过滤网，N 风口不设过滤网
D＝风口类型及风口喉部尺寸
FS——散流器
SB——双层百叶风口
DB——单层百叶风口
PYK——板式排烟口

A	B	C
D		

图 5.66　图例

表 5.6　图例及设备型号表

序号	名称	型号规格	单位	数量	备注
1	风冷热泵机组	YCACH-45R CL＝39.5 kW　　N＝13.2 kW	台	1	含水箱，水泵设于三层顶
2	空气处理机组	YAH04-6　　CL＝28.6 kW L＝4 000 m³/h　　Hy＝200Pa N＝1.1 kW　　57 dB	台	12	K_1-1,2,3,4 $K_{2,3}$-1,2,3,4
3	新风机组	YAH02-6R　　CL＝32.7 kW L＝2 000 m³/h　　Hy＝200Pa N＝0.75 kW　　57 dB	台	8	X_{-1}-1　X_4-1 X_5-1　X_6-1 X_7-1　X_8-1 X_9-1　X_{10}-1
4	增压风机	DZ-13-2.5D L＝2 000 m³/h H_j＝150Pa N＝0.37kW	台	8	F_{-1}-1　F_4-1 F_5-1　F_6-1 F_7-1　F_8-1 F_9-1　F_{10}-1
5	贯流式空气幕	KFM-090 L＝1 680～1 320 m³/h　　N＝60 W	台	5	设于一层
6	风机盘管	FC-03-3H L＝539 m³/h　　CL＝2.98 kW N＝54 W　　38 dB	台	65	
7	风机盘管	FC-04-3H L＝688 m³/h　　CL＝3.83 kW N＝68 W　　42 dB	台	71	
8	风机盘管	FC-06-4H L＝969 m³/h　　CL＝5.33 kW N＝101 W　　45 dB	台	2	

续表

序号	名称	型号规格	单位	数量	备注
9	风机盘管	FC-07-4H L=1 139 m³/h CL=6.87 kW N=132 W 46 dB	台	32	
10	风机盘管	FC-08-4H L=1 269 m³/h CL=7.51 kW N=128 W 45 dB	台	2	
11	双层百叶送风口	600×130	个	67	
12	双层百叶送风口	700×130	个	7	
13	双层百叶送风口	320×320	个	16	
14	双层百叶送风口	1 100×130	个	35	
15	双层百叶送风口	1 200×130	个	5	
16	单层百叶回风口	600×130	个	35	
17	单层百叶回风口	700×130	个	1	
18	单层百叶回风口	400×400	个	72	
19	单层百叶回风口	750×750	个	12	
20	单层百叶回风口	1 100×130	个	29	
21	单层百叶回风口	1 200×130	个	2	
22	散流器	250×250	个	116	

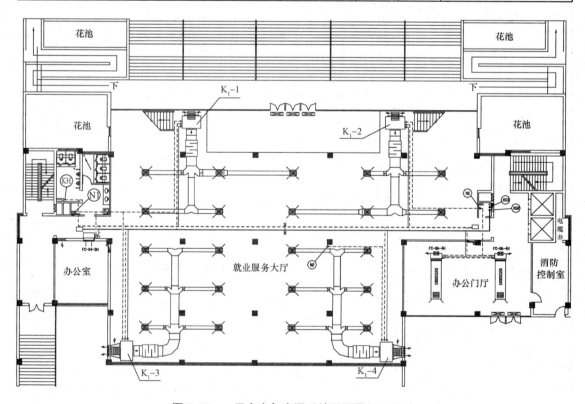

图 5.67 一层全空气空调系统平面图(1∶100)

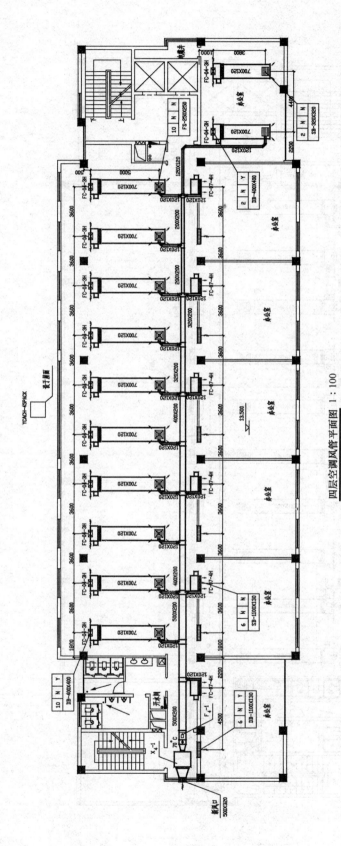

图 5.68 四层风机盘管加新风空调系统平面图（1:100）

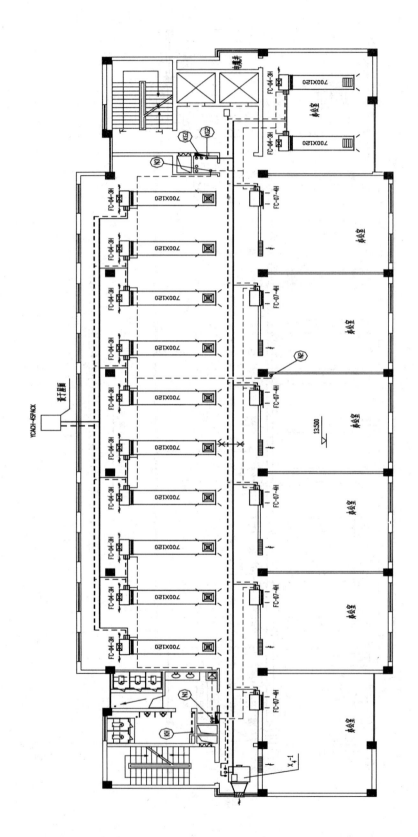

图 5.69 四层风机盘管加新风水系统平面图（1∶100）

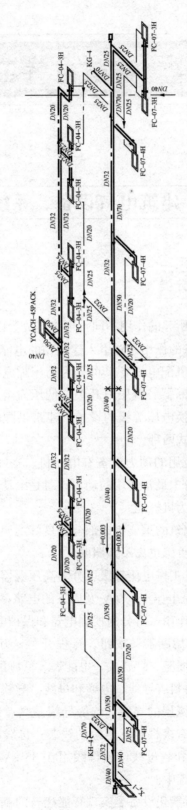

图 5.70 四层风机盘管加新风水系统图（1:100）

任务6 建筑电气工程

6.1 建筑电气设备、系统的分类

6.1.1 建筑电气设备的分类

根据建筑电气设备在建筑中所起的作用不同,可将其分为以下几类:

(1)供配电设备。供配电设备的作用是对引入建筑物的电能进行分配和供应。按照工作任务的不同和工作电压的高低,供配电设备又可分为高压配电设备、低压配电设备和电力变压器。低压配电设备有低压熔断器、低压刀开关、低压刀熔开关、低压负荷开关、低压断路器等。电力变压器是用来变换电压等级的设备。建筑供配电系统中的电力变压器均为三相电力变压器,有油浸式和干式两种。

(2)动力设备。建筑工程中应用的动力设备有电动机、空气压缩机、内燃机(汽油机和柴油机)和蒸汽机四种。建筑设备中最常使用的动力设备是电动机,约占动力设备的80%以上。电动机的作用是将电能转换为机械能。

(3)照明设备。照明是现代建筑的重要组成部分。良好的照明是生产和生活正常进行的必要条件,发挥和表现建筑物的美感也离不开照明。

(4)低压电器设备。电器按其工作电压等级可分为高压电器和低压电器。低压电器一般是指用于交流电压1 200 V、直流电压1 500 V及以下的电路,起通断、保护、控制或调节作用的电器产品。低压电器按其作用,可分为控制电器和保护电器等。

常用的低压电器有刀开关、熔断器、按钮、行程开关、万能转换开关、主令控制器、接触器、继电器、低压断路器、插座、灯开关、电能表、低压配电柜等。

(5)导电材料。常用的导电材料有导线、电缆和母线。导线又称为电线,一般可分为裸导线和绝缘导线,裸导线即无绝缘层的导线,绝缘导线是具有绝缘包层(单层或数层)的电线;电缆是在一个绝缘软套内裹有多根相互绝缘的线芯;母线也称汇流排,是用来汇集和分配电流的导体,可分为硬母线和软母线,软母线用在35 kV及以上的高压配电装置中,硬母线用在工厂高、低压配电装置中。

(6)楼宇智能化设备。楼宇智能化设备是实现智能建筑的基础,主要包括通信自动化设备、办公自动化设备、楼宇自动控制设备、火灾自动报警设备、安防设备等。

6.1.2 建筑电气系统的分类

(1)建筑供配电系统。建筑供配电系统是建筑电气的最基本的系统,由供电电源和供配电设备组成。建筑供配电系统从电网引入电源,经过适当的电压变换,再合理地分配给各用电设备使用。根据建筑物内用电负荷的大小和用电设备额定电压的不同,供电电源一般有单相 220 V 电源、三相 380/220 V 电源和 10 kV 高压供电电源三种类型。供配电设备主要有变压器、高压配电装置和低压配电装置。

(2)建筑照明电气系统。建筑照明电气系统是建筑物的重要组成部分。电气照明的优劣直接影响建筑物的功能和建筑艺术效果。建筑照明电气系统由照明装置及其电气部分组成。照明装置主要是指灯具;电气部分主要包括照明配电、照明控制电器和照明线路等。

(3)动力及控制系统。建筑设备中最常使用的动力设备是电动机,动力及控制系统就是对电动机进行配电、控制的系统。不同容量、不同供电的可靠性以及不同控制目的的动力设备,其配电或控制系统不同。

(4)智能建筑系统。智能建筑(Intelligent Building,IB)是利用系统集成的方法,将计算机技术、通信技术、控制技术与建筑技术有机结合的产物。智能建筑将建筑物中用于综合布线、楼宇控制、计算机系统的各种分离的设备及其功能信息,有机地组合成一个相互关联、统一协调的整体,各种硬件与软件资源被优化组合成一个能满足用户需要的完整体系,并朝着高速化、共性能的方向发展。与建筑工程技术专业紧密相关的内容主要包括火灾自动报警及消防联动系统、通信网络系统、建筑设备监控系统、安全防范系统、信息网络系统、综合布线系统、智能化系统集成等。

6.2 建筑电气工程常用材料

6.2.1 导线

导线线芯要求导电性能好、机械强度大、质地均匀、无裂纹、耐腐蚀性能好;绝缘层要求绝缘性能好、质地柔韧,并具有一定的机械强度,能耐酸、碱、油和臭氧的侵蚀。导线按其用途,又可分为固定敷设电线、绝缘软电线、仪器设备用电线、屏蔽电线和户外绝缘电线等。

1. 常用导线的种类

常用固定敷设绝缘导线按绝缘材料,分为橡皮绝缘导线和聚氯乙烯绝缘导线;按线芯材料,分为铜线和铝线;按线芯结构,分为单股和多股;按线芯硬度,分为硬线和软线。

橡胶绝缘导线适用于交流 500 V 以下的电气设备和照明装置,长期运行工作温度不应超过 65 ℃。聚氯乙烯绝缘导线适用于 450/750 V 及以下的动力装置固定敷设,长期运行工作温度 BV-105 型不超过 105 ℃,其他不超过 70 ℃,电线使用温度应不低于 0 ℃。此类电线的型号主要有 BV、BLV、BVR、BVV、BLVV、BVVB、BLVVB 和 BV-105。型号含义为：第一个 B——固定敷设；L——铝芯(铜芯无表示)；第一个 V——聚氯乙烯绝缘；第二个 V——聚氯乙烯护套；第二个 B——平形(圆形无表示)；R——软电线。

聚氯乙烯绝缘导线的绝缘性能良好，价格较低，无论明设或穿管敷设，均可代替橡皮绝缘导线。由于其不能耐高温，绝缘容易老化，所以，聚氯乙烯绝缘导线不宜在室外敷设。氯丁橡皮绝缘导线的特点是耐油性能好，不易霉、不延燃、光老化过程缓慢，因此可以在室外敷设。橡皮绝缘导线的耐老化性能较好，但价格较高。

常用的绝缘软导线可分为聚氯乙烯软电线和橡胶绝缘编织软电线。前者适用于交流 450/750 V 及以下的家用电器、小型电动工具、仪器仪表和动力照明的连接；后者适用于交流 300 V 及以下的室内照明灯具、家用电器和工具的连接。型号含义为：R——软电线；V——聚氯乙烯绝缘；第二个 V——聚氯乙烯软护套；S——绞形；B——平形。橡胶绝缘编织软电线常用型号有 RXS、RX 和 RXH。型号含义为：R——软电线；X——橡胶编织线；S——绞形；H——橡胶护套。常用绝缘导线型号和名称见表 6.1。

表 6.1 常用绝缘导线型号和名称

型号	名称	型号	名称
BX(BLX)	铜(铝)芯橡胶绝缘线	BV-105	铜芯耐热 105 ℃聚氯乙烯绝缘电线
BXF(BLXF)	铜(铝)芯氯丁橡胶绝缘线	RV	铜芯聚氯乙烯绝缘软线
BXR	铜芯橡胶绝缘软线	RVB	铜芯聚氯乙烯绝缘平形软线
BV(BLV)	铜(铝)芯聚氯乙烯绝缘线	RVS	铜芯聚氯乙烯绝缘绞形软线
BVV(BLVV)	铜(铝)芯聚氯乙烯绝缘氯乙烯护套圆形电线	RV-105	铜芯耐热 105 ℃聚氯乙烯绝缘软电线
BVVB(BLVVB)	铜(铝)芯聚氯乙烯绝缘氯乙烯护套平形电线	RXS	铜芯橡皮绝缘棉纱编织绞形软电线
BVR	铜芯聚氯乙烯绝缘软线	RX	铜芯橡皮绝缘棉纱编织圆形软电线

仪器设备用电线用于仪器的连接，一般为软电线，型号编制上以 A 开头，其余与软电线相同。而聚氯乙烯绝缘屏蔽电线一般用于交流 250 V 及以下的电器、仪表和电子设备的屏蔽线路，型号编制上在软电线的型号附加一个字母 P 表示屏蔽，通常线径较小。

2. 绝缘导线的允许载流量

绝缘导线的允许载流量是指导线在额定的工作条件下，允许长期通过的最大电流。不同的材质、不同的截面面积、不同的敷设方法、不同的绝缘材料、不同的环境温度和穿不同材料的保护管等因素，都会影响导线的载流量。BV(BLV)型单芯绝缘电线穿管敷设连续负荷允许载流量见表 6.2。

表 6.2 BV(BLV)型单芯绝缘电线穿管敷设连续负荷允许载流量

导线截面/mm²	穿钢管敷设连续负荷允许载流量/A						穿塑料管敷设连续负荷允许载流量/A					
	穿2根		穿3根		穿4根		穿2根		穿3根		穿4根	
	铜芯	铝芯	铜芯	铝芯	铜芯	铝芯	铜芯	铝芯	铜芯	铝芯	铜芯	铝芯
1.0	14	—	13	—	11	—	12	—	11	—	10	—
1.5	19	15	17	12	16	12	16	13	15	11.5	13	10

续表

导线截面/mm²	穿钢管敷设连续负荷允许载流量/A						穿塑料管敷设连续负荷允许载流量/A					
	穿2根		穿3根		穿4根		穿2根		穿3根		穿4根	
	铜芯	铝芯	铜芯	铝芯	铜芯	铝芯	铜芯	铝芯	铜芯	铝芯	铜芯	铝芯
2.5	26	20	24	18	22	15	24	18	21	16	19	14
4	35	27	31	24	28	22	31	24	28	22	25	19
6	47	35	41	32	37	28	41	31	36	27	32	25
10	65	49	57	44	50	38	56	42	49	38	44	33
16	88	63	73	56	65	50	70	55	65	49	57	44
25	107	80	95	70	85	65	95	73	85	65	75	57
35	133	100	115	90	105	80	120	90	105	80	93	70
50	165	125	140	110	130	100	150	114	132	102	117	90
70	205	155	183	143	165	127	185	145	167	130	148	115
95	250	190	225	170	200	152	230	175	205	158	185	140
120	300	220	260	195	230	172	270	200	240	180	215	160
150	350	250	300	225	265	200	305	230	275	207	250	185
185	380	285	340	255	300	230	355	265	310	235	280	212

3. 绝缘导线的选择

绝缘导线的选择可分为三部分内容：一是相线截面的选择；二是中性线(N线、工作零线)截面的选择；三是保护线(PE线、保护零线、保护导体)截面的选择。

(1)相线截面的选择。

1)按使用环境和敷设方法选择导线的类型。

2)按允许载流量选择导线的截面。

3)按敷设方式选择导线的最小允许截面，见表6.3。

表6.3　不同敷设方式导线芯线允许最小截面面积

用途		最小芯线截面面积/mm²		
		铜芯	铝芯	铜芯软线
裸导线敷设在室内绝缘子上		2.5	4.0	
绝缘导线敷设在绝缘子上（支持点间距为L）	室内 L≤2 m	1.0	2.5	—
	室外 L≤2 m	1.5	4.0	
	室内外 2 m<L≤6 m	2.5	6.0	
	室内外 2 m<L≤12 m			
绝缘导线穿管敷设		1.0	2.5	1.0
绝缘导线槽板敷设				
绝缘导线线槽敷设		0.75		—
塑料绝缘互套线明敷		1.0		
板孔穿线敷设		1.5		

4)按电压损失校验导线截面。

5)按允许的动稳定与热稳定进行导线截面的校验。

(2)中性线截面(N线、工作零线)的选择。

1)中性线(N线、工作零线)截面面积一般不应小于相线截面面积的50%。

2)对于三次谐波电流相当大的三相电路(大量采用气体放电光源的三相电路),由于各相的三次谐波电流都要流过中性线,中性线电流可能接近相电流。因此,中性线的截面应与相线的截面相同。

3)由三相电路分出的单相电路,其中性线的截面与相线的截面相同。

(3)保护线(PE线、保护零线、保护导体)截面的选择。保护导体的截面面积见表6.4。

表6.4 保护导体的截面面积

相线的截面面积 S/mm^2	相应保护导体的最小截面面积 S_p/mm^2
$S \leqslant 16$	S
$16 < S \leqslant 35$	16
$35 < S \leqslant 400$	$S/2$
$400 < S \leqslant 800$	200
$S > 800$	$S/2$

注:S是指柜(屏、台、箱、盘)电源进线相线截面面积,且两者(S、S_p)材质相同。

6.2.2 电缆

1. 电缆的构造及分类

电缆是一种特殊的导线,它是将一根或数根绝缘导线组合成线芯,外面包覆包扎层而成。电缆按用途,可分为电力电缆和控制电缆两大类。电力电缆主要用于分配大功率电能;控制电缆则用于在电气装置中传输操作电流、连接电气仪表,以及作继电保护和自控回路用。

电力电缆构造示意如图6.1所示。电力电缆一般由线芯、绝缘层和保护层三个主要部分组成。线芯由铜或铝的多股导线制成,用来输送电流;绝缘层用于线芯之间以及线芯与保护层之间的隔离;保护层又称为护层,它是为使电缆适应各种环境条件,在绝缘层外包覆的覆盖层。电缆采用的护层主要有金属护层、橡塑护层和组合护层三大类。护层一般由内护层和外护层组成。内护层一般由金属套、非金属套或组合套构成;外护层包在内护层外,用以保护电缆免受机械损伤或腐蚀。外护层一般由内衬层、铝装层和外被层三部分组成,通常在型号中以数字表示。

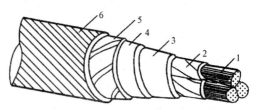

图6.1 电力电缆构造示意

1—线芯;2—纸包绝缘;3—铝包护层;
4—塑料护套;5—钢带铝装;6—沥青麻护层

2. 电缆的型号表示法

电力电缆按其使用的绝缘材料、封包结构、电压、芯数以及内外层材料的不同有许多分类方法，为区别不同的电力电缆，其结构特征通常以型号表示。电力电缆型号由七部分组成：其中第1项表示产品类别或用途；第2~6项表示电缆从内至外各层材料和结构的特征；第7项为同一产品派生结构，可表示不同耐压等级、使用频率等，如图6.2所示。电力电缆型号中的字母排列次序与字符的含义，见表6.5和表6.6。

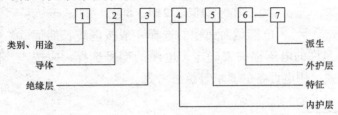

图6.2 电缆的型号表示法

表6.5 电缆型号的含义

类别	导体	绝缘	内护套	特征
电力电缆（省略不表示） K：控制电缆 P：信号电缆 YT：电梯电缆 U：矿用电缆 Y：移动式软缆 H：市内电话缆 UZ：电钻电缆 DC：电气化车辆用电缆	T：铜线（可省） L：铝线	Z：油浸纸 X：天然橡胶 (X)D：丁基橡胶 (X)E：乙丙橡胶 VV：聚氯乙烯 Y：聚乙烯 YJ：交联聚乙烯 E：乙丙胶	Q：铅套 L：铝套 H：橡套 (H)P：非燃性 HF：氯丁胶 V：聚氯乙烯护套 Y：聚乙烯护套 VF：复合物 HD：耐寒橡胶	D：不滴油 F：分相护套 CY：充油 P：干绝缘 C：滤尘用或重型 G：高压 Z：直流

表6.6 外护层代号的含义

第一个数字		第二个数字	
代号	铠装层类型	代号	外被层类型
0	无	0	无
1	钢带	1	纤维线包
2	双钢带	2	聚氯乙烯护套
3	细圆钢丝	3	聚乙烯护套
4	粗圆钢丝		

3. 电缆的选用

油浸纸绝缘电力电缆的优点是使用寿命长、耐压强度高、热稳定性好，但制造工艺比较复杂，而且电力电缆的浸渍剂容易流淌，容易在纸绝缘内形成气隙，因此，使用温度不能过高，敷设高差不能过大，在需要垂直敷设的场合应选用不滴流浸渍型电缆。

聚氯乙烯绝缘、聚乙烯护套电力电缆，即 VLV 或 VV 型全塑电力电缆性能较好、抗腐蚀，具有一定的机械强度，制造简单，适合敷设在室内、隧道及管道内；钢带铝装型则可敷设在地下，能够承受一定的机械力，工程上使用较多，尤其多用于 10 kV 及以下的电力系统中。

交流 500 V 及以下的线路多使用橡皮绝缘聚氯乙烯护套 XLV(XV) 型电力电缆。

我国生产的电力电缆线芯的标称截面面积有：1、1.5、2.5、4、6、10、25、35、70、95、120、150、185、240、300、400、500、625、800(单位以 mm^2 计)。电缆截面面积的选择一般按电缆长期运行允许的载流量和允许的电压损失来确定。电缆的型号选择，应按环境条件、敷设方式、用电设备的要求等综合考虑。

电缆敷设施工视频

6.2.3 安装材料

电气施工常用的安装材料可分为金属材料和非金属材料。金属材料有各种类型的钢材和铝材，如水煤气管、薄壁钢管等；非金属材料有塑料管、瓷管等。

1. 常用钢材

钢材由于具有品质均匀、抗拉、抗压、易于加工的优点，故在电气工程中常用于制作各种金具，如配电设备的零配件、接地母线、接地引线等。直径为 5~28 mm 的圆钢和厚度为 4~16 mm、宽度为 12~50 mm 的扁钢在建筑电气工程中常被采用。

2. 常用穿线管

在建筑电气工程中，为保护电线免受腐蚀和外力损伤，常将绝缘导线穿入管内敷设。常用穿线管有钢管和塑料管，钢管适用于有机械外力和轻微腐蚀性气体的环境下，作明敷设或暗敷设；塑料管中最常用的是聚氯乙烯塑料管，其特点是在常温下耐冲击性好、耐酸、耐碱、耐油性好，但机械强度不如金属管。穿线管的规格通常用"公称口径"表示。常用的水煤气钢管、薄壁钢管的尺寸规格见表6.7和表6.8。

表6.7 常用的水煤气钢管的尺寸规格

公称口径 /mm	外径 /mm	壁厚 /mm	内径 /mm	内孔总截面面积 /mm²	参考单位质量 /(kg·m⁻¹)
15	21.25	2.75	15.75	195	1.25
20	26.75	2.75	21.25	355	1.63
25	33.50	3.25	27.00	573	2.42
32	42.25	3.25	35.75	1 003	3.13
40	48.00	3.50	41.00	1 320	3.84
50	60.00	3.50	53.00	2 206	4.88
70	75.50	3.75	68.00	3 631	6.64
80	88.50	4.00	80.50	5 089	8.34
100	114.00	4.00	106.00	8 824	10.85

续表

公称口径/mm	外径/mm	壁厚/mm	内径/mm	内孔总截面面积/mm²	参考单位质量/(kg·m⁻¹)
125	140.00	4.50	131.00	13 478	15.04
150	165.00		156.00	19 113	17.81

表6.8 常用的薄壁钢管的尺寸规格

公称口径/mm	外径/mm	壁厚/mm	内径/mm	内孔总截面面积/mm²	参考单位质量/(kg·m⁻¹)
16	15.87	1.5	12.87	130	0.536
20	19.05		16.05	202	0.647
25	25.40		22.40	394	0.869
32	31.75	1.5	28.75	649	1.13
40	38.10		35.10	967	1.35
50	50.80		47.80	1 794	1.85

普通碳素钢电线套管的尺寸规格见表6.9。

表6.9 普通碳素钢电线套管的尺寸规格

公称口径/mm	外径/mm	外径允差/mm	壁厚/mm	理论单位质量(不计管接)/(kg·m⁻¹)
19	19.05	±0.25	1.80	0.733
25	25.40			1.048
32	31.75			1.329
38	38.310			1.611
51	50.80	±0.30	2.00	2.407
64	63.50		2.50	3.760
76	76.20		3.20	5.761

塑料电线套管的尺寸规格见表6.10。

表6.10 塑料电线套管的尺寸规格

管材种类(图注代号)	公称口径/mm	外径/mm	壁厚(波纹峰谷间)/mm	内径/mm	内孔总截面面积/mm²
聚氯乙烯半硬质塑料电线管（FPC）	16	16	2	12	113
	18	18	2	14	154
	20	20	2	16	201
	25	25	2.5	20	314
	32	32	3	26	531
	40	40	3	34	908
	50	50	3	44	1 521

续表

管材种类 （图注代号）	公称口径/mm	外径/mm	壁厚(波纹峰谷间) /mm	内径/mm	内孔总截面面积 /mm²
聚氯乙烯硬质塑料电线管(PC)	16	16	1.9	12.2	117
	20	20	2.1	15.8	196
	25	25	2.2	20.6	333
	32	32	2.7	26.6	556
	40	40	2.8	34.4	929
	50	50	3.2	43.2	1 466
	63	63	3.4	56.2	2 386
聚氯乙烯塑料波纹电线管(KPC)	15	18.7	2.45	13.8	150
	20	21.2	2.60	16.0	201
	25	28.5	2.90	22.7	405
	32	34.5	3.05	28.4	633
	40	45.5	4.95	35.6	995
	50	54.5	3.80	46.9	1 728

室内配管配线视频

6.3 建筑电气照明系统

6.3.1 照明种类

(1)照明按目的，可分为明视照明和环境照明两类。

1)明视照明是以工作面上的视看物为照明对象的照明，如教室、营业厅、车间的照明。

2)环境照明以周围环境为照明对象，强调舒适感，如客房照明，门厅、休息厅、商店和商住楼的室外亮化泛光照明。

现实生活中明视照明与环境照明的划分标准，往往是两者兼而有之，相互结合。

(2)照明按功能，可分为正常照明、应急照明、值班照明、警卫照明、障碍照明、景观照明、重点照明。

1)正常照明。正常照明是为满足正常工作和生活而设置的室内外照明。其一般单独使用，也可以与应急照明和值班照明一起使用，但电气控制线路必须分开。正常照明是电气照明设计中的主要照明。

2)应急照明。应急照明是在正常照明因故障而熄灭后，为事故情况下重要部位的继续工作、人员安全或顺利疏散而设置的照明，应急照明只能在一些最需要的建筑部位设置，要在保障安全的前提下节省投资。应急照明可分为备用照明、安全照明和疏散照明三种。

①备用照明。备用照明是指在正常照明因故障熄灭后，为供给事故下继续或暂时继续工作的照明。备用照明电源的切换时间不应超过 15 s，对商业场所及银行不应超过 1.5 s。需要设置备用照明的场所有：

a. 正常照明因故障熄灭后，需要进行必要的操作，否则可能引起火灾、爆炸、中毒等严重事故，或导致生产流程混乱、破坏，或使已加工、处理的产品报废的；

b. 正常照明熄灭后，可能造成较大的政治、经济损失的；

c. 正常照明断电，将影响消防工作进行的。

备用照明的照度不应低于该场所正常照明照度的 10%。高层建筑的消防控制室、消防泵房、防排烟机房、配电室和应急发电机房、电话总机房，以及发生火灾时仍然需要继续工作的场所，备用照明的照度应保证正常照明的照度。

②安全照明。安全照明是在正常照明因故障熄灭后，为确保处于潜在危险之中的人、财、物安全而设置的照明。安全照明电源的切换时间不应超过 0.5 s，其电源的连续供电时间由工作特点和实际需要确定。安全照明的照度不应低于该场所正常照明照度的 5%，特别危险的作业场所应提高到 10%。对医疗抢救场所的安全照明，要求保持正常照明的照度。

在正常照明因故障熄灭后，需要设置安全照明的场所有：

a. 在黑暗中可能造成挫伤、灼伤、摔伤的；

b. 使抢救工作无法进行而危及患者生命，或延误时间而增加抢救困难的；

c. 容易引起人们惊慌、混乱的；

d. 地面不平的。

③疏散照明。疏散照明是在当正常照明因故障熄灭后，在事故情况下为确保人员安全撤离而设置的照明。疏散照明的地面水平照度不应低于 0.5 lx，复杂、重要的民用建筑及有跌倒、碰撞危险的场所，应适当提高照度。疏散照明电源切换时间不应超过 15 s。其电源持续时间应保证人员疏散到建筑物外和安排救援工作所需的时间。用蓄电池供电的疏散照明持续时间一般不少于 20 min；对于高度在 100 m 以上的高层建筑，疏散照明电源的持续供电时间不少于 30 min。

需要设置疏散照明的场合有：

a. 一、二类建筑的疏散通道和公共出口处，疏散楼梯、防烟楼梯间前室、消防电梯及其前室，疏散走道等；

b. 人员密集的公共建筑，如商场、礼堂、会场、旅馆、大型图书馆等的疏散走道、楼梯的出口及通向室外的出口，较长的疏散通道；

c. 地下室和无天然采光的厂房、建筑的主要通道、出入口等。

备用照明宜装设在墙面或顶棚部位。疏散照明宜设在疏散出口的顶部或疏散走道及其转角处距离地面1 m以下的墙面上。走道上的疏散指示标志灯间距不宜大于20 m。应急照明的光源必须采用能瞬时可靠点燃的光源，如白炽灯、低压卤钨灯、卤钨灯和荧光灯。安全照明和要求快速点燃的备用照明不宜采用荧光灯。

3)值班照明。值班照明是在非工作时间仅供值班人员观察用的照明。在非三班制生产的重要车间、仓库、料场及非营业时间的大型商场、银行等处宜设置值班照明。值班照明电源通常利用正常照明的其中一部分，也可利用应急照明的一部分或全部。

4)警卫照明。警卫照明适用于警卫物业管理区域周界附近或其中一部分的照明，如居民区、校区或仓库区域的周界。警卫照明宜与本区域范围内的照明(如厂区照明、居民区路灯照明等)合用。

5)障碍照明。障碍照明是为保障飞行夜航安全而在高层建筑、高大烟囱等建筑物顶部设置的航空障碍标志照明。

6)景观照明。景观照明是为观赏建筑物的外观和庭院、溶洞小景等而设置的照明。

7)重点照明。重点照明是为突出特定目标或引起对视野中某一部分的注意力而设置的定向照明。

(3)由照明装置的分布特点及照明使用功能构成的基本形式，称为照明方式。照明按照明方式可分为一般照明、分区一般照明、局部照明和混合照明四种。

6.3.2 照明设备

电光源是进行电气照明的主要部件，各种电光源的特性原理性能指标及其选择应用是生产生活必不可少的基本知识。

1. 电光源的分类

常用电光源的种类很多，其可分为固体发光光源和气体放电发光光源，固体发光光源可分为场致发光灯、半导体发光器件、热辐射光源(白炽灯、卤钨灯)；气体放电发光光源包括辉光放电灯和弧光放电灯。辉光放电灯分氖灯、霓虹灯；弧光放电灯分低气压放电灯(荧光灯、紧凑型荧光灯、低压汞灯、低压钠灯)和高气压放电灯(高压汞灯、高压钠灯、高压氙灯、金属卤化物灯)。由于固体发光光源中主要是热辐射光源，因此，电光源也可分为热辐射光源和气体放电光源两大类。

2. 常用电光源介绍

一般工业企业及民用建筑中常用的电光源有以下几种：

(1)白炽灯。白炽灯即一般俗称的"灯泡"，它是通过电流将灯丝(常用钨丝)加热至白炽状态而发光的光源。按玻壳内是否封入气体划分，白炽灯又可分为两种：一种是真空灯泡，即在玻壳内保持真空而不封入气体的白炽灯；另一种是充气灯泡，即在玻壳内封入惰性气体的白炽灯。大部分白炽灯泡是充气灯泡，充有氩(Ar)、氮(N)、氪(Kr)等气体，只有少数小功率灯泡是真空灯泡。白炽灯泡的结构中有灯头，灯头有螺口、插口两种。

(2)卤钨灯。卤钨灯是以一定的比率封入碘(I)、溴(Br)等卤族元素或其化合物的充气灯泡。最常用的是碘钨灯，其结构如图6.3所示。

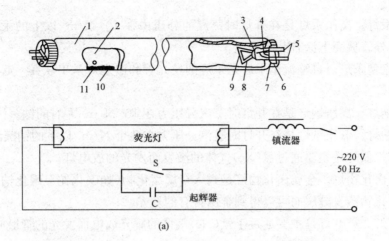
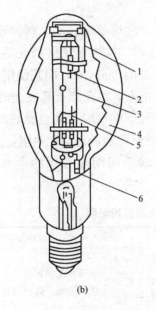
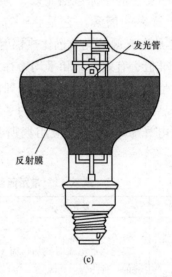

图 6.3　碘钨灯结构

(a)直管荧光灯的结构及电路图

1—玻璃管；2—惰性气体；3—芯柱；4—排气管；5—灯头插销；
6—灯头胶粘剂；7—灯头；8—镍丝；9—灯丝；10—荧光粉膜；11—汞

(b)高压泵灯的典型结构

1—金属支架；2—主电极；3—石英玻璃放电管；
4—硬玻璃外壳(内表面涂荧光粉)；5—辅助电极(触发极)；6—限流电阻

(c)反射型荧光高压汞灯外形

(3)气体放电灯。气体放电灯为在气体、金属蒸汽或几种气体与蒸汽的混合物内放电发光的灯。

(4)荧光灯。荧光灯是因电极放电产生紫外辐射，因光子激发荧光物质而引起荧光物质发光现象的放电灯。

(5)汞(水银)灯。汞(水银)灯是主要通过汞(Hg)原子的激发而发光的放电灯。

(6)高压汞灯。高压汞灯是在开灯时蒸汽的分压力在 10^5 N/m² 以上的汞灯。其中,荧光高压汞灯在外管玻壳上涂有荧光物质。

(7)自整流型汞灯。自整流型汞灯是汞灯的发光管和白炽灯丝串联在一起,安装在同一玻壳内的放电灯。

(8)高压钠灯。高压钠灯是在开灯时蒸汽分压力在 10^4 N/m² 左右的钠蒸汽放电灯。

(9)低压钠灯。低压钠灯是在开灯时蒸汽分压力在几个 N/m² 以下的钠蒸汽放电灯。

(10)氙灯。氙灯是主要通过氙(Xe)气体的激发而发光的放电灯。

(11)金属卤化物灯。金属卤化物灯是封入金属卤化物(如碘化铊、碘化钠等)的放电灯,开灯时金属卤化物蒸发分解而可以得到金属特有的发光。

(12)霓虹灯。霓虹灯是主要通过丁氖(Ne)气体的辉光放电而发光的管形放电灯。

3. 电光源的性能指标及比较

电光源的主要性能指标包括光效、寿命、显色性、启动及再启动、频闪效应等。光效是电光源发光效率的简称,它是指一个电光源每 1 W 功率所发出的光通量,单位是 1 lm/W,气体放电光源的光效远比热辐射光源高。光源的寿命(h),即其使用寿命标准值,包括全寿命标准值、有效寿命和平均寿命。全寿命指光源不能在起点和发光时所点燃的时间;有效寿命是指光源的发光效率下降到初始值的 70%~80% 时总共点燃的时间;平均寿命则指每批产品抽样试验时有效寿命的平均值。气体放电光源的寿命比热辐射光源长。

常用照明电光源的特点及应用场所见表 6.11,常用照明电光源的主要特性比较见表 6.12。

表 6.11 常用照明电光源的特点及应用场所

序号	光源名称	发光原理	特 点	应用场所
1	白炽灯	钨丝通过电流时被加热而发光的一种热辐射光源	结构简单、成本低、显色性好、使用方便、有良好的调光性能	日常生活照明,工矿企业普通照明,剧场、舞台的布景照明以及应急照明
2	卤钨灯	白炽体充入微量的卤素蒸气,利用卤素的循环提高发光效率	体积小、功率集中、显色性好、使用方便	电视播放、绘画、摄影照明
3	荧光灯	氩气、汞蒸气放电发出可见光和紫外线,后者激励管壁荧光粉发光,混光接近白色	光效高、显色性较好、寿命长	家庭、学校、研究所、工厂、商店、办公室、控制室、设计室、医院、图书馆等照明
4	紧凑型高效节能荧光灯	其发光原理同荧光灯,但采用稀土三基色荧光粉,其光效比荧光灯高	集中白炽灯和荧光灯的优点,光效高、寿命长、显色性好、体积小、使用方便	家庭、宾馆等照明
5	荧光高压汞灯	同荧光灯,但不需预热灯丝	光效较白炽灯高、寿命长、耐震性较好	街道、广场、车站、码头、工地和高大建筑的室内外照明,但不推荐应用

续表

序号	光源名称	发光原理	特 点	应用场所
6	自整流荧光高压汞灯	同荧光高压汞灯，但不需要整流器	光效较白炽灯高，耐震性较好，不需整流器，使用方便	广场、车间、工地等室内外照明，一般不再应用
7	金属卤化物灯	将金属卤化物作为添加剂充入高压汞灯内，被高温分解为金属和卤素原子，金属原子参与发光。在管壁低温处，金属和卤素原子又重新复合成金属卤化物分子，如此循环	发光效率很高，寿命长，显色性较好	体育场、馆、展览中心、游乐场所，街道、广场、停车场、车站、码头、工厂等的照明
8	管形镝灯	金属卤化物灯的一种	发光效率高、显色性好、体积小、使用方便	机场、码头、车站、建筑工地、露天采矿场、体育场及电影外景摄制、彩色电视转播等的照明
9	钪钠灯	金属卤化物灯的一种	发光效率很高、显色性较好、体积小、使用方便	工矿企业、体育场馆、车站、码头、机场建筑工地、彩色电视转播等的照明
10	普通高压钠灯	其是一种高压钠蒸气放电灯泡，放电管采用抗钠腐蚀的半透明多晶氧化铝陶瓷管制成，工作时发出金白色光	发光效率很高、寿命很长、透雾性能好	道路、机场、码头、车站、广场、体育场院及工矿企业照明
11	中显色高压钠灯	在普通高压钠灯的基础上，适当提高电弧管内的钠蒸汽压力，从而使平均显色指数和相关色温得到提高	光效很高、显色性较好、寿命长、使用方便	高大厂房、商业区、游泳池、体育馆、娱乐场所等的室内照明
12	管形氙灯	通过电离的氙气激发而发光	功率大、发光效率较高、触发时间短、不需要整流器、使用方便	广场、港口、机场、体育场等的照明和老化试验等要求有一定紫外线辐射的场所

表6.12 常用照明电光源的主要特性比较

光源名称	普通照明灯泡	卤光灯	荧光灯	荧光高压汞灯	管形氙灯	高压钠灯	金属卤化物灯
额定功率范围/W	10~1 000	500~2 000	6~125	50~1 000	1 500~100 000	250 400	400~1 000
光效/(lm·W^{-1})	6.5~19	19.5~21	25~67	30~50	20~37	90~100	60~80
平均寿命/h	1 000	1 500	2 000~3 000	2 500~5 000	500~1 000	3 000	2 000
一般显色指数 Ra	95~99	95~99	70~80	30~40	90~94	20~25	65~85
启动稳定时间	瞬时	瞬时	1~3 s	4~8 min	1~2 s	4~8 min	4~8 min
再启动时间	瞬时	瞬时	瞬时	5~10 min	瞬时	10~20 min	10~15 min

续表

光源名称	普通照明灯泡	卤光灯	荧光灯	荧光高压汞灯	管形氙灯	高压钠灯	金属卤化物灯
功率因数 cosφ	1	1	0.33～0.7	044～0.67	0.4	0.9～0.44	0.4～0.16
频闪效应	不明显		明显				
表面亮度	大	大	小	较大	大	较大	大
电压变化对光通的影响	大	大	较大	较大	较大	大	较大
环境温度对光通的影响	小	小	大	较小	小	较小	较小
耐震性能	较差	差	较好	好	好	较好	好
所需附件	无	无	整流器、启辉器	整流器	整流器、触发器	整流器	整流器、触发器

6.3.3 灯具及照明器的种类

灯具是调整光源发出的光,以得到舒适的照明环境的器具。灯具除保证总光效、能控制光源在某些方向上的发光强度外,还有保护光源、保证照明安全、美化装饰等作用。

灯具包括所有用于支承、保护光源和调整配光的各部件,以及点燃光源所必需的一切辅助电器,但光源不包括在内。

为了适应照明工程的各种不同要求,灯具的品种很多,各生产厂家的分类及型号命名也不尽相同。按原国家标准局制定的分类法,灯具应按防触电保护形式(有0类、Ⅰ类、Ⅱ类和Ⅲ类)、防尘防潮保护等级(按"口数字"标明分类)、灯具支承面材料分为三大类,每大类又可分为若干种类,限于篇幅,在此不赘述。

灯具类型代号的划分见表6.13。

表6.13 灯具类型代号的划分

代号	类型	代号	类型
M	民用、建筑灯具	B	防爆灯具
G	工矿灯具	Y	医疗灯具
Z	公共场所灯具	X	摄影灯具
C	船用灯具	W	舞台灯具
S	水面水下灯具	N	农用灯具
H	航空灯具	J	军用灯具
L	陆上交通灯具		

当灯具上的标志、产品样本需要标明灯具的产地时,可附注地区代码。各省、市、自治区的代码见表6.14。

表 6.14 各省、市、自治区的代码

代码	名称	代码	名称	代码	名称
11	北京市	33	浙江省	51	四川省
12	天津市	34	安徽省	52	贵州省
13	河北省	35	福建省	53	云南省
14	山西省	36	江西省	54	西藏自治区
15	内蒙古自治区	37	山东省	61	陕西省
21	辽宁省	41	河南省	62	甘肃省
22	吉林省	42	湖北省	63	青海省
23	黑龙江省	43	湖南省	64	宁夏回族自治区
31	上海市	44	广东省	65	新疆维吾尔自治区
32	江苏省	45	广西壮族自治区	71	台湾省

各不同灯具类型的型号命名中，灯种代号见表 6.15～表 6.17。

表 6.15 民用、建筑灯具的灯种代号

代号	灯种	代号	灯种	代号	灯种
B	壁灯	L	落地灯	T	台灯
C	床头灯	M	门灯	X	吸顶灯
D	吊灯	Q	嵌入式顶灯	W	未列入类

表 6.16 工矿灯具的灯种代号

代号	灯种	代号	灯种	代号	灯种
B	标志灯	H	行灯	Y	应急灯
C	厂房照明灯	J	机床灯	W	未列入类
G	工作台灯	T	投光灯		

表 6.17 公共场所灯具的灯种代号

代号	灯种	代号	灯种	代号	灯种
B	标志灯	S	射灯	W	未列入类
D	道路照明灯	T	庭院灯		
G	广场灯	Y	通用照明灯		

灯具型号的命名格式为□□□-□□×□，自左至右依次是：类型、灯种、序号及类型代号、光源代号、每盏光源功率(W)、光源个数。

照明器的分类方法很多，现简单介绍以下几种分类方法。

1. 按安装方式和用途分类

(1)按安装方式分类。照明器按照安装方式可以分为悬吊式、吸顶式、壁装灯、嵌入式、落地式、台式、地脚灯以及发光顶棚、高杆灯、庭院灯、移动式、道路广场灯、应急灯、建筑临时照明等。它们的特点和用途见表6.18。

表6.18 各种安装方式照明器的特点和用途

安装方式	特点
壁装灯	安装在墙壁上、庭柱上,用于局部照明、装饰照明或没有顶棚的场所的照明
吸顶式	将照明器吸附在顶棚面上,主要用于没有吊顶的房间。吸顶式的光带适用于计算机房、变电站等
嵌入式	适用于有吊顶的房间,照明器是嵌入在吊顶内安装的,可以有效消除眩光。与吊顶结合能形成美观的装饰艺术效果
半嵌入式	将照明器的一半或一部分嵌入顶棚,其余部分露在顶棚外,介于吸顶式和嵌入式之间,适用于顶棚吊顶深度不够的场所,在走廊处应用较多
吊灯	最普通的一种照明器的安装形式,主要利用吊杆、吊链、吊管、吊灯线来吊装照明器
地脚灯	主要作用是照明走廊,以便于人员行走,应用在医院房、公共走廊、宾馆客房、卧室等
台式	主要放在写字台上、工作台上、阅览桌上,在书写、阅读时使用
落地式	主要用于高级客房,宾馆,带茶几、沙发的房间以及家庭的床头或书架旁
庭院灯	灯头或灯罩多数向上安装,灯管和灯架多数安装在庭院地坪上,适用于公园、街心花园、宾馆以及机关学校的庭院内
道路广场	主要用于夜间的通行照明。广场灯用于车站前广场、机场前广场、港口、码头、公共汽车站广场、立交桥、停车场、集合广场、室外体育场等
移动式	用于室、内外移动性的工作场所以及室外电视、电影的摄影等场所
自动应急照明灯	适用于宾馆、饭店、医院、影剧院、商场、银行、邮局、地下室、会议室、动力站房、人防工程、隧道等公共场所,可以作应急照明、紧急疏散照明、安全防灾照明等

(2)按照明器用途分类。照明器根据用途可分为实用性照明器和装饰性照明器。

1)实用性照明器是指符合高效率和低眩光的要求,并以照明功能为主的照明器。实用性照明器首先应考虑实用功能,其次考虑装饰效果。大多数常用照明器为实用性照明器,如民用照明器、工矿照明器、舞台照明器、车船照明器、街道照明器、障碍标志性照明器、应急事故照明器、疏散指示照明器、室外投光照明器和陈列室用的聚光照明器等。

2)装饰性照明器的作用主要是美化环境、烘托气氛,首先应该考虑照明器的造型和光线的色泽,其次考虑照明器的效率和限制眩光。装饰性照明器一般由装饰性零部件围绕着电光源组合而成,如豪华的大型吊灯、草坪灯等。

2. 按外壳结构分类

照明器按外壳结构可分为开启型、闭合型、密闭型、防爆型、安全型、防震型。其具体特点见表6.19。

表 6.19　按外壳结构分类的照明器的特点

结构	特点
开启型	光源与外界空间直接接触(无罩)
闭合型	透明罩将光源包合起来，但内、外空气仍能自由流通
密闭型	透明罩固定处加严密封闭，与外界隔绝相当可靠，内、外空气不能流通
防爆型	能安全地在有爆炸危险性介质的场所使用，有安全型和隔爆型。安全型在正常运行时不产生火花电弧，或把正常运行时产生的火花电弧的部件放在独立的隔爆室内；隔爆型在照明器的内部产生爆炸时，火焰通过一定间隙的防爆面后，不会引起照明器外部的爆炸
防震型	照明器采取防震措施，安装在有震动的设施上

3. 按防触电保护方式分类

为了保证电气安全，照明器的所有带电部分必须采用绝缘材料等加以隔离。照明器的这种保护人身安全的措施称为防触电保护，根据防触电保护方式，照明器可分为 0、Ⅰ、Ⅱ和Ⅲ类，每一类照明器的主要性能及其应用说明见表 6.20。

表 6.20　按防触电保护方式分类的照明器的主要性能及应用说明

照明器等级	照明器的主要性能	应用说明
0 类	依赖基本绝缘防止触电，一旦绝缘失效，靠周围环境提供保护，否则，易触及部分和外壳会带电	安全程度不高，适用于安全程度高的场合，如空气干燥、尘埃少、木地板等条件下的吊灯、吸顶灯
Ⅰ类	除基本绝缘外，易触及部分及外壳有接触装置，基本绝缘失效时，不致有危险	用于金属外壳的照明器，如投光灯、路灯、庭院灯等
Ⅱ类	采用双重绝缘或加强绝缘作为安全防护，无保护导线(地线)	绝缘性好，安全程度高，适用于环境差、人经常触摸的照明器，如台灯、手提灯等
Ⅲ类	采用特低安全电压(交流有效值不超过 50 V)，灯内不会产生高于此值的电压	安全程度最高，可用于恶劣环境，如机床工作灯、儿童用灯等

从电气安全角度看，0 类照明器的安全保护程度低，Ⅰ、Ⅱ类较高，Ⅲ类最高。在照明设计时，应综合考虑使用场所的环境、操作对象、安装和使用位置等因素，选用合适类别的照明器。在使用条件或使用方法恶劣的场所应使用Ⅲ类照明器，一般情况下可采用Ⅰ类或Ⅱ类照明器。

地下车库 LED
照片灯宣传片

4. 按照明器使用的光源分类

照明器按其所使用的光源可分为白炽灯灯具、荧光灯灯具、高强度气体放电灯灯具等。其分类和选型见表 6.21。

表 6.21 照明器按其所使用的光源分类和选型

性能＼分类	白炽灯灯具	荧光灯灯具	高强度气体放电灯灯具
配光控制	容易	难	较易
眩光控制	较易	易	较难
显色性	优	良	差（金属卤化物灯除外）
调光	容易	较难	难
红外线占灯功率的百分比/%	83	41	48～64
适用场所	因光效低和发热量大，不适用于要求高照度的场所，适用于局部照明，照度要求低的场所、开关频繁的场所、要求暖色调的场所以及装饰照明	用于顶棚高度在 5～6 m 以下的低顶棚公共建筑场所，如商店、办公楼、学校教室	用于顶棚高度大于 5～6 m 的公共和工业建筑

6.4　电气照明施工图

本节系统介绍电气照明施工图的标准图形符号和识读。电气照明施工图是电气照明设计的主要成果，是建筑工程图的重要组成部分和电气照明施工和竣工验收的重要依据。它用统一的电气图形符号表示线路和实物，并用它们组成完整的电路，以表达电气设备的安装位置、配线方式以及其他特征。

6.4.1　电气照明施工图的符号标识

电气设计图纸的图形比例均应按照国家标准绘制。普通照明平面图、电力平面图一般采用 1∶100 的比例，在特殊情况下，可使用 1∶50 或 1∶200 的比例。大样图可以适当放大比例；电气接线图图例可不按比例绘制；复制图纸不得改变原有比例。

(1)常用导线和灯具标注安装方式的文字符号见表 6.22、表 6.23。

表 6.22　常用导线标注安装方式的文字符号

序号	导线敷设方式的标注			序号	导线敷设方式的标注		
	名称	旧代号	新代号		名称	旧代号	新代号
1	用瓷瓶或瓷柱敷设	CP	K	3	用钢线槽敷设		SR
2	用塑料线槽敷设	XC	PR	4	穿水煤气管敷设		RC

续表

序号	导线敷设方式的标注			序号	导线敷设方式的标注		
	名称	旧代号	新代号		名称	旧代号	新代号
5	穿焊接钢管敷设	G	SC	16	沿柱或跨柱敷设	ZM	CLE
6	穿电线管敷设	DG	TC	17	沿墙面敷设	QM	WE
7	穿聚氯乙烯硬质管敷设	VG	PC	18	沿天棚面或顶板面敷设	PM	CE
8	穿聚氯乙烯半硬质管敷设	RVG	FPC	19	在能进入的吊顶板内敷设	PNM	ACE
9	穿聚氯乙烯塑料波纹电线管敷设		KPC	20	暗敷设在梁内	LA	BC
10	用电缆桥架敷设		CT	21	暗敷设在柱内	ZA	CLC
11	用瓷夹敷设	CJ	PL	22	暗敷设在墙内	QA	WC
12	穿金属软管敷设	SPG	CP	23	暗敷设在地面内	DA	FC
13	穿金属软管敷设	SPG	CP	24	暗敷设在顶板内	PA	CC
14	沿钢索敷设	S	SR	25	暗敷设在不能进入的吊顶内	PNA	ACC
15	沿屋架或跨屋架敷设	LM	BE				

表 6.23　常用灯具标注安装方式的文字符号

序号	灯具安装方式的标注			序号	灯具安装方式的标注		
	名称	旧代号	新代号		名称	旧代号	新代号
1	线吊式		CP	9	吸顶或直附式	D	S
2	自在器线吊式	X	CP	10	嵌入式	R	R
3	固定线吊式	X_1	CP_1	11	顶棚内安装	DR	CR
4	防水线吊式	X_2	CP_2	12	墙壁内安装	BR	WR
5	吊线器式	X_3	CP_3	13	台上安装	T	T
6	链吊式	L	Ch	14	支架上安装	J	SP
7	管吊式	G	P	15	柱上安装	Z	CL
8	壁装式	B	W	16	座装	ZH	HM

(2)常用标注电气设备的文字符号见表 6.24。

表 6.24　常用标注电气设备的文字符号

名称	文字符号	名称	文字符号
高压开关柜	AH	控制屏(箱)	AC
低压配电屏	AA	信号屏(箱)	AS
动力配电屏	AP	并联电容器屏(柜)	ACP
电源自动切换箱	AT	继电器屏	AR
多种电源配电箱	AM	刀开关箱	AK

续表

名称	文字符号	名称	文字符号
照明配电箱	AL	低压负荷开关箱	AF
应急照明配电箱	ALE	电能表箱	AW
应急电力配电箱	APE	插座箱	AX

6.4.2 电气照明施工图的识读

1. 电气照明施工图的组成

(1)用电气照明施工图图纸目录说明电气照明施工图纸的名称、数量、图纸的编号顺序和图幅等，以便查阅和归档保存。

(2)以施工图设计说明工程概况和要求，其用于集中阐明难以用图纸说明的问题和共性问题，是工程图纸的重要补充。施工图设计说明主要由以下内容构成：

1)设计依据。设计依据包括有关本专业的国家标准、法规、规程规范，工程建设批准文件与本专业设计有关的条款，以及其他专业提供的设计资料与建设部门提出的技术要求等。

2)设计范围。根据设计任务要求和有关设计资料，说明设计的内容和工程范围。

3)照明系统有关设计说明如下：

①照明电源及进户线安装方式、负荷等级、工作制、供电电压和负荷容量。

②配电系统供电方式、敷设方式、采用导线、敷设管材的规格和型号。

③照度标准，光源及照明器的选择，应急照明、障碍照明及特殊照明的安装方式和控制器类别，照明器的安装高度及控制方法。

④配电设备中配电箱的选择及安装方式、安装高度及加工技术要求和注意事项。

⑤照明设备的接地保护装置、保护范围、材料选择、接地电阻要求和措施、接地方式等。

4)施工图例。施工图例主要说明图纸中的图形符号所代表的内容和意义。图形符号及其标注符号，应采用国家标准符号或(IBC 国际电工委员会)图的通用标准，设备文字符号标注应采用英文字母表示。

5)设备、材料统计表。设备、材料统计表是指照明系统设计中选用的设备以及材料的名称、型号、规格、单位和数量。有的工程设计将此项内容与施工图例合并列表表示。

建筑电气施工图
常用的图例

6)照明施工总平面图。照明施工总平面图标明了建筑物的位置、面积和所需照明及动力设备的用电容量，架空线路或地下电缆的位置，电压等级及进户线的位置和高度，包括外线部分的图例及简要的做法说明。对于小型工程，有时可略去此项内容。

7)照明平面图。照明平面图详细标明了各层建筑平面中的配电箱、照明器、开关、插座等设备的平面布置位置，以及电气照明线路的型号、规格、敷设路径和敷设方式，其是电气安装和管线敷设的根据。在照明平面图上除用规定的图形符号表示各种电气设备外，还应用规定的文字标注规则和方法对其进行文字标注。在照明平面图中，文字标注主要表达照明器具的种类、安装数量、灯泡功率、安装方式、安装高度等，一般灯具的文字标注表达式为

$$a-b \cdot \frac{c \times d}{e} \cdot f \tag{6-1}$$

式中　a——某场所同类照明器具的套数，一张平面图中不同类型的灯具应分别标注；

　　　b——灯具型号或类型代号；

　　　c——照明器内安装的灯泡或灯管数量，单个时一般不标注；

　　　d——每个灯泡或灯管的功率(W)；

　　　e——照明器具底部距本层楼地面的安装高度(m)。

灯具的安装方式代号、灯具安装方式的标注方法见表6.23。

8）照明供配电系统图。照明供配电系统图是电气施工图中的重要部分，它表示供电系统的整体接线及配电关系，在三相系统中，通常用单线表示。从图中能够看到工程配电的规模，各级控制关系，控制设备和保护设备的型号、规格和容量，各路负荷用电容量和导线规格等。照明供配电系统图上的主要内容有以下几项：

①电缆进线回路数，电缆型号、规格，导线或电缆敷设方式及穿管管径。照明供电系统图一般采用单线图形式绘制，并用短斜线在单线表示的线路上标示出电线的根数。如果另用虚线表示出中性线时，则在单线表示的相线线路上只用短斜线标示出相线导线的根数。例如，某照明系统图一条线路旁标注有 BV－3×35＋2×16－PC50－WC，即表示该线路是采用铜芯塑料绝缘线，三根相线（每根 35 mm²）、一根 16 mm² 的中性线、一根 16 mm² 的保护线，穿 50 mm 管径的聚氯乙烯硬质塑料管，在墙内暗敷设。

②标明总开关及熔断器的规格型号，出线回路数量、用途、用电负载功率数及各条照明支路分相情况等。

③照明配电系统图上还应标出设备容量、需要系数、计算容量、计算电流、功率因数等用电参数以及配电方式。

④系统图中每条配电回路上，应标明其回路编号和照明设备的总容量等配电回路参数，其中应包括插座和电风扇等电器的容量。

⑤照明供电系统图上标注的各种文字符号和编号，应与照明平面图上标注的文字符号和编号一致。照明供电系统图和照明平面图上常用标注电气设备的文字符号见表6.24。

2. 电气照明施工图识读

电气照明施工图主要包括照明电气系统图、平面布置图及照明配电箱安装图等。

识读电气照明施工图时所要了解的主要内容有：电源进线位置，导线的型号、规格、根数及敷设方式，灯具的位置、型号及安装方式，各种用电设备（照明分电箱、开关、插座、电风扇等）的型号、规格、安装位置及方式等。照明器具采用图形符号与文字标注相结合的方法表示。照明灯具的图形符号如本章的二维码"建筑电气施工图常用的图例"所示；电光源种类代号为1，灯具安装方式的标注见表6.23。灯具标注的一般格式见式6-1。图中各类灯具应分别标注。

图6.4所示为某建筑物第6层电气照明平面图，表6.25是负荷统计表。按系统图接线。从系统图可见，该楼层电源引自第2层，单相～22经照明配电箱 XM1－16 分成(1—3)MFG

三条照明分干线,送到1~7号各室。

识读电气照明施工图时还需要了解以下几项内容:

(1)架空线路(或电缆线路)进线的回路数,导线或电缆的型号、规格、敷设方式及穿管管径。

(2)总开关及熔断器的型号规格、出线回路数量、用途、用电负载功率数及各条照明支路的分相情况。图6.5所示为某建筑的照明供电系统图,各回路采用的是DZ型低压断路器,其中N1、N2、N3线路用三相开关DZ20—50/310。为使三相负载分布大致均衡,N1~N10各线路的电源基本平均分配在L1、L2、L3三相中。

(3)用电参数。照明配电系统图上,应表示出总的设备容量(kW)、需要系数K_d、计算容量P_e(kW)、计算电流I_c(A)及配电方式等,也可以列表表示。

(4)技术说明、设备材料明细表等。

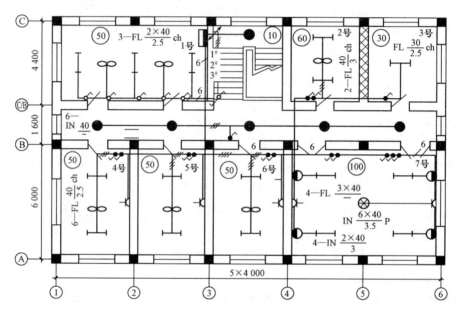

图6.4 电气照明平面图

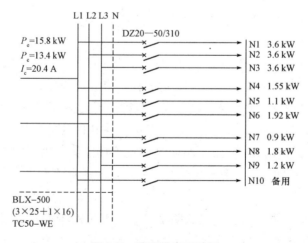

图6.5 照明供电系统图

表 6.25 负荷统计表

线路编号	供电场所	负荷统计			
		灯具	电风扇	插座	计算负荷
		个	只	个	kV
1#	1 号房间，走廊，	9	2		0.41
2#	楼道 4、5、6 号房间，	6	3	3	0.42
3#	2、3、7 号房间	12	1	2	0.48

注：(1)该层层高为 4 m，净高为 3.88 m，楼面为混凝土板。

(2)导线及配线方式：电源引自第 2 层，总线为 PC—BV—500—2×10—TC25—WC；分干线为(1—3)MFC—BV—50—2×6—PC20—WC；各支线为 BVV—500—2×2.5—PC15—WC。

(3)配电箱为 XMl—16 型。

图 6.4 可识读如下：

(1)为了清晰地表示线路、灯具的布置，图中按比例用细实线简略地绘制了该建筑物的墙体、门窗、楼梯、承重梁柱的平面结构。至于具体尺寸，可查阅相应的土建图。用定位轴线横向①～⑥及纵向Ⓐ、Ⓑ、Ⓒ和尺寸线表示了各部分的尺寸关系。要结合图纸提供的施工说明，熟悉楼层的结构等，为照明线路和设备安装提供土建资料。

(2)照明线路共有三种以不同规格敷设的线路。

例如，照明分干线 MFC 为 BV—500—2×6—FC20—WC，表示用的是 2 根截面 6 mm^2，额定电压为 500 V 的塑料绝缘导线，采用直径为 20 mm 的硬质塑料管(PC20)沿墙壁暗敷(WC)。

(3)照明设备图中的照明设备有灯具、开关、插座、电风扇等，照明灯具有荧光灯、吸顶灯、壁灯、花灯等。灯具的安装方式分别有链吊式(CH)、管吊式(P)、吸顶式(S)、壁式(W)等。例如，表示该房间有 3 盏荧光灯(FL)，每盏有 2 支 40 W 的灯管，安装高度(灯具下端离房间地面的高度)为 2.5 m，采用链吊式(CH)安装。

(4)各房间的照度用在圆圈中注阿拉伯数字[单位是 lx(勒克司)]的方式表示，如 7 号房间为 100 lx。

(5)设备、管线的安装位置由定位轴线和标注的有关尺寸数字表示，这样可以很简便地确定设备、线路管线的安装位置，并计算出管线长度。

6.5 安全用电

安全电压是指人体不戴任何防护措施时，触及带电体而不受电击或电伤，这个带电体的电压就是安全电压。根据所处环境的不同，我国规定安全电压的等级分别为 36 V、24 V 和 12 V。需要指出的是，尽管处于安全电压下，也不要故意触摸带电物体，因为所谓的安全电压是相对而言的，每个人的电阻不同，与带电体接触的面积、压力和时间不同都会影响通过人体的电流的大小，而当人体内通过 30 mA 的电流时，即可产生致命的危险。

6.5.1 触电的种类及危害

1. 触电的种类

(1) 直接触电。人体的某个部位接触到带电物体，另一个部分与大地或其他零电位体相连，这时电流会流过人体，从而发生触电。另外一种情况是人体的两个部位分别接触两个导体，由于两个导体在瞬间电压不同，其也会导致电流流过人体，发生触电。后一种情况比前一种情况要更危险一些。

(2) 间接触电。正常情况下不带电的物体由于发生事故导致带电，人们在没有防备的情况下触摸这个物体导致触电的情况称为间接触电。例如，家中的暖气管道本身不带电，发生事故时某处可能与带电导体连接，而导致管道带电，人们在触摸暖气管道时就会发生触电。

(3) 跨步电压触电。当带电导体与大地相连接，就会有电流流入大地。离接地点越近的地方，电位越高，离接地点越远的地方，电位越低，所以，在距离接地点不同的地方就产生了电位差，即电压。通常将地面上 0.8 m 的两处电位差叫作跨步电压。当人的双脚踩在离接电点不同的距离时，因为电压的存在，就会有电流从人体流过，电流过大就会发生触电危险，这种触电称为跨步电压触电。跨步电压触电的危险程度取决于接入大地电流的大小和双脚间的距离。

2. 触电的危害

人体触电可分为两种情况，一种是雷击和高压触电，这种触电使人的机体遭受严重的电灼伤、组织碳化坏死以及其他难以恢复的永久伤害；另一种是低压触电，轻的会引起针刺痛感、血压升高、心律不齐，以致昏迷等暂时性的功能失常，重的可以引起呼吸停止、心跳骤停、心室纤维性颤动等危及生命的伤害。

6.5.2 安全用电措施

1. 触电防护

直接触电的防护，通常是将带电导体加上隔离栅栏或保护罩等。对于间接触电的防护，比较有效的方法是做等电位联结，即将人体可触摸到的裸露的导体在内部连接起来并与大地连接，这样就可以保证这些导体均不带电，从而保证人员安全。在存在跨步电压的地方，人体一旦误入，千万不可大步离开，因为步子越大，两脚之间的距离越大，所产生的电压就越大，最好的办法是单脚跳出区域。

2. 触电急救

当发生触电事故时，一定要进行急救，抢救得越快，抢救的效果越好。

首先要让触电者脱离电源，如果是低压触电事故，可以关闭电源或用干燥的衣服、木板等绝缘物体将落在触电者身上的导体挑开；如果是高压触电事故，应立即通知有关部门停电，或带上绝缘手套，穿上相应电压等级的绝缘衣拉开电源开关。需要注意的是，在让触电者脱离电源时一定要保证自身的安全。

然后需要进行积极的抢救。若触电者失去知觉，但仍能呼吸，应立即将触电者抬到空气畅通、温度舒适的地方平卧，并解开触电者的衣服，速请医生诊治。若触电者已经停止呼吸，心脏也已经停止跳动，这种情况往往是假死，可以通过人工呼吸和心脏挤压的方法使触电者恢复正常。

3. 低压用电注意事项

据统计，低压触电事故占触电事故的90%以上，而大部分触电事故是触电者粗心或对电不了解造成的，所以，在日常用电中务必注意以下几项：

(1) 老化的电器设备应及时更换。

(2) 不允许手上有水的时候触摸电气设备，如操作开关、拔插插头等。

(3) 维修电器时，切记要切断电源再进行操作，而且应有人负责看守开关以防被他人闭合。切断电源后，应先用电笔测试一下是否带电，确保无电时方可进行操作。

(4) 在雷雨天气应当尽量减少外出，必需外出时，不应在大树下或高压线附近逗留，以避免雷击；大风可能会刮断导线，从而使导线落入水中，所以，应避免皮肤直接与地面上的雨水接触，一旦出现高压线路落地，应单脚跳出这一区域。

(5) 在使用没有防电墙设计的电热水器时，一定要拔下电源后再进行洗浴。

6.6 接地

通常将大地的电位作为零电位，而所谓接地就是将线路与大地进行连接，那么与大地相连接的线路也就处在零电位上。

6.6.1 接地的类型和作用

1. 接地的类型

(1) 工作接地。工作接地是为保证电力系统和电气设备达到正常工作要求而进行的一种接地，如线路中的零线接地。

(2) 保护接地。保护接地是为了保证人员和设备的安全而进行的一种接地。如线路中保护线的接地，可以保证电气设备的外壳以及一些裸露的可以导电的构件不带电，从而保证人员在操作或触摸这些物体的时候不至于发生触电危险。

(3) 重复接地。重复接地是为确保保护线路的确处在零电位上，在一些地方进行再次接地。例如，配电线路在长距离传输后，接入建筑前可进行重复接地，以保证接入建筑线路中的保护线处在零电位上。

2. 接地的作用

接地的作用主要有两个方面：一是保证电器设备的正常工作；二是保证人员的安全，避免发生触电事故。

6.6.2 低压配电保护接地系统

低压配电保护接地系统按照保护接地的形式可以分为TN系统、TT系统和IT系统。

(1)TN 系统。TN 系统是电源中性点直接接地的三相四线制或五线制系统的保护接地形式。TN 系统又分为以下三种情况：

1)TN-C 系统：系统的中性线 N 与保护线 PE 合在一起成为保护中性线 PEN，电器设备的不带电金属部分与 PEN 相连，如图 6.6 所示。该保护接地方式适用于三相负荷比较平衡且单项负荷不大的场所，在低压设备接地保护中使用相当普遍。

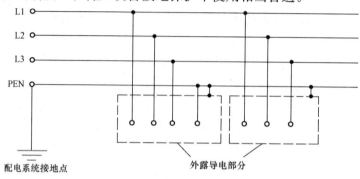

图 6.6　TN-C 系统

2)TN-S 系统：配电线路中性线 N 与保护线 PE 分开，中性线保证电器的正常运行，PE 线则接在电气设备的金属外壳上，如图 6.7 所示。保护(PE)线路连接设备外壳，从而保证外壳不带电。这种系统的安全性能比较高，适用于环境条件较差、安全可靠性要求较高以及设备对电磁干扰要求较严的场所。

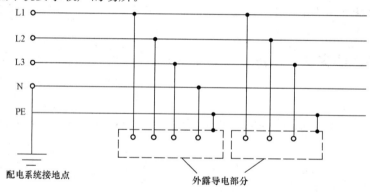

图 6.7　TN-S 系统

3)TN-C-S 系统：该系统是 TN-C 和 TN-S 系统的结合，电器设备大部分采用 TN-C 系统接线，在设备有特殊要求的场合，局部采用专设保护线接成 TN-S 形式，如图 6.8 所示。该系统兼有 TN-C 和 TN-S 系统的特点，常用于配电系统末端环境条件较差或有数据处理等设备的场所。

(2)TT 系统。TT 系统是中性点直接接地的三相四线制系统中的保护接地形式。配电系统的中性线 N 引出，保证电气设备的正常用电，但电气设备的不带电金属部分经各自的接地装置直接接地，与系统接电线不发生关系，如图 6.9 所示。

(3)IT 系统。IT 系统是中性点不接地或经 1 kΩ 阻抗接地的三相三线制系统中的保护接地形式，如图 6.10 所示。系统中没有中性线(N)，电气设备的不带电金属部分经各自的接地装置单独接地，与系统接电线不发生关系。

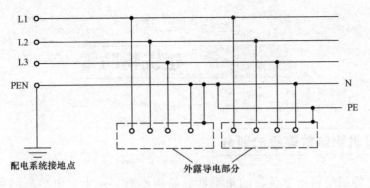

图 6.8 TN-C-S 系统

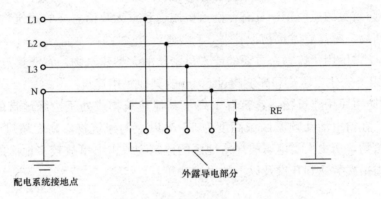

图 6.9 TT 系统

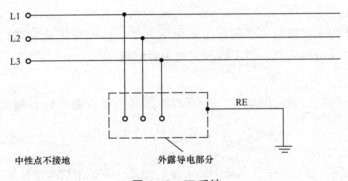

图 6.10 IT 系统

6.6.3 接地装置

接地装置是将电气元件与大地作连接的装置。埋入地中与土壤直接接触的金属物体称为接地体或接地极。接地体又可分为两类：专门为接地而人为装设的接地体称为人工接地体；兼作接地体的直接与大地接触的各种金属构件、金属管道及建筑物的钢筋混凝土基础等，称为自然接地体。连接接地体与设备接地部分的导线，称为接地线。接地线和接地体合称为接地装置。

6.7　建筑物防雷

6.7.1　建筑物防雷等级的划分

建筑物防雷等级是根据建筑物的重要性、使用性质、发生雷电事故的可能性以及影响后果来划分的。在电气设计中，民用建筑按照防雷等级划分为以下三类：

（1）第一类防雷民用建筑物：具有特别重要用途和重大政治意义的建筑物、国家级重点文物保护的建筑物、超高层建筑物。

（2）第二类防雷民用建筑物：重要的或人员密集的大型建筑物、省级重点文物保护的建筑物、19层及以上的住宅建筑和高度超过50 m的其他民用建筑。

（3）第三类防雷民用建筑物：建筑群中高于其他建筑物或处于边缘地带的高度为20 m以上的建筑物，在雷电活动频繁区域高度为15 m以上的建筑物，高度超过15 m的烟囱、水塔等孤立建筑物，历史上雷电事故严重地区的建筑物或雷电事故较多地区的重要建筑物，建筑物年计算雷击次数达到几次及以上的民用建筑。

6.7.2　防雷装置的组成

防雷装置的作用是将雷电或感应雷迅速引向大地，从而保护建筑物、电气设备和人员安全的设施，它主要由接闪器、引下线和接地装置组成。

1. 接闪器

接闪器是用来接收雷电流的装置，接闪器的类型主要有避雷针、避雷线、避雷带和避雷网。

2. 引下线

引下线是将接闪器接收来的雷电流引入大地的通道。它通常用来连接接闪器和接地装置。

3. 接地装置

接地装置可使引下线引来的雷电流迅速流向大地，接地装置包括接地线和接地体。

6.7.3　防雷措施

1. 防直击雷的措施

防直击雷的装置一般由接闪器、引下线和接地装置三部分组成。接闪器接受雷电流后通过引下线进行传输，最后经过接地装置将雷电流引入大地，从而使建筑物免遭雷击。

2. 防雷电波侵入的措施

雷电对架空线路或金属管道的作用形成了雷电波，雷电波会沿着管线入侵建筑物，危及人身安全和损坏设备。防止雷电波侵入的一般措施是：凡进入建筑物的各种线路及金属管道采用全线埋地引入的方式，并在入户处将有关部分与接地装置相连接。

3. 防雷电反击的措施

所谓雷电反击就是当防雷装置接收雷电流时，在接闪器、引下线和接地体上都会产生很高的电位，如果防雷装置与建筑物内外的电气设备、电线或其他金属管线之间的绝缘距离太小，它们之间就有可能发生击穿放电，该现象称为反击。防止雷电反击的措施有两种：一种是将建筑物的金属物体与防雷装置的接闪器、引下线分隔开，并且保持一定距离；另一种是将金属物体与防雷装置作等电位联结。

6.7.4 建筑物防雷接地工程图

建筑物防雷接地工程图一般包括防雷工程图和接地工程图两部分。图 6.11 所示为某住宅建筑防雷工程平面图和立面图，图 6.12 所示为该住宅建筑防雷工程立面图和接地工程平面图。

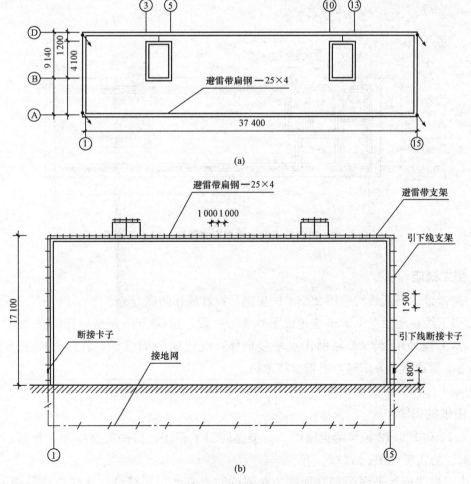

图 6.11 某住宅建筑防雷工程平面图和立面图
(a)平面图；(b)立面图

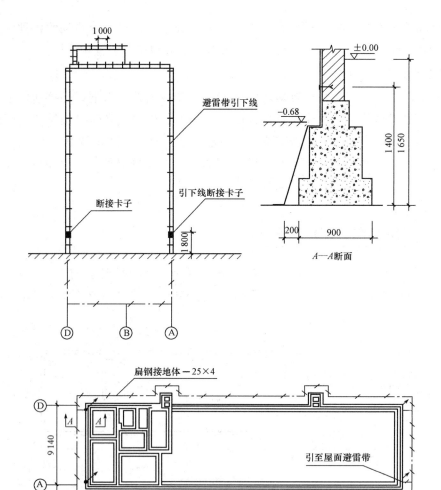

图 6.12 某住宅建筑防雷工程立面图和接地平面图

1. 施工说明

(1)避雷带、引下线均采用 25×4 的扁钢,镀锌或作防腐处理。

(2)引下线在地面上 1.7 m 至地面下 0.3 m 一段,用 50 mm 硬塑料管保护。

(3)本工程采用 25×4 扁钢作水平接地体,绕建筑一周埋设,其接地电阻不得大于 10 Ω,施工后达不到要求时,可增设接地极。

(4)施工采用国家标准图集 D562、D563,并应与土建密切结合。

2. 图纸的阅读

图 6.11 和图 6.12 包含两类图纸,一类是防雷工程图,另一类是接地工程图,在阅读时可先阅读防雷工程图。

防雷工程图包含平面图和立面图,在阅读时,应该相互结合,这样更容易理解图纸。首先看图 6.11,共有两个图纸,上面的是防雷工程平面图[图 6.11(a)],下面的是防雷工程立面图[图 6.11(b)]。

由图 6.11(a)可以知道建筑的长为 37.4 m，宽为 9.14 m，由图 6.11(b)可以知道建筑的高为 17.1 m。楼顶上左、右各有一个楼梯间阁楼，长为 4.1 m[图 6.11(a)标出]，宽为 2.6 m[图 6.11(a)中未标出]，高为 2.8 m[图 6.11(b)中未标出]。

在图 6.11(a)中，建筑的轮廓用了两道线画出，其中一道线表示建筑的轮廓，另一道线表示避雷带，阁楼也用了两道线画出，说明在阁楼上也有避雷带。在阁楼和建筑的女儿墙之间有线相连，说明阁楼上的避雷带和女儿墙上的避雷带是一体的。图 6.11(b)中建筑的女儿墙和阁楼上也可以看到由很多小竖线支撑的一条线，这条线就表示避雷带，小竖线表示支撑避雷带的避雷带支架。

在图 6.11(a)中，在四个角上有四条斜着向下的箭头，这四个箭头表示在这个位置有四条引下线。对应图 6.11(b)中建筑的两侧也有引下线，而且从图 6.11(b)中可以清晰地看到引下线通过引下线支架固定在建筑上。在离地 1.8 m 的地方设置了引下线断接卡子，从此向下的部分称为接地装置，即图中点画线上有斜线的部分。

接地装置可以分为接地线和接地体。接地体是埋设在地下的金属构件，接地线用来连接接地体和地上线路。在本工程中，接地线在地上 1.8 m(图 6.12)、地下 1.65 m (图 6.12 中 $A-A$ 断面)，接地体埋设在地下 1.65 m 处，水平沿建筑一周埋设，距基础中心线 0.65 m。该建筑由垃圾通道向外突出 1 m。接地线的安装可参考图 6.12 中 $A-A$ 断面。

6.8　建筑电气工程图的识读

建筑电气工程图不同于机械图、建筑图，掌握建筑电气工程图的特点对阅读建筑电气工程图有很大帮助。建筑电气工程图的特点如下：

(1)建筑电气工程图大多采用统一的图形符号并加注文字符号绘制，绘制和阅读建筑电气工程图，首先必须明确和熟悉这些图形符号所体现的内容和含义，以及它们之间的相互关系。

(2)建筑电气工程图中的各个回路是由电源、用电设备、导线和开关控制设备组成的，要真正理解图纸，还应该了解设备的基本构造、工作原理、工作程序、主要性能和用途等。

(3)电路中的电气设备、元件等通过导线构成一个整体，在阅读过程中要将各有关图纸联系起来，对照阅读。一般来说，应通过系统图、电路图找联系，通过布置图、接线图找位置，交错阅读，提高识图效率。

(4)建筑电气工程施工往往与主体工程及其他安装工程施工相互配合进行，如暗敷线路、电气设备基础及各种电气预埋件与土建工程密切相关，因此，阅读时也应与有关的土建工程图、管道工程图等对应起来。

(5)阅读建筑电气工程图的主要目的是编制工程预算和施工方案，指导施工、设备的维修和管理，在建筑电气工程图中安装、使用、维修等方面的技术要求一般仅在说明栏内作一说明"参照××规范"，所以，在识图时，还应熟悉有关规程、规范的要求，以便真正读懂图纸。

6.8.1 常用建筑电气图例、文字代号和标注格式

1. 常用文字代号

建筑电气工程图的常用文字代号见表 6.26～表 6.28。

表 6.26 线路敷设方式文字代号

敷设方式	新代号	旧代号	敷设方式	新代号	旧代号
穿焊接钢管敷设	SC	G	电缆桥架敷设	CT	
穿电线管敷设	MT	DG	金属线槽敷设	MR	GC
穿硬塑料管敷设	PC	VG	塑料线槽敷设	PR	XC
穿阻燃半硬聚氯乙烯管敷设	FPC	ZYG	直埋敷设	DB	
穿聚氯乙烯塑料波纹管敷设	KPC		电缆沟敷设	TC	
穿金属软管敷设	CP		混凝土排管敷设	CE	
穿扣压式薄壁钢管敷设	KBG		钢索敷设	M	

表 6.27 线路敷设部位文字代号

敷设方式	新代号	旧代号	敷设方式	新代号	旧代号
沿或跨梁(屋架)敷设	AB	LM	暗敷设在墙内	WC	QA
沿顶棚或顶板面敷设	CE	PM	暗敷设在屋面或顶板内	CC	PA
沿或跨柱敷设	AC	ZM	暗敷设在梁内	BC	LA
沿墙面敷设	WS	QM	暗敷设在柱内	CLC	ZA
吊顶内敷设	SCE		地板或地面下敷设	F	DA

表 6.28 标注线路用途文字代号

名称	常用文字代号			名称	常用文字代号		
	单字母	双字母	三字母		单字母	双字母	三字母
控制线路	W	WC		电力线路	W	WP	
直流线路		WD		广播线路		WS	
应急照明线路		WE	WEL	电视线路		WV	
电话线路		WF		插座线路		WX	
照明线路		WL					

2. 常用的标注格式

(1)线路的标注格式。线路的标注格式为

$$ab-c(d\times e+f\times g)i-jh \tag{6-2}$$

式中 a——线缆编号；

b——型号；

c——线缆根数；

d——线缆线芯数；

e——线芯截面面积(mm^2)；

f——PE、N 线芯数；

g——线芯截面面积(mm^2)；

i——线路敷设方式；

j——线路敷设部位；

h——线路敷设安装高度(m)。

上述字母无内容时则省略该部分。

【例 6.1】 $12-BLV2(3\times70+1\times50)SC70-FC$，表示系统中编号为 12 的线路，敷设有 2 根 $(3\times70+1\times50)$ 电缆，每根电缆有 3 根 70 mm^2 和 1 根 50 mm^2 的聚氯乙烯绝缘铝芯导线，穿过直径为 70 mm 的焊接钢管沿地板暗敷设在地面内。

(2)用电设备的标注格式。用电设备的标注格式为

$$\frac{a}{b} \tag{6-3}$$

式中 a——设备编号；

b——额定功率(kW)。

【例 6.2】 $\dfrac{P02C}{40\ kW}$，表示设备编号为 P02C，容量为 40 kW。

(3)动力和照明配电箱的标注格式。动力和照明配电箱的标注格式为

$$a-b-c \text{ 或 } a\frac{b}{c} \tag{6-4}$$

式中 a——设备编号；

b——设备型号；

c——设备功率(kW)。

【例 6.3】 $\dfrac{PXTR-4-3\times3/1\ cm}{54}$ 表示 2 号配电箱，型号为 PXTR-4-3×3/1 cm，功率为 54 kW。

(4)桥架的标注格式。桥架的标注格式为

$$\frac{a\times b}{c} \tag{6-5}$$

式中 a——桥架的宽度(mm)；

b——桥架的高度(mm)；

c——安装高度(m)。

【例 6.4】 $\dfrac{800\times 200}{3.5}$ 表示电缆桥架的高度为 200 mm，宽度为 800 mm，安装高度为 3.5 m。

(5) 照明灯具的标注格式。照明灯具的标注格式为

$$a-b\dfrac{c\times d\times L}{e}f \tag{6-6}$$

式中　a——同一个平面内，同种型号灯具的数量；

　　　b——灯具的型号；

　　　c——每盏照明灯具中光源的数量；

　　　d——每个光源的容量(W)；

　　　e——安装高度，当吸顶或嵌入安装时用"—"表示；

　　　f——安装方式；

　　　L——光源种类(常省略不标)。

【例 6.5】 $10-\text{PKY}501\dfrac{2\times 40}{2.7}\text{Ch}$，表示共有 10 套 PKY501 型双管荧光灯，容量为 2×40 W，安装高度为 2.7 m，采用链吊式安装。

(6) 开关及熔断器的标注格式。开关及熔断器的标注格式为

$$a-b-c/I \tag{6-7}$$

式中　a——设备编号；

　　　b——设备型号；

　　　c——额定电流(A)；

　　　I——整定电流(A)。

6.8.2　建筑电气工程图的基本内容及识图方法

1. 建筑电气工程图的组成和内容

建筑电气工程图可以表明建筑电气工程的构成规模和功能，详细描述电气装置的工作原理，提供安装技术数据和使用维护方法。建筑物的规模和要求不同，建筑电气工程图的种类和图纸数量也不同，常用的建筑电气工程图主要有以下几类：

(1) 说明性文件。

1) 图纸目录。图纸目录的内容有序号、图纸名称、图纸编号、图纸张数等。

2) 设计说明。设计说明主要阐述电气工程设计依据、工程的要求和施工原则、建筑特点、电气安装标准、安装方法、工程等级、工艺要求及有关设计的补充说明等。

3) 图例。图例即图形符号和文字代号，通常只列出本套图纸中涉及的一些图形符号和文字代号所代表的意义。

4) 设备材料明细表。设备材料明细表列出该项电气工程所需要的设备和材料的名称、型号、规格和数量，供设计概算、施工预算及设备订货时参考。

(2) 系统图。系统图是用单线图表示电气工程的供电方式、电能分配、控制和设备运行状况的图样。从系统图中可以了解系统的回路个数、名称、容量、用途，电气元件的规格、

数量、型号和控制方式，导线的数量、型号、敷设方式、穿管管径等。系统图包括变配电系统图、动力系统图、照明系统图、弱电系统图等。

(3)平面图。平面图是表示各种电气设备、元件、装置和线路平面布置的图纸。它根据建筑平面图绘制出电气设备、元件等的安装位置、安装方式、型号、规格、数量等，是电气安装的主要依据。常用的平面图有变配电所平面图、室外供电线路平面图、照明平面图、动力平面图、防雷平面图、接地平面图、火灾报警平面图、综合布线平面图等。

(4)布置图。布置图是表现各种电气设备和器件的平面与空间的位置、安装方式及其相互关系的图纸。布置图通常由平面图、立面图、剖面图及各种构件详图等组成。一般来说，设备布置图是按三视图原理绘制的。

(5)接线图。接线图在现场常被称为配线图，主要用来表示电气设备、电气元件和线路的安装位置、配线方式、接线方法、配线场所特征。

(6)电路图。电路图在现场常被称作电气原理图，主要用来表现某一电气设备或系统的工作原理，它是按照各个部分的动作原理图采用分开表示法展开绘制的。通过对电路图的分析，可以清楚地看出整个系统的动作顺序。电路图可以用来指导电气设备和器件的安装、接线、调试、使用与维修。

(7)详图。详图是表现电气工程中设备的某一部分的具体安装要求和做法的图纸。详图一般采用标准通用图集，非标准的或有特殊要求的电气设备或元件的安装，需要设计者专门绘制。

2. 建筑电气工程图的识读方法

阅读建筑电气工程图，应先熟悉该建筑物的功能、结构特点等，然后再按照一定顺序进行阅读，才能比较迅速全面地读懂图纸，完全实现读图的意图和目的。

一套建筑电气工程图所包括的内容比较多，图纸往往有很多张，一般应按以下顺序依次阅读并作必要的相互对照阅读：

(1)看标题栏及图纸目录。了解工程名称、项目内容、设计日期及图纸数量和内容等。

(2)看总说明。了解工程总体概况及设计依据，了解图纸中未能表达清楚的各有关事项，如供电电源的来源、电压等级、线路敷设方法、设备安装高度及安装方式、补充使用的非国标图形符号、施工时应注意的事项等。

(3)看系统图。各分项工程的图纸中都包含系统图，如变配电工程的供电系统图、电力工程的电力系统图、照明工程的照明系统图以及电缆电视系统图等。看系统图的目的是了解系统的基本组成，主要是电气设备、元件等的连接关系及它们的规格、型号、参数等，掌握该系统的基本概况。

(4)看平面布置图。平面布置图是建筑电气工程图中的重要图纸之一，如变配电所电气设备安装平面图、电力平面图、照明平面图、防雷平面图、接地平面图等，用来表示设备安装位置，线路敷设方法及所用导线的型号、规格、数量、管径大小。

(5)看电路图和接线图。了解各系统中用电设备的电气自动控制原理，用来指导设备的安装和控制系统的调试工作。因电路图多是采用功能图法绘制的，看图时应依据功能关系从上至下或从左至右阅读每一个问题。在进行控制系统的配线和调校工作时，还可配合阅读接线图和端子图。

(6)看安装详图。安装详图是详细表示设备安装方法的图纸，也是指导安装施工和编制工程材料计划的重要依据。

(7)看设备材料表。设备材料表提供了该工程使用的设备、材料的型号、规格和数量，是编制购置主要设备、材料计划的重要依据之一。

阅读图纸的顺序没有统一的规定，可以根据需要，自己灵活掌握，并应有所侧重。有时一张图纸需反复阅读多遍。为了更好地利用图纸指导施工，使之安装质量符合要求，阅读图纸时还应配合阅读有关施工及验收规范、质量检验评定标准以及全国通用电气装置标准图集，以详细了解安装技术要求及具体安装方法等。

6.8.3 建筑电气工程图识读举例

1. 电气施工图设计说明

(1)设计依据。

1)《民用建筑电气设计规范》(JGJ 16—2008)；

2)《汽车库、修车库、停车场设计防火规范》(GB 50067—2014)；

3)《建筑照明设计标准》(GB 50034—2013)；

4)《建筑设计防火规范》(GB 50016—2014)；

5)《建筑物防雷设计规范》(GB 50057—2010)；

6)《建筑物电子信息系统防雷技术规范》(GB 50343—2012)；

7)《综合布线系统工程设计规范》(GB 50311—2016)；

8)国家及地方有关的其他法律法规和规定、甲方设计任务书、土建和水暖通风专业提供的条件。

(2)设计内容。

本设计包括供配电系统、照明系统、动力系统、电话系统及防雷接地系统等。

(3)供配电系统。

1)综合楼 2 为二层公共建筑，服务区内各单体建筑的电源均由综合楼 2 内低压配电室供给，收费站消防用电设备、公路监控设备、收费雨棚设备、锅炉房动力、生活给水动力及厨房动力按二级负荷供电，其他按三级负荷供电。

2)综合楼 2 由室外箱式变电站引来一路低压电源(3 N~50 Hz~380/220 V)作为所有用电设备的工作电源，采用自备柴油发电机作为二级负荷的备用电源。配电系统接地形式采用 TN-C-S 系统，进户电缆沿地直埋，进户配电箱处作重复接地，由重复接地引出一根 PE 线。进户配电装置设于一层配电间内，落地安装，下设 700 mm 深电缆沟，采用 10#槽钢作基础。

3)消防用电设备采用独立回路供电，两路电源在最末一级配电箱处自动切换；其他二级负荷用电设备的两路电源在配电间手动切换，切换装置设电气及机械连锁。消防配电装置设有明显标志(红色字体)。火灾时非消防电源可在配电间手动切除。

4)本工程动力用电设备平均自然功率因数为0.75,配电间内设置电容自动补偿装置补偿。

(4)配线。

1)进出户干线采用YJV22－0.6/1 kV铜芯交联聚乙烯绝缘铠装电力电缆,配电干线采用YJV－0.6/1 kV铜芯交联聚乙烯绝缘电力电缆穿钢管(SC)沿墙及楼板暗敷,普通照明分支线采用BV－450/750 V铜芯塑料导线穿半硬阻燃管(FPC)沿墙及楼板暗敷。

2)图中未标注导线截面及根数者,应急照明为ZRBV(3×2.5 mm²),普通照明为BV(3×2.5 mm²),普通插座为BV(3×2.5 mm²),未标管径者,2.5 mm²导线穿半硬阻燃管时,1~3根为FPC16,4~6根为FPC20,穿钢管时,2~3根为SC15,4~6根为SC20;4.0 mm²导线穿半硬阻燃管时,3根为FPC20,4根为FPC25。

(5)照明系统。

1)本工程中值班室、消防泵房、配电间设火灾应急照明(备用),疏散走道及楼梯间设火灾应急照明及疏散指示照明。

2)值班室、消防泵房、配电间火灾应急照明照度应保证其正常工作照度,疏散走道用应急照明地面水平照度不低于0.5 lx,人员密集场所内应急照明地面水平照度不低于1.0 lx,楼梯间内应急照明地面水平照度不低于5.0 lx。

3)应急照明灯设在墙面和顶棚上,安全出口标志灯设在出入口的顶部,疏散指示标志灯设在疏散走道及其转角、楼梯间等距离地面0.5 m处,疏散走道的指示灯间距不大于20 m。应急照明灯应有非燃材料保护罩。

4)配电间、值班室等场所采用三基色高效节能型荧光灯管作为照明光源,设备间及车库采用高效节能气体放电灯作为照明光源,其他场所采用节能灯作为照明光源。配电间平均照度值为200 lx;值班室及设备间平均照度值为100 lx;车库平均照度值为75 lx;疏散走道平均照度值为50 lx。配电间及发电机房功率密度值小于8 W/m²,锅炉房功率密度值小于6 W/m²,泵房功率密度值小于5 W/m²。

5)车库设自动升降门。车库修车地沟内手提行灯电源采用超低电压(12 V)供电。

2. 总配电柜系统图

图6.13所示为某高速公路服务区的配电系统图。系统总安装容量为290 kW,计算电流为392 A,进线电缆$2\times$[YJV22($3\times185+1\times95$)－SC125]为2根YJV22－($3\times185+1\times95$)电力电缆,分别穿水煤气钢管SC125埋地敷设。引出线共5个回路,1号线引至综合楼1配电柜,电缆为YJV22(4×150);2号线和3号线分别引至综合楼2配电柜和综合楼厨房配电柜,电缆均为YJV22(4×50);4号线和5号线分别引至室外设备配电柜和加油站配电柜,电缆均为YJV22(4×25)。为补偿系统功率因数,设有功率因数补偿柜,补偿容量为168 kW,屏宽为800 mm,补偿后功率因数大于0.9。

3. 配电干线系统图

图6.14所示为某高速公路服务区综合楼1配电干线系统图。配电箱为JH1－1(GGD1－改 $800\times600\times2\,200$落地安装),进线管线为YJV22(4×150)－SC125,接保护开关为隔离开关SIWOG1－400 J/3 P和断路器BM400 SN/3 300－250 A。引出线共7个

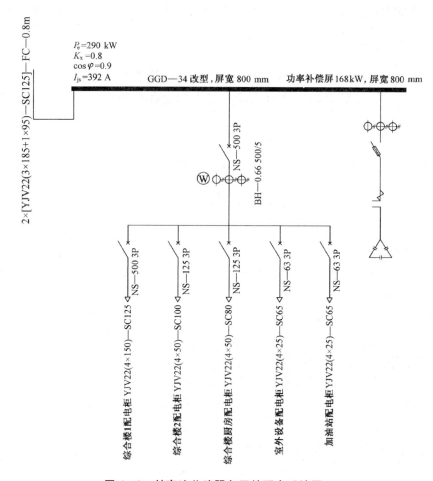

图 6.13 某高速公路服务区的配电系统图

回路,在墙内暗敷,均设有相应容量 BM100－HN/3 300 系列断路器加以保护。WP1 回路 BV(3×35＋2×16)－SC50 引至一层大厅热风幕配电箱 AL11;WP2 回路 BV(3×25＋2×16)－SC50 引至一层侧门热风幕配电箱 AL12;WL1 回路 BV(3×25＋2×16)－PC50 引至商服区,采用树干式连接 5 套门市,每个门市在 1 层和 2 层各设一个配电箱;WL2 引至 2 层餐厅照明配电箱;WL3 引至浴室配电箱;WL4 和 WL5 分别引至办公区和宿舍区,采用树干式在 3 层和 4 层各设一个配电箱。

4. 照明平面图

图 6.15 所示为某高速公路服务区综合楼 2 一层照明平面图。该层配电箱 AL1 设于②轴线和ⓒ轴线交叉处的库房内,AL1 照明箱配电系统图如图 6.16 所示,进线采用 VV5×6 穿 32 mm 管径的钢管从低压配电柜引至照明配电箱。室外设有垂直接地体 3 根,用扁钢连接引出接地线作为 PE 线随电源引入室内照明配电箱。水泵房和锅炉房各设防水防尘灯 4 盏,每盏内装 60 W 白炽灯泡,采用吸顶安装;两房内各设安全型双联二三极暗装插座 1 个。两个车库内各设单管荧光灯 3 盏(功率为 40 W),采用吸顶安装;各安装安全型双联二三极暗装插座 2 个和电动门插座 1 个。库房设有防水防尘灯 2 盏,内装 60 W 白炽灯泡,采用吸顶

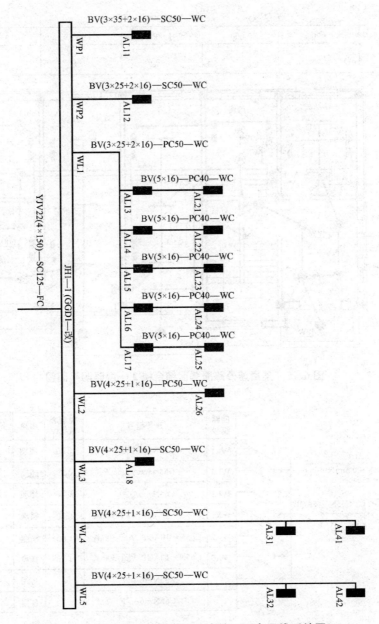

图6.14 某高速公路服务区综合楼1配电干线系统图

安装；安全型双联二三极暗装插座2个。门厅内设4盏防水圆球灯，每盏内装40 W白炽灯泡，采用吸顶安装。办公室设有2管荧光灯2盏，灯管功率为40 W，采用链吊式安装，安装高度为2.4 m；设有安全型双联二三极暗装插座2个。卫生间设有一盏防水防尘灯，内装60 W白炽灯泡，采用吸顶安装；另设卫生间排气扇1台。室外各门口及室内楼梯口各设1盏防水圆球灯，每盏内装40 W白炽灯泡，采用吸顶安装。一层配电设备主要材料见表6.29。

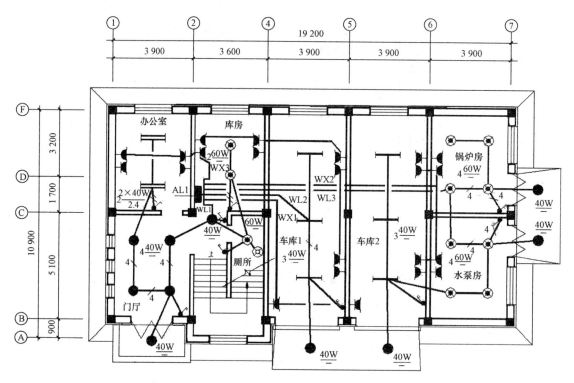

图 6.15　某高速公路服务区综合楼 2 一层照明平面图

回路编号	开关型号	安装容量/kW	用途	配线
WL1	C65N—6A/2P	0.60	照明	BV—3×2.5—FPC20
WL2	C65N—6A/2P	0.20	照明	BV—3×2.5—FPC20
WL3	C65N—6A/2P	0.72	照明	BV—3×2.5—FPC20
WX1	C65N—10A/2P Vigi 30mA	0.20	插座	BV—3×4—FPC20
WX2	C65N—10A/2P Vigi 30mA	1.00	插座	BV—3×4—FPC20
WX3	C65N—10A/2P Vigi 30mA	1.20	插座	BV—3×4—FPC20
	C65N—6A/2P		备用	
	C65N—6A/2P		备用	

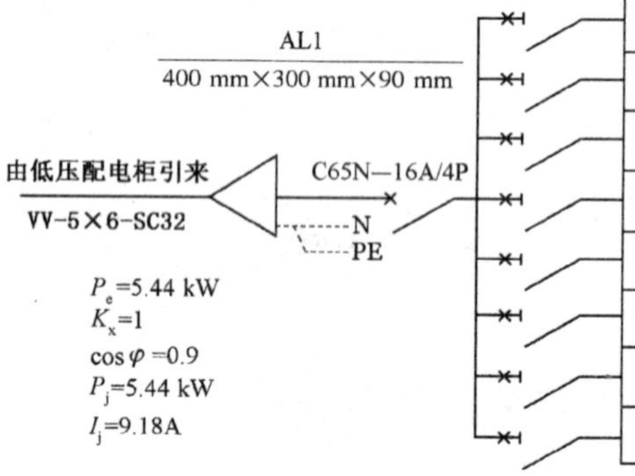

图 6.16　某高速公路服务区综合楼 2 照明箱 AL1 配电系统图

表 6.29　一层配电设备主要材料

序号	符号	名称	规格型号	单位	数量	安装方式	安装高度
1		嵌入照明配电箱	400 mm×300 mm×90 mm	台	1	壁装式	底边距地 1.5 m
2		单管荧光灯	~220 V　40 W	盏	6	吸顶式	
3		双管荧光灯	~220 V　2×40 W	盏	2	链吊式	距地 2.4 m

续表

序号	符号	名称	规格型号	单位	数量	安装方式	安装高度
4	●	球形灯	~220 V 40 W	盏	10	吸顶式	
5	⊛	防水防尘灯	~220 V 60 W	盏	11	吸顶式	
6	⊗	卫生间排气扇	~220 V 50 W	台	1	壁挂式	距地 2.4 m
7	⏝⏝	安全型双联二三极暗装插座	~250 V 10 A	个	10	壁内装式	距地 0.4 m
8	⏝	电动门插座	~250 V 10 A	个	2	壁内装式	距地 2.2 m
9	⌐	暗装单极开关	~250 V 10 A	个	3	壁内装式	距地 1.4 m
10	⌐	暗装双极开关	~250 V 10 A	个	4	壁内装式	距地 1.4 m
11	⌐	暗装三极开关	~250 V 10 A	个	2	壁内装式	距地 1.4 m

复习思考题

1. 对电气照明有哪些基本要求?
2. 照明按功能分哪几类?
3. 照明方式有哪几种?它们各用于什么场合?
4. 常用绝缘导线的型号及主要特点有哪些?
5. 常用的电力电缆有哪些?它们各有什么特点?
6. 导线的选择方法和要求有哪些?
7. 电气照明工程图包括哪些内容?
8. 照明分干线 MFC 为 BV—500—2×6 FC20—WC 表示什么?
9. 我国规定的安全低压是多少?
10. 是否可以随便触摸 36 V 的带电体?为什么?
11. 什么是接地?为什么要进行接地?
12. 接地装置的组成是什么?
13. 防雷装置的组成是什么?
14. 接地体在图中用什么样的线路表示?

任务 7　弱电系统

在日常生活中,人们根据安全电压的习惯,通常将建筑电气分成强电和弱电两大类。强电部分包括供电、配电、照明、自动控制与调节、防雷保护等。其主要特点是传输电能和进行能量转换。弱电部分包括有线电话系统、有线电视系统、火灾自动报警及消防联动控制系统、安全防范系统、综合布线系统等。其主要特点是传输信息和进行信息变换。采用综合布线方式将各个弱电系统有机地连接起来,形成一个功能强大的信息及控制网络。随着信息社会及智能建筑的发展,弱电系统的功能越来越强大,在建筑物中的作用也越来越重要,是智能建筑不可缺少的一部分。

7.1　火灾报警及消防联动系统

7.1.1　火灾报警及消防联动系统简介

火灾报警系统是消防系统的核心部分,对灭火起着至关重要的作用。火灾报警系统是在建筑物内的不同位置设置适宜的火灾探测器和监控室的火灾报警控制器,实现火灾的早期发现和及时报警,以便将火扑灭在火灾初期,最大限度地降低火灾损失。

(1)现场由感烟探测器、感温探测器、紫外火焰探测器、手动报警按钮及火灾显示盘、声光讯响器等组成;监控室由火灾报警控制器、CRT图形显示系统组成。

(2)火灾初期,探测器对火灾(如烟、温)参数及时响应,自动产生火灾报警信号;手动报警按钮通常安装在楼梯口、走廊等位置,当现场人员发现火情时,通过按下附近的手动报警按钮,可以人工方式产生火灾报警信号。

(3)火灾显示盘通常安装在电梯前室或服务台处,当火灾报警控制器接收到火警信号后,及时把报警信号传送到失火区域的火灾显示盘上,在火灾显示盘处将显示报警的探测器编号及汉字提示等信息,同时发出"火警"声光信号,以警示失火区域的人员。

(4)火灾报警控制器实时监视探测器、手动报警按钮等现场设备的工作状态,接收、显示和传递火灾报警信号,必要时可发出控制指令。

(5)火灾警报装置是在火灾报警系统中,用于发出区别于环境声、光的火灾警报信号装置,如声光报警器、警笛、警铃等,它们以声、光、音响等方式向报警区域发出警报信号,以警示人们尽快疏散、采取灭火扑救措施。

(6)消防联动控制设备。在火灾报警系统中,当接收到火灾报警信号后能自动或手动启动相关消防设备并显示其运行状态的装置,称为消防联动控制设备。消防联动控制设备一般设在消防控制中心,集中统一管理,也有的设在消防设备现场,但其动作信号应反馈回消防控制中心,实现集中与分散相结合的控制方式。

7.1.2 消防联动系统

1. 消防联动系统的功能

(1)控制及监视专用灭火设备,如消火栓系统、自动水喷淋系统以及防排烟系统等。
(2)控制及监视各类公共设备,如空调系统、电梯及照明电力等。
(3)指挥疏散系统等,如火警电话及消防广播控制等。

2. 消防联动系统的组成

消防联动系统通常包括消火栓系统、自动水喷淋系统、气体灭火系统、防排烟系统、防火卷帘门系统、消防通信系统、消防广播系统等子系统。

大部分火灾如果能够被及时发现,都能被较好地控制,火势一旦扩大,小则造成经济损失,大则危及人身安全。但现实中的问题是谁也不知道火灾会在什么时候、什么地点发生,所以,火灾报警与消防联动系统应运而生。火灾报警系统可以在火灾最初阶段发现险情,并通过声光的方式进行报警,通知消防人员进行灭火。消防联动系统会在报警的同时作出一些联动,如断开正常照明用电、将电梯自动停到一层并将电梯门打开等,以协助消防人员灭火和帮助火灾中的人们迅速逃生、减小经济损失。

图7.1所示为火灾报警与消防联动系统示意,其展示出了火灾报警与消防联动的基本原理和过程。当有火灾发生时,在火灾发生地附近的火灾探测器会检测到火灾并向区域火灾报警控制器发出信号,手动报警开关是附近有人发现火灾时用来手动报警的,当人们使用手动报警开关时,也会有相应的报警信号发送到区域火灾报警控制器。然后,区域火灾报警控制器会将信号发送到集中火灾报警器,集中火灾报警器一般放在控制室内,控制室内的工作人员就可以通过声光报警确定何处发生火灾,从而采取措施控制火灾。与此同时,集中火灾报警器会启动联动装置,例如,将服务广播系统强行切换到事故广播来播放火灾信息、疏导人群、切断非消防电源以避免电力线路引起更大的火灾等。

7.1.3 火灾报警及消防联动系统的常用设备

1. 火灾探测器

如果将火灾报警与消防联动系统比作一个人,那么火灾探测器相当于人的眼睛。系统用它来"看"火灾是否发生,所以,火灾探测器是系统最关键的部件之一。根据火灾探测原理和方法,目前,世界各国生产的火灾探测器可以分为感烟式火灾探测器、感温式火灾探测器、感光式火灾探测器、可燃气体火灾探测器和复合型火灾探测器五类。下面分别进行简单介绍:

(1)感烟式火灾探测器[图7.2(a)]。对于燃烧初期会释放出大量的烟雾的情况,感烟式

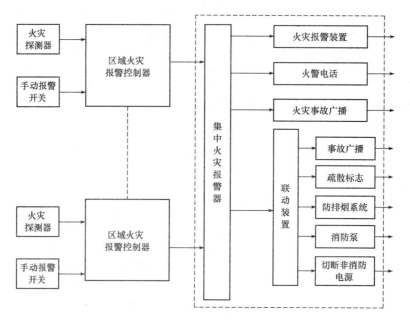

图 7.1　火灾报警与消防联动系统示意

火灾探测器可以检测到烟雾的存在，当烟雾的浓度达到一定值时，探测器就会发出报警信号。这种探测器并不是任何场合都可以使用的，在一些正常情况下就会有很多烟的场合或燃烧不产生烟雾的场合就不太适合使用，如公共场合的吸烟室和工厂油库。

(2)感温式火灾探测器[图 7.2(b)]。火在燃烧时会释放出大量的热，感温式火灾探测器就是利用火的这个特点，检测温度的变化。当环境的温度达到一定数值或单位时间内变化达到一定数值时，探测器就会发出报警信号。这种探测器使用面广、品种多、价格低廉。

图 7.2　感烟式和感温式火灾探测器
(a)感烟式；(b)感温式

(3)感光式火灾探测器。火在燃烧时会释放出光线，感光式火灾探测器可以检测到可见光、红外光和紫外光，从而发出报警。这种探测器不太适合光线明亮的场所。

(4)可燃气体火灾探测器。这类探测器主要用于检测一些易燃气体或粉尘的浓度，当易燃气体或粉尘浓度超过一定值时就很容易发生火灾甚至爆炸，所以，一般设置在浓度下限的 0.5~1.5 倍时报警。这类探测器适用于宾馆、厨房、汽车库、溶剂库、炼油厂等存在可燃气体的场所。

(5)复合型火灾探测器。可以响应两种或两种以上火灾参数的火灾探测器，目前主要有感温感烟型、感光感烟型、感光感温型等。

2. 手动报警按钮

当发生火灾时，若周围恰好有人经过，就可以手动启动手动报警按钮向控制中心报警。按钮上一般都标注操作的方法，对于普通的手动报警按钮，只需将压在按钮上的玻璃敲碎即可。

3. 消防栓

消防栓是一种手动灭火装置，它由水枪、水带和消火栓组成。通常，在消防栓里面都有一个按钮，无火灾情况发生时，按钮被压在玻璃下，当火灾发生需要灭火时，可以用消防专用小锤击碎玻璃，按钮就被弹起，这时消防水泵启动，将水压出水枪，进行灭火，与此同时，因为按钮弹起，系统还会向控制中心发出报警信号。

4. 自动喷淋装置

自动喷淋装置是一种自动灭火装置，这种装置一般放置在顶棚或天花板上，可以自动检测到火灾的存在并通过喷水或干粉进行灭火，如图7.3所示。

5. 火灾报警控制器

前面提到，火灾探测器相当于火灾报警与消防联动系统的"眼睛"，而火灾报警控制器（图7.4）相当于系统的"大脑"，它是整个系统的核心，起着接收信号，并对信号进行确认处理，然后发出声光报警并启动联动装置的作用。当然，随着科技的发展，火灾报警控制器的功能和作用会越来越全面和强大。

图7.3 自动喷淋装置原理示意

图7.4 火灾报警控制器

6. 防排烟系统

高层建筑楼梯间、电气竖井、垃圾道等上下连通的竖向通道，在火灾发生时，就像一个烟囱，使火灾迅速向上蔓延，并将大量的烟抽向上面的楼层。在火灾造成的人员伤亡中，烟窒息死亡者所占的比例很大，所以在火灾发生时，将燃烧产生的大量烟迅速排出室外就成为一件很重要的事情，防排烟系统就是起到这样作用的系统。防排烟系统一般由火灾报警控制器控制，在控制器确认火灾后，消防联动系统会启动防排烟系统，将烟迅速地排出室外。图7.5所示为防排烟风管示意。

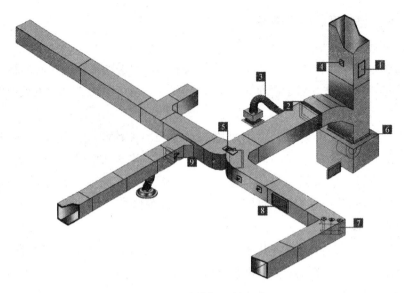

图 7.5 防排烟风管示意

1—维修孔；2—减震封闭连接；3—伸缩软管；4—检查点；5—风量调节阀；
6—机组连接；7—导流片；8—铝合金风口；9—组合式风量调节阀

7.1.4 火灾报警设备常用图形符号

火灾报警设备常用图形符号见表7.1。

表7.1 火灾报警设备常用图形符号

序号	图形符号	名称	序号	图形符号	名称
1	⊠	消防控制中心	8	Y	手动报警按钮
2	▭	火灾报警装置	9	☎	报警电话
3	B	火灾报警控制	10	🔔	火灾警铃
4	↓ 或 W	感温火灾探测器	11	📢	火灾警报发声器
5	⚡ 或 Y	感烟火灾探测器	12	📢	火灾警报扬声器（广播）
6	∨ 或 G	感光火灾探测器	13	💡	火灾光信号装置
7	⚛ 或 Q	可燃气体探测器			

7.1.5　火灾报警及消防联动系统工程图

火灾报警及消防联动系统工程图的阅读重点在于系统图，由图 7.1 可知，系统的"大脑"是集中火灾报警器，这一部分通常包含几个部分，如报警控制器、火灾电话、消防广播等。在系统图中，每个部分通常用一个矩形框表示，然后框内以中文写上矩形框代表的模块，以英文和数字的方式写上型号和参数。

从这些矩形框里面引出一些线路，这些线路就是系统的主干线路，它们通常在图纸中由下到上垂直敷设，并通过指引线表示线路的型号和规格。在实际的布线中，这部分线路通常放在电气竖井里面。在主干线路或主干线路上的设备中会接出一些线路，这些线路作为每层中的干线连接具体的设备（如感烟探测器、火灾显示盘、消防广播控制模块等）。在系统图中，这部分线路从主干线路中接出，以水平线路的方式敷设并连接相关设备。同时，也有指引线表示导线的型号及规格。

火灾报警设备通过一些符号来表示，常见的图形符号见表 7.1。在系统图中，符号的旁边会出现一个数字，这个数字是指在这个干线上连接这种设备的数量。连接设备的线路也需要注意，因为弱电设备的接线通常比强电设备复杂，在阅读系统图时，可以通过与设备连接的线路来判断设备的具体连线，每条与设备连接的线路都可以通过线路的标注得知线路的型号、用途以及导线的根数，这样就可以了解都有哪些线路与设备连接。需要注意的是，系统中的一根线有时会代表多条线路。

火灾报警及消防联动系统平面图的阅读基本上和照明平面图相似，但导线数量的标注并不像照明平面图那么严格，因为这方面的信息可以通过系统图精确地了解，也就是说在阅读平面图之前应该先详细阅读系统图，而且在阅读平面图的过程中也应该与系统图相结合。例如，平面图中的向上引线或向下引线都引了哪些线路，这就需要通过系统图进行判断，因为平面图往往不太容易表达垂直方面的信息。在照明平面图中，线路的变化较少，只要通过平面图就可以判断，而弱电平面图线路的功能和变化较多，所以只通过平面图不太容易判断，有时需要结合系统图。图纸有很多种，只有认真阅读，才能掌握其中的技巧。

图 7.6 和图 7.7 分别是某学校教学楼火灾报警及消防联动系统图和平面图，图纸为了满足教学需要作了一些修改。按照阅读顺序，应该先阅读系统图，然后阅读平面图。读者可根据上面的讲述进行阅读，在此不再详细叙述。

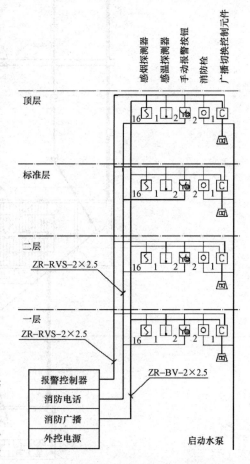

图 7.6　某学校教学楼火灾报警及消防联动系统图

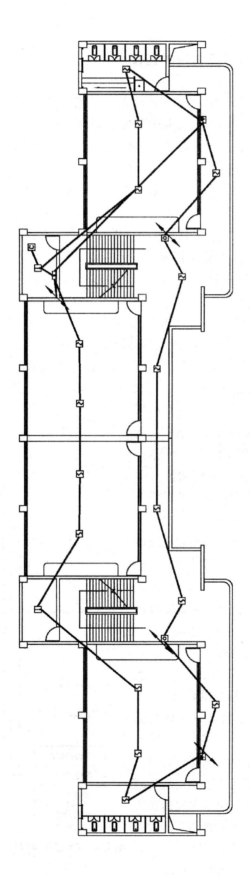

图 7.7 某学校教学楼火灾报警及消防联动平面图

7.2 电话通信系统

虽然手机通信已变得非常便利,但是对于智能建筑,电话通信仍占有十分重要的作用,它可以为建筑内的办公人员提供"快捷便利"的通信服务。如今许多企事业单位都有内部电话,很多事情只需要通过一个电话就得到了解决,提高了办事效率。

7.2.1 电话通信系统的组成

电话通信系统主要包括用户交换设备、通信线路网络及用户终端设备三大部分。

用户终端设备通常是电话机或传真机,主要用来接收和发送信息,这些信息通过通信线路网络可传输到用户交换设备,用户交换设备将信息进行处理和交换,然后通过通信线路网络传送到其他用户终端设备上,从而达到通信的目的。电话通信系统概略如图 7.8 所示。

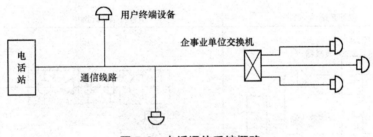

图 7.8 电话通信系统概略

7.2.2 电话通信系统常用的设备和材料

(1)交换机。交换机是用户交换设备的一部分,现在使用中的交换机大部分是程控交换机。程控交换机除可以在限定的时间内对用户终端设备进行连通外,还可以提供其他方面的服务。

(2)电缆。电缆是组成通信线路网络的一部分,电话系统的干线使用电话电缆。室外埋地敷设时使用铠装电缆,架空敷设时使用钢丝绳绝缘挂普通电缆或自带钢丝绳的电缆,室内使用普通电缆。常用电缆有 HYA 型综合护层塑料绝缘电缆和 HPVV 铜芯全聚乙烯电缆。

(3)电话线。管内暗敷设使用的电话线,常用的是 RVB 型塑料并行软导线或 RVS 型双绞线,要求较高的系统使用 HPW 型并行线,也可以用 HBV 型绞线。

(4)电话分线箱。电话系统干线电缆与用户终端设备之间要使用电话分线箱,也叫作电话主线箱或电话交接箱。电话分线箱要求安装在需要分线的位置,建筑物内的电话分线箱安装在楼道中,高层建筑的电话分线箱安装在电缆竖井中,电话分线箱的规格为 10 对、20 对、30 对等,按需要分线数量选择适当规格的电话分线箱。

7.3 共用天线电视系统

电视台发射的无线电波除会被建筑物遮挡和反射外，还会被城市结构中大量采用的钢筋混凝土板、楼板所吸收和屏蔽，这使用户所得到的信号的质量不太好，为了提高信号质量，20世纪40年代末期美国建立了第一套电缆电视系统，发展到现在，电缆电视系统已成为日常生活中不可缺少的一项内容。

共用天线电视系统的英文缩写为CATV，它允许多个用户电视机共用一组室外天线来接收电视台发射的电视信号，经过信号处理后通过电缆将信号分配给各个用户系统。

7.3.1 共用天线电视系统的组成

任何一个共用天线电视系统（也称电缆电视系统），无论多么复杂，都可以认为由前端系统、信号传输分配网络和用户终端组成，如图7.9所示。

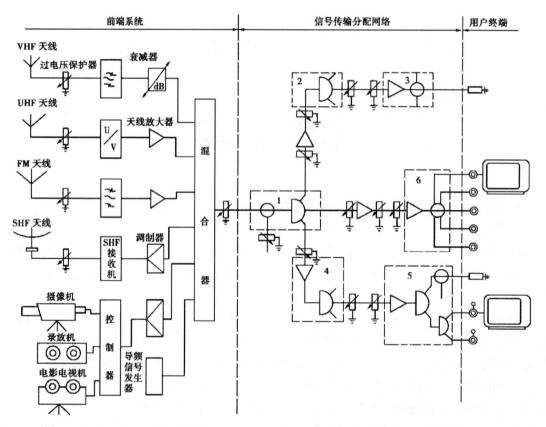

图7.9 共用天线电视系统概略

1. 前端系统

前端系统用来接收信号和处理信号，因为它处在共用天线电视系统的最前端，所以称为前端系统，如图 7.9 所示，图中共有两条竖虚线，左边虚线的左侧即前端系统，包含天线、信号源、调制设备、放大器和混合器等设备，这些设备将信号接收过来，然后将其混合处理成用户终端能够接收的信号。

2. 信号传输分配网络

成千上万的用户终端要想接收到电视信号，仅靠前端系统处理出来的一个信号是不够的，这就需要信号传输分配网络把信号传输到分布在各个地方的用户终端。通过分配器或分支器将一条线路分成多条线路，然后将信号传送到各个用户终端。在长距离传输或分配分支时，信号在线路上会有衰减，所以，在信号传输分配网络中还应加上宽带放大器对信号进行放大，以保证信号的质量。

3. 用户终端

用户终端一般是指电视机或监视器，用来接收信号并将信号转换成人们可以感观的图像和声音。

7.3.2 共用天线电视系统的常用设备

1. 天线

天线是为了获得地面无线电视信号、调频广播信号、微波传输电视信号和卫星电视信号而设立的接收设备。天线性能的高低对系统传送的信号质量有着重要的影响，因此，人们常选用方向性强、增益高的天线，并将其架设在易于接收、干扰少、反射波少的高处。

2. 放大器

常见的放大器有天线放大器和干线放大器。

(1)天线放大器：提高接收天线的输出电平和改善信噪比，以满足处于弱场强区和电视信号阴影区的共用天线电视系统主干线路放大器输入电平的要求。简单地说，其作用就是将微弱的信号放大处理成能够被其他设备接收的信号。

(2)干线放大器：安装在信号传输分配网络上，主要用于放大干线信号电平，以补偿干线电缆的损耗，延长信号的传输距离。

3. 电缆

电缆用来连接各个设备和用户终端，在共用天线电视系统中均使用特性阻抗为 75 Ω 的同轴电缆，最常使用的有 SYV 型、SYFV 型、SDV 型、SYKV 型和 SYDY 型等。

4. 分配器和分支器

分配器的功能是将一路输入信号的能量均等地分配给两个或多个输出的器件。常见的分配器有二分配器、三分配器和四分配器。

分支器视串在干线中，从干线耦合部分信号能量，然后分一路或多路输出的器件。分支器与分配器配合使用，组成形形色色的信号传输分配网络。常见的分支器有二分支器、三分支器和四分支器。

7.4 广播音响系统

广播音响系统是指建筑物内独立使用的有线广播音响系统,它是一种宣传和通信工具。由于该系统具有设备简单、维护和使用方便、听众多、影响面大、工程造价低、易普及等优点,所以在工程中普遍采用。通过广播音响系统可以播送报告、通知、背景音乐和文娱节目等。建筑物的广播音响系统的主要内容包括有线广播、背景音乐、客房音乐、消防广播等。

7.4.1 广播音响系统的类型

公共建筑物一般都设有广播音响系统,系统的级别根据建筑的规模、作用和功能来确定。通常,广播音响系统可以分为业务型广播系统、服务型广播系统和火灾事故广播系统三大类。业务型广播系统通常用在办公楼、商业楼、车站码头等,是满足业务上的需要而设立的广播音响系统;服务型广播系统通常用在旅馆、大型公共场合、咖啡厅等,主要以播放音乐为主,为人们提供一个较轻松的环境;火灾事故广播系统是在火灾时引导人员疏散而设立的广播,设计时一般与业务型和服务型广播系统混用,正常时播出业务型或服务型广播系统的内容,火灾发生时强制切换到火灾事故广播,引导疏散人群。

7.4.2 广播音响系统的组成

广播音响系统通常由节目源设备、信号放大和处理设备、传输线路、扬声器系统四部分组成,如图7.10所示。

(1)节目源设备。在图7.10中最左边这一列都是节目源设备,节目源设备为广播音响设备提供内容,是这个系统中的最前端。

(2)信号放大和处理设备。节目源设备传来的信号并非是优质的信号,通过信号放大和处理设备,可将节目源传来的信号进行放大和处理,使之能够适应后面设备的要求。这一部分是整个系统的核心,它对系统播出内容的质量起着决定性的作用。

(3)传输线路。传输线路用来连接信号放大和处理设备及扬声器,传输线路虽然简单,但是由于广播音响系统的要求不同,传输线路也会有所区别。例如,KTV场所对系统的要求和车站码头对系统的要求肯定是不同的,前者要求音质好,后者要求传送距离长、服务区域广,对音质的要求并不高。所以,有的地方需要采用屏蔽电缆,有的地方则需要采用同轴电缆。

(4)扬声器系统。扬声器系统的作用是将线路中传来的音频信号转换成声音,使人们能够听到广播音响系统的内容。

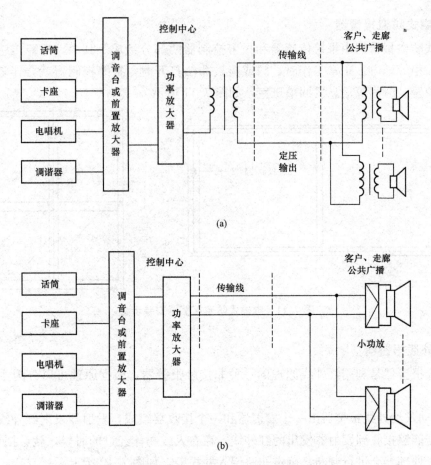

图 7.10 广播音响系统的组成

7.5 安全防范系统

随着社会的进步和人们对建筑物内物品安全性要求的提高，安全防范系统在建筑中所占的位置也越来越重要。安全防范系统不仅对外部人员进行防范，而且对内部人员加强管理，对重要的物品及文件还有特殊的保护措施。安全防范系统包含很多方面的内容，下面主要介绍防盗安保系统、电视监控系统和访客对讲系统。

7.5.1 防盗安保系统

防盗安保系统是利用红外或微波技术，在一些无人值守的地方，对一些重要的设施、文件等进行保护。一旦出现异常，防盗安保系统会以声、光的形式报警，并将信息发回值班室，以便值班人员采取进一步措施。常见的防盗报警装置有以下几种。

1. 电磁式防盗报警器

电磁式防盗报警器由报警传感器和报警控制器两部分组成。其中,报警传感器一般放在门、窗、柜等地方。正常工作时,门或窗被非法打开时,报警控制器就会伴随声、光报警,并将位置、时间等信息发回值班室,如图7.11所示。

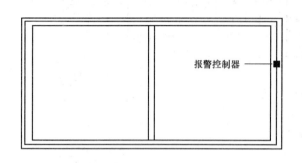

图7.11 电磁式防盗报警器安装示意

2. 红外线报警器

红外线报警器是利用红外线原理的一种非接触报警器,根据原理可以分为主动式和被动式两类。

(1)主动式红外线报警器由一个发射器和一个接收器组成,发射器发射红外线,正常情况下接收器能够接收到发射器发出的红外线,在有人或物体经过的时候,就会挡住红外线,这时,信息处理器会进行判断,确定非法侵入并报警,如图7.12所示。

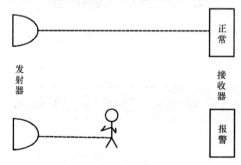

图7.12 主动式红外线报警器原理示意

(2)被动式红外线报警器不发射红外线,而是装有灵敏的红外线传感器,当有人靠近时,传感器能够感测到人身体的红外线,从而报警。

3. 玻璃破碎报警器

玻璃破碎报警器是一种探测玻璃破碎时发出的声音的报警器。当有玻璃破碎时,报警器就会报警。

4. 超声波报警器

超声波报警器在区域内发射超声波,当有人入侵时,射到人身上的超声波就会反射给接收器,接收器收到后,就会报警。这种报警器通常用于探测运动目标。

5. 微波报警器

微波报警器的工作原理是报警器发出微波，入侵者反射微波，从而被微波控制器接收，然后报警。微波报警器相当于一个小型雷达，不受环境气候的影响。

7.5.2 电视监控系统

电视监控系统在一些重要的场合放置摄像头，然后将画面采集到控制中心进行监视。电视监控系统不仅能够起到正常监视的作用，还能够在接到报警之后进行实时录像，以供现场跟踪和事后调查。

电视监控系统通常由摄像、传输、显示和控制几部分组成。摄像部分是指安装在重要场合的摄像头或摄像机。传输部分是连接各个设备的线路，通常用同轴电缆传输视频信号，用双绞线传输控制信号。显示部分是指放在控制室内的显示器，供工作人员进行监视。控制部分是整个系统的"大脑"，它控制和操作系统的各个部分。

7.5.3 访客对讲系统

为了防止陌生人进入建筑，通常在建筑内安装访客对讲系统。访客在进入建筑之前，需要先通过访客对讲系统和建筑内的人员进行联系，只有得到建筑内人员的允许，才能进入建筑内部，这样就防止了陌生人员随便进入建筑，从而保证了建筑的安全。

如图 7.13 所示，A 处的门可安放电磁式防盗报警器；B 处的窗户可安放玻璃破碎报警器；C、D、E 和超市购物区可以安放电视监控系统的摄像头。

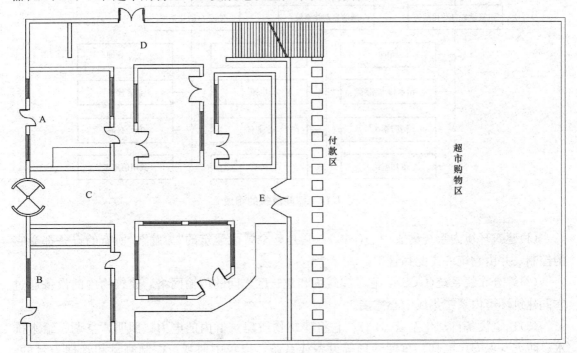

图 7.13 某超市平面图

7.6 智能建筑

7.6.1 智能建筑的概念

随着计算机和信息技术的发展以及人们对建筑的安全性、舒适性和便捷性要求的提高，一种集电力、电子、仪表、建材、钢铁、机械、计算机与通信等行业于一身的新型建筑应运而生，它就是智能建筑。

所谓智能建筑，就是指它可以进行"思考"，可以根据环境的变化作出一定的调整，以此满足人们的要求。例如，智能建筑可以自动控制建筑内部的温度，可以控制建筑内各个设备的协调工作，提高效率，节省能源等。

7.6.2 智能建筑的组成

智能建筑是由建筑环境内系统集成中心利用综合布线系统控制 3A 系统的。其中 3A 是指：BA（建筑设备自动化系统）、CA（通信自动化系统）和 OA（办公自动化系统），如图 7.14 所示。

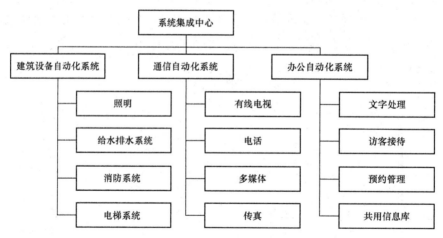

图 7.14 智能建筑的组成

(1) 建筑环境内系统集成中心(SIC)：它是整个智能建筑的"大脑"，所有的设备都受它的控制，并由它统一支配和管理。

(2) 综合布线系统(GCS)：它是建筑物和建筑区之间的传输网络。建筑物内的设备通过它同建筑环境内系统集成中心连接。

(3) 建筑设备自动化系统(BA)：它将建筑物或建筑群内的电力、照明、空调、给水排水、防灾、保安、电梯、车库管理等设备或系统，以集中监视、控制测量和管理为目的，构成综合系统，做到运行安全、可靠、节约能源、节省人力。

（4）通信自动化系统（CA）：它是楼内语音、数据、图像传输的基础，同时与外部通信网络相连，确保信息流畅。

（5）办公自动化系统（OA）：它应用计算机技术、通信技术、多媒体技术和行为科学等先进技术，使人们的办公业务可以借助各种办公设备，并由这些办公设备与办公人员构成服务于某种办公目标的人机信息系统。

7.6.3 智能建筑的发展

从20世纪80年代起，信息技术、通信技术和计算机技术的迅速发展，以及各种设备价格的不断降低，使这些技术应用在普通建筑内成为可能。在美国、日本和欧洲，兴起了营造更为理想舒适建筑的热潮，这便是智能建筑的起源。

随后短短几十年的时间，智能建筑发展成为集电子、控制、机械和通信等多种专业于一体的综合性学科，为人们营造了一个舒适、安全、便利的建筑内环境。无论在建筑内办公居住，还是对建筑内的设备进行管理，智能建筑都明显优于普通建筑。

随着科技的进步，可以设想智能建筑会更加"智能"，人们会将更多的"思想"赋予建筑，它会像一个生命一样，无须人的繁杂操作即可自己运行。人们在进入建筑后，可以享受到"主人"般的待遇。智能建筑将会使人们更为高效地工作和更为舒适地生活。

7.7 综合布线系统

7.7.1 综合布线系统概述

建筑工程，特别是智能建筑，通常投入很大，在资金不足的情况下，全面实现智能化是存在困难的，然而，如果等到资金到位再去建设，可能就存在丢失机遇和时间的问题。同时，随着科学技术的进步，智能建筑的设备和技术也会不断更新，这就要求智能建筑本身要具有一定的可拓展性来满足升级的要求。解决当前和未来的统一，综合布线是目前最好的一种途径。

举一个例子来说明：大学班级里的同学来自各个地方，如果大家讲话的时候都用各自的方言，那么同学之间的沟通肯定存在困难，解决这个问题的方法就是用一种大家都会讲而且也都听得懂的语言来代替各自的方言，例如说普通话。每个同学在讲话时，首先将自己要讲的内容转化成普通话后再讲出来，这样别人就能够理解自己要表达的内容。在智能建筑中，存在多种系统和设备，每种系统和设备都有自己的一套"语言"，就好比同学们都有自己的方言，在系统和设备之间通信时，就需要找一个它们都能够识别和接收的"语言"，综合布线就为各个系统和设备提供了这样一个平台，它可以满足各个系统和设备之间通信的要求,同时,无论什么系统或设备,只要能够识别这种"语言",就可以加入整个大系统之中,因此,综合布线也提高了智能建筑的可拓展性,满足智能建筑将来需要升级的内在要求。

7.7.2 综合布线系统的结构

综合布线系统(图 7.15)采用模块化结构,每个模块都可以看成一个子系统。一个完整的综合布线系统通常可以分成六个子系统,这六个子系统分别是:工作区子系统、水平子系统、干线子系统、通信间子系统、设备间子系统和建筑群子系统。

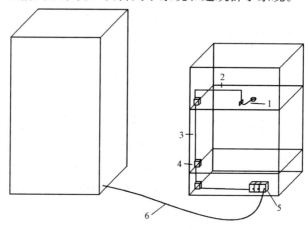

图 7.15 综合布线系统

1—工作区子系统;2—水平子系统;3—干线子系统;
4—通信间子系统;5—设备间子系统;6—建筑群子系统

1. 工作区子系统

工作区子系统放置在应用系统终端设备的地方,它由终端设备及其连接到信息插座的连线组成,如电话系统中连接电话机的用户线及电话机终端部分。

2. 水平子系统

水平子系统通常是经楼层配线间的管理区连接并延伸到工作区的信息插座和线路,如有线电视系统中从每一层的接线箱到每户有线电视接口之间的连线和插座。

3. 干线子系统

干线子系统由设备间和楼层配线间之间的连接线缆组成。线缆一般为大对数双绞电缆或多芯电缆,两端分别接在设备间和楼层配线间的配线架上,如布置在电气竖井里的干线。

水平子系统和干线子系统的区别在于:水平子系统通常处在同一楼层上,线缆一端接在配线间的配线架上,另一端接在信息插座上,多为 4 对双绞电缆;干线子系统通常位于垂直的弱电竖井或弱电间,并采用大对数双绞电缆或光缆。

4. 通信间子系统

通信间子系统也称楼层管理间,是在每一层大楼内的适当地点放置综合布线线缆和相关硬件及其应用系统设备的场所。

5. 设备间子系统

设备间子系统也称作管理区，它连通各个子系统，是综合布线系统的管理中心，负责建筑内外信息的交流与管理。

6. 建筑群子系统

建筑群子系统是连接两个或两个以上的建筑，使建筑彼此之间可以进行信息交流的线缆和设备。

复习思考题

1. 在消防系统中，常用的探测器有哪几种？
2. 一些消火栓里面会放置一个按钮，简述这个按钮的作用。
3. 自动喷淋装置有什么作用？
4. 为什么要设置防排烟系统？
5. 电话通信系统的组成有哪些？
6. 共用天线电视系统的组成有哪些？
7. 在共用天线电视系统的传输网络中，分支器和分配器有什么区别？
8. 广播音响系统的组成有哪些？
9. 常见的防盗报警装置有哪些？
10. 智能建筑的组成有哪些？
11. 为什么要采用综合布线系统？
12. 综合布线系统由哪几个子系统组成？

参考文献

[1] 冯刚. 管道工程识图与施工工艺[M]. 重庆：重庆大学出版社，2008.
[2] 冯刚. 建筑设备与识图[M]. 北京：中国计划出版社，2008.
[3] 曲云霞，王洪波. 建筑设备与管道工程[M]. 江苏：中国矿业大学出版社，2013.
[4] 扈恩华，李松良，张蓓. 建筑节能技术[M]. 北京：北京理工大学出版社，2018.
[5] 游德文. 管道安装工程[M]. 北京：化学工业出版社，2005.
[6] 冯刚. 安装工程计量与计价[M]. 4版. 北京：北京大学出版社，2018.
[7] 陆亚俊，马最良，邹平华. 暖通空调[M]. 3版. 北京：中国建筑工业出版社，2015.
[8] 金文，逯江杰. 制冷技术[M]. 北京：机械工业出版社，2016.
[9] 贺平，孙刚，王飞，等. 供热工程[M]. 4版. 北京：中国建筑工业出版社，2009.
[10] 杨光臣. 建筑电气工程图识读与绘制[M]. 2版. 北京：中国建筑工业出版社，2001.